JN157420

実践的技術者のための
電気電子系教科書シリーズ

電気回路

遠山和之
稲葉成基
長谷川勝　共著
所　哲郎

理工図書

発刊に寄せて

人類はこれまで狩猟時代，農耕時代を経て工業化社会，情報化社会を形成し，その時代時代で新たな考えを導き，それを具現化して社会を発展させてきました。中でも，18 世紀中頃から 19 世紀初頭にかけての第 1 次産業革命と呼ばれる時代は，工業化社会の幕開けの時代でもあり，蒸気機関が発明され，それまでの人力や家畜の力，水力，風力に代わる動力源として，紡績産業や交通機関等に利用され，生産性・輸送力を飛躍的に高めました。第 2 次産業革命は，20 世紀初頭に始まり，電力を活用して労働集約型の大量生産技術を発展させました。1970 年代に始まった第 3 次産業革命では電子技術やコンピュータの導入により生産工程の自動化や情報通信産業を大きく発展させました。近年は，第 4 次産業革命時代とも呼ばれており，インターネットであらゆるモノを繋ぐ IoT（Internet of Things）技術と人工知能（AI：Artificial Intelligence）の本格的な導入によって，生産・供給システムの自動化，効率化を飛躍的に高めようとしています。また，これらの技術やロボティクスの活用は，過去にどこの国も経験したことがない超少子高齢化社会を迎える日本の労働力不足を補うものとしても大きな期待が寄せられています。

このように，工業の技術革新はめざましく，また，その速さも年々加速しています。それに伴い，教育機関にも，これまでにも増して実践的かつ創造性豊かな技術者を育成することが望まれています。また，これからの技術者は，単に深い専門的知識を持っているだけでなく，広い視野で俯瞰的に物事を見ることができ，新たな発想で新しいものを生みだしていく力も必要になってきています。そのような力は，受動的な学習経験では身に付けることは難しく，アクティブラーニング等を活用した学習を通して，自ら課題を発見し解決に向けて主体的に取り組むことで身につくものと考えます。

本シリーズは，こうした時代の要請に対応できる電気電子系技術者育成のための教科書として企画しました。全 23 巻からなり，電気電子の基礎理論をしっかり身に付け，それをベースに実社会で使われている技術に適用でき，また，新たな開発ができる人材育成に役立つような編成としています。

編集においては，基本事項を丁寧に説明し，読者にとって分かりやすい教科書とすること，実社会で使われている技術へ円滑に橋渡しできるよう最新の技術にも触れること，高等専門学校（高専）で実施しているモデルコアカリキュラムも考慮すること，アクティブラーニング等を意識し，例題，演習を多く取り入れ，読者が自学自習できるよう配慮すること，また，実験室で事象が確認できる例題，演習やものづくりができる例題，演習なども可能なら取り入れることを基本方針としています。

また，日本の産業の発展のためには，農林水産業と工業の連携も非常に重要になってきています。そのため，本シリーズには「工業技術者のための農学概論」も含めています。本シリーズは電気電子系の分野を学ぶ人を対象としていますが，この農学概論は，どの分野を目指す人であっても学べるように配慮しています。将来は，林業や水産業と工学の関わり，医療や福祉の分野と電気電子の関わりについてもシリーズに加えていければと考えています。

本シリーズが，高専，大学の学生，企業の若手技術者など，これからの時代を担う人に有益な教科書として，広くご活用いただければ幸いです。

2016年11月　　　　編集委員会

実践的技術者のための電気・電子系教科書シリーズ 編集委員会

田中秀和　大同大学教授
博士(工学)（名古屋工業大学），技術士（情報工学部門）
1973 年　名古屋工業大学工学部電子工学科卒業
1973 年　川崎重工業（株）ほかに従事し，
1991 年　豊田工業高等専門学校（助教授，教授）
2004 年　大同大学教授（2016 年からは特任教授）
著書　QuickC トレーニングマニュアル（JICC 出版局），C 言語によるプログラム設計法（総合電子出版社），C ++によるプログラム設計法（総合電子出版社），C 言語演習（啓学出版，共著），技術者倫理―法と倫理のガイドライン（丸善，共著），技術士の倫理（改訂新版）（日本技術士会，共著），実務に役立つ技術倫理（オーム社，共著），技術者倫理　日本の事例と考察（丸善出版，共著）

所　哲郎　岐阜工業高等専門学校教授
博士(工学)（豊橋技術科学大学）
1982 年　豊橋技術科学大学大学院修士課程修了
1982 年　岐阜工業高等専門学校（助手，講師，助教授を経て）
2001 年　岐阜工業高等専門学校教授　現在に至る
著書　学生のための初めて学ぶ基礎材料学（日刊工業新聞社，共著）

所属は 2016 年 11 月時点で記載

まえがき

本書は理工図書による「実践的技術者のための電気電子系教科書シリーズ」の電気回路である。電気回路は電気磁気学と共に電気電子系の最も基礎となる必須の教科目である。そのため，近年も多くの教科書や参考書が各社から出版されている。電気電子系分野は情報工学分野や他の分野とも連携し，その実践的技術者の社会での活躍の場は益々広範囲となりつつある。そのため多くの教科を広範囲に，かつより深く履修させようと，相反する課題解決に向けた各大学や高専等の高等教育機関での教育課程改革や教授方法の革新がICT活用などを通して進みつつある。国際的にもNGDLE（次世代電子学修環境）を用いた自律的学修が今後の技術者教育の中心となっていくと言われている。

そのような環境にある中，電気電子系の分野を初めて学ぶ学生にもわかりやすく，かつ，関連分野の実践的技術者が電気回路を学ぶ上でも役に立つ教科書や参考書はあまり無かった。つまり，やさしいことに特化しているが単位を取る程度にしか役に立たない教科書，実践的であるが初学者には理解が困難な教科書などである。本書は4名の教授により分担執筆されている。電気電子工学分野と電子制御工学分野の高専教授と大学教授により執筆されており，初学者の学びはじめから，より高度な電気回路の学修へ向けて自律的な学修ができる様，いくつかの特色がちりばめられている。

この本書の特徴の一つ目は，極めて丁寧な導入から始まっていることである。これは高専教育が高校生と同じ年齢から始まることを意識している。そのため，各章の例題には丁寧な解答を載せている。特徴の二つ目は，確認問題が多くある事である。4名の著者の長年に渡る電気回路の教授経験から，各学修項目の学修目標が理解できているかを絶えず確認できる様に工夫されている。読者の自習による理解度向上を確認する意味合いもある。特徴の三つ目は，特に学生が間違えやすい部分を「チェックポイント」として，可視化していることである。更には，同じ問題の異なった解法を示したりアクティブラーニングの手法を取り入れるなど，意欲のある読者の挑戦的な学修を可能としている。

本書の中盤から後半にかけては，実践的技術者が用いている数学的な電気回路の解法や，EXCEL などを用いた課題も紹介している。これらの内容が理解できれば，より実践的な問題や発展問題にも挑戦できる素養が身につくように工夫が凝らしてある。従って，各章の章末問題には少し難しいものも加えてある。大学や高専の学生として，または，社会人技術者として各問題に挑戦していくことが，より深い電気回路の理解に繋がる様になっている。

読者に許された限られた時間を活用して本書を学んで頂く事でも電気回路の理解が進み，その活用が可能な実践的技術者の育成に役立つことを確信している。最後に，本書の発刊にご協力頂いた関係諸氏に著者 4 名を代表して感謝を記し，まえがきとする。

(岐阜工業高等専門学校　電気情報工学科　教授　所　哲郎)

目次

第1章　電気回路の基礎

今日，電気は日常生活に欠かせないエネルギーである。蛍光灯，LED，信号機，スマートフォンやパソコン，冷蔵庫，IH 調理器具，電子レンジ，電気自動車，電車，人工衛星など，ありとあらゆるものが電気エネルギーで動作する。この電気を扱うには，電圧と電流の関係を理解し，回路を組む必要がある。電気エネルギーがどのくらい必要なのかを求めるには，電力や電力量の知識も必要になる。電気には，電流の向きが変化しない直流と電流の向きが時間とともに変化する交流がある。電池は，直流を発生させる代表的な例であり，各家庭のコンセントから供給される電気は 50 Hz か 60 Hz の交流である。この章では，直流における電圧と電流の関係，電力の求め方などを学習する。

1.1　電荷・電流・電圧の定義と単位

1.1.1　電荷の性質と定義

電荷にはプラスの性質をもつ正電荷とマイナスの性質をもつ負電荷がある。物質に電圧をかけると図 1 - 1 に示すように，プラスの性質をもつ正電荷は，負電極に向かって，マイナスの性質をもつ負電荷は，正電極に向かってそれぞれ移動する。冬場に空気が乾燥すると衣類に静電気が蓄積する。ドアノブなどの金属に触れた瞬間に「パチっ」と放電し，痛みを感じた経験があると思う。この静電気は，絶縁性の高い布同士の摩擦で発生し，冬場は服に帯電しやすくなるため生じる現象である。電荷の SI 単位はクーロンであり，記号で C と書く。電子の電荷量は，-1.602×10^{-19} C であり，1 C は，6.242×10^{18}個の電子に相当する。マイナス符号

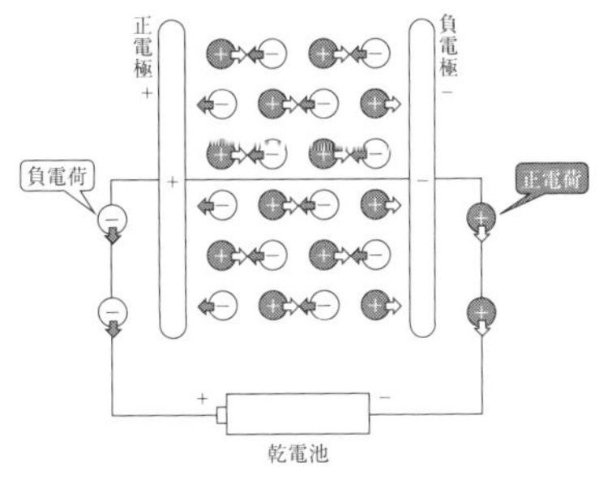

図 1 - 1　正電荷と負電荷

がつくことに注意すること。

確認問題 1.1　電圧の高いほうに向かって移動するのは，正電荷か負電荷か？
［負電荷］

確認問題 1.2　電流の向きと同じ方向に移動するのは，正電荷か負電荷か？
［正電荷］

1.1.2　電流・電圧の定義と単位

電流は，電荷の移動（流れ）を示す物理量であり，記号は主に直流の場合は I，交流の場合は i と書く。電流の SI 単位は A（アンペア）で，1 秒間に 1 C の電荷が移動すると，1 A になる。定常的に流れる電流 I は，式(1.1) で示したように**電荷量** Q を時間 t で割った値となる。

$$I=\frac{Q}{t}\ \ \mathrm{(A)} \tag{1.1}$$

SI 単位における 1 A の定義は，図 1－2 に示すように距離 1 m の間隔で平行においた無限に長い 2 本の導線に同じ大きさの電流を流したとき，導線間に働く電磁力 F が単位長さあたり 2×10^{-7} N であるときの電流を 1 A と定義している。電流は，数 100 A というような大きな電流を「大電流」，数 10 nA のような小さい電流は「微小電流」と呼ぶ。つまり電流の大きさは，大小で表現し，英語でも，Large Current（大電流)），Small Current（小電流）と表現する。

電圧は，山の高さで例えられるように電子の位置エネルギーを示す物理量であり，記号は，E または e と書く。電圧の単位は V（ボルト）である。市販されている乾電池の電圧は，1.5 V であり，日本国内のコンセントの電圧は 100 V である。一般に電圧は，基準となるアース（0 V）からの電圧を表す場合に「**電位**」という用語を，2 点間の電位の差を表す場合に「電

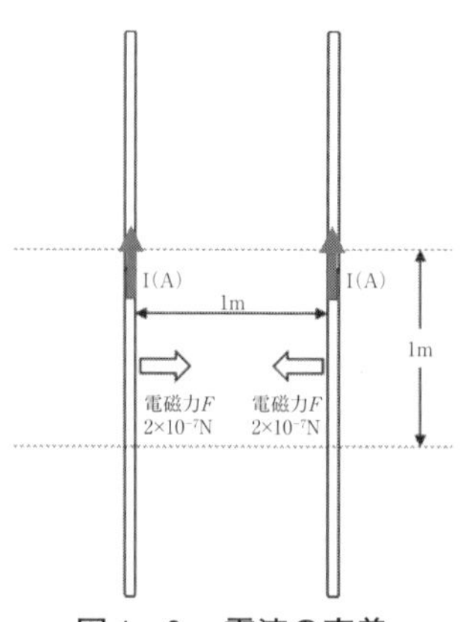

図 1－2　電流の定義

位差」という言葉で表現する。呼び方が異なるが「電位」も「**電位差**」も電圧を表す言葉であり，単位はVである。また，電圧（電位差）が高いとき，「高電圧」，低いとき，「低電圧」と，高低で表現する。英語でも電圧は，High Voltage（高電圧），Low Voltage（低電圧）と表現する。

このように「高電圧・小電流」という表現は正しいが，「大電圧・低電流」は誤った使い方であり，「大小」「高低」の使い方に気をつけてほしい。

確認問題 1.3 0.03秒間に0.15Cの電荷が移動したときの電流の平均値はいくつか？［5A］

確認問題 1.4 2Aの電流が4秒間流れた場合，移動した電荷は何Cか？［8C］

確認問題 1.5 以下の文章のどこが誤りか？
「電圧が大きくなると電流が高くなる」［略］

［例題 1.1］ A点の電位 V_Aが17Vで，B点の電位 V_Bが8Vのとき，V_{AB}とV_{BA}を求めよ。

［解］ $V_{AB}=V_A-V_B=17-8=9$V，$V_{BA}=V_B-V_A=8-17=-9$V。添え字の後ろの点の電位を基準として，添え字の後ろの点の電位から前の点の電位を見たときの，電位差を表す。一方，I_{AB}と書く場合は，A点からB点に向かって流れる電流を表す。

1.1.3 抵抗の定義

抵抗は，電気の流れにくさを表す物理量であり，記号は，Rまたはrと書く。抵抗の単位はΩ（オーム）である。抵抗の大きさは，その形状によって変化する。**抵抗率** ρ（Ω·m），長さ l（m），断面積 S（m^2）の物質の抵抗 R（Ω）は，式（1.2）により求まる。

$$R=\rho\frac{l}{S} \quad (\Omega) \tag{1.2}$$

つまり，同じ材料でも材料の長さに比例して抵抗値は高くなり，断面積に反比例して抵抗値は低くなる。さらに金属の場合，抵抗 R は，式（1.3）に示すように温度 T の関数であり，温度が高くなるほど抵抗値が高くなる。

$$R(T)=R_0\{1+\alpha(T-T_0)\} \quad (\Omega) \tag{1.3}$$

ここで，T_0は基準となる温度，R_0は基準温度 T_0での抵抗値，α は抵抗の温度係数である。金属の抵抗値が式(1.3）に従い，温度上昇とともに高くなるのは，金属中にある原子が熱エネルギーで激しく振動し，自由電子の移動を妨げるためである。一方，半導体や絶縁体では，一般的に温度上昇とともに抵抗は低くなる。これは，熱エネルギーにより動くことができなかった電荷が動けるようになるためである。

抵抗率 ρ（Ω·m）の逆数（1/ρ）を**導電率**と呼び，記号 σ で表す。単位は，S/m（ジーメンス・パー・メーター）である。導電率 σ（S/m）は，式（1.4）に示すように電荷密度 n（1/m^3）と電子の電荷量 e（C）と移動度 μ（m^2/Vs）の積となる。

$$\sigma=\frac{1}{\rho}=ne\mu \quad (\mathrm{S/m}) \tag{1.4}$$

確認問題 1.6　金属の電気抵抗 R の温度特性は，図 1－3 の(a)，(b)どちらか？［(b)］

確認問題 1.7　半導体の電気抵抗 R の温度特性は，図 1－3 の(a)，(b)どちらか？［(a)］

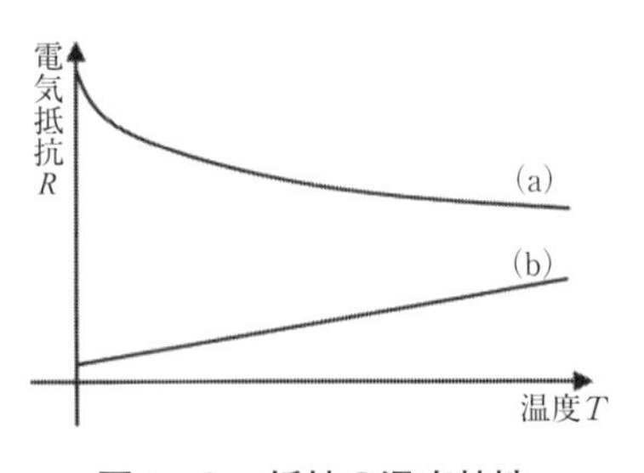

図 1－3　抵抗の温度特性

1.2　オームの法則

1.2.1　オームの法則

図 1－4 に示すように出力電圧 E（V）の電源に抵抗 R（Ω）を接続し，電源の電圧 E（V）と回路を流れる電流 I（A）の関係を調べると，図 1－5 に示すように電圧 E と電流 I は，比例関係を示す。このグラフにおける傾きの逆

数が抵抗 R であり，式（1.5）に示した関係が成り立つ。これを**オームの法則**という。

$$E = RI \quad (\mathrm{V}) \qquad (1.5)$$

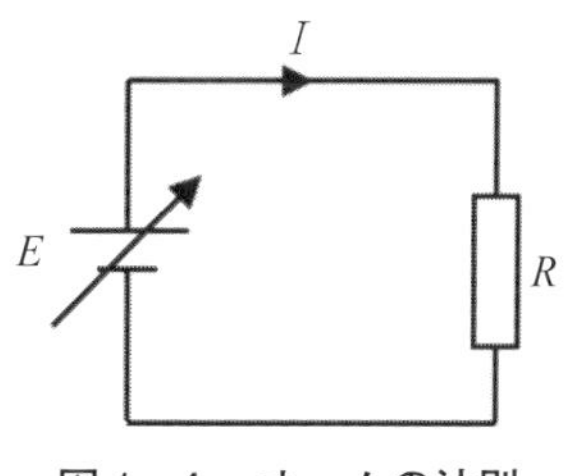

図1－4　オームの法則

1.2.2　中位抵抗の測定

数Ω～数100 kΩの抵抗を中位抵抗という。中位抵抗は，一般的な電圧計と電流計を用いて測定した電圧 E と電流 I から抵抗 R を求めることができる抵抗である。ただし，電圧計や電流計を接続することにより測定誤差が生じる。これを小さくするために電流計と電圧計の接続に工夫が必要となる。一般に抵抗値が電圧計と同じ程度に高い場合は図1－6(a)の電流の測定を優先する測定法を，抵抗値が電流計と同じ程度に低い場合は，図1－6(b)の電圧の測定を優先する測定法を用いると誤差が小さくなる。その理由を電圧計の内部抵抗を r_v，電流計の内部抵抗を r_a として考える。電流優先の場合，電流計で測定した電流 i_R と電圧計で測定した電圧 v_R の関係は，

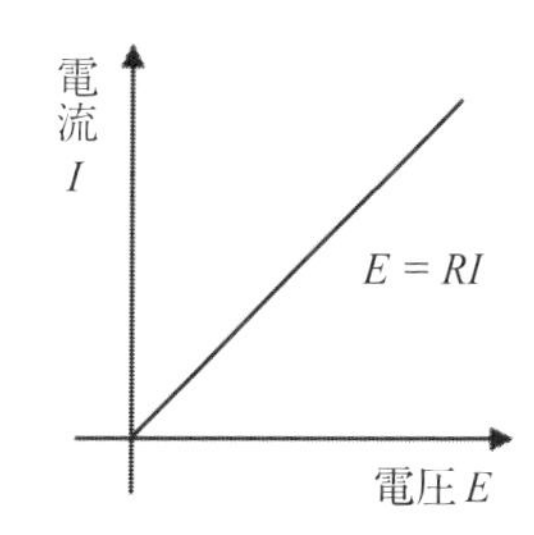

図1－5　電圧・電流特性

$$v_R = (R + r_a)i_R = Ri_R + r_a i_R = Ri_R + \Delta v_a \quad (\mathrm{V}) \qquad (1.6)$$

となり，電流計を回路に含めることによって生じる誤差 Δv_a があることに気付く。この誤差を小さくする条件は，$R \gg r_a$ である。つまり，測定する抵抗 R が

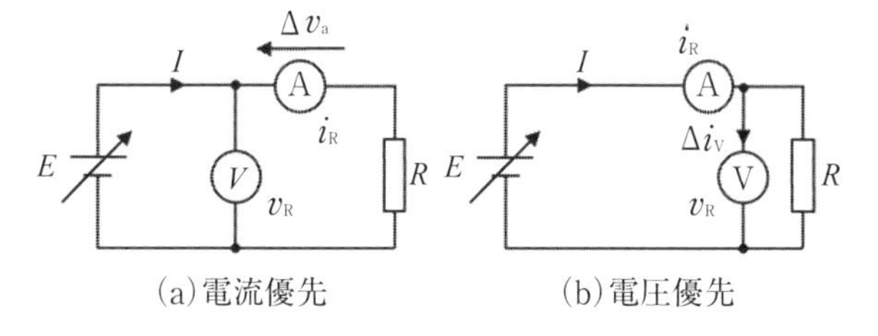

図1－6　中位抵抗の測定法

電流計の内部抵抗r_aよりもはるかに高い値（大きい値）であることが条件になる。

では，電圧優先の場合は，どうであろうか。電圧計で測定した電圧 v_Rと電流計で測定した電流 i_Rの関係は，

$$i_R=\left(\frac{1}{R}+\frac{1}{r_v}\right)v_R=\frac{v_R}{R}+\frac{v_R}{r_v}=\frac{v_R}{R}+\Delta i_v \ \text{(A)} \tag{1.7}$$

となり，電圧計を回路に含めることにより電圧計にも電流が流れ，誤差Δi_vがあることに気付く。この誤差を小さくする条件は，$R \ll r_v$である。つまり，測定する抵抗Rが電圧計の内部抵抗r_vより，はるかに低い値（小さい値）であることが条件になる。

確認問題 1.8　身近にある電圧計，電流計の内部抵抗を調べよ。［略］

確認問題 1.9　50 Ω の抵抗を測定する場合，電流優先，電圧優先，どちらの測定法を用いるのが良いか？［電圧優先］

確認問題 1.10 20 kΩ の抵抗を測定する場合，電流優先，電圧優先，どちらの測定法を用いるのが良いか？［電流優先］

1.2.3　電池の内部抵抗

図1－7 (a)の端子 1-1'の部分は，電源の等価回路である。電池などの**直流電源**は，**内部抵抗**をもつため，取り出す電流 I が大きくなるほど，内部抵抗による電圧降下が増加して，出力電圧が低下する。これをグラフに示したのが図1－7 (b)に示した電源の出力特性である。図1－7 (a)の負荷 R の抵抗値を変えて，取り出す電流 I の大きさを変え，出力電圧 V と電流 I の関係をグラフにしたもので，このグラフから $I = 0$ のときの出力電圧 V を y 切片にとり，近似直線を引くとその傾きから内部抵抗 r を求めることができる。

ＡＬ－１　単1電池の内部抵抗 r_1と単3電池の内部抵抗 r_3を図1－7 (a)の回路の負荷抵抗 R の値を変えて電流 I と電圧 V の関係である V-I 特性（電源の出力特性）を調べ，そのグラフの傾きから求めなさい。どちらの内部抵抗が大きいか，事前に予想して行う事。［略］

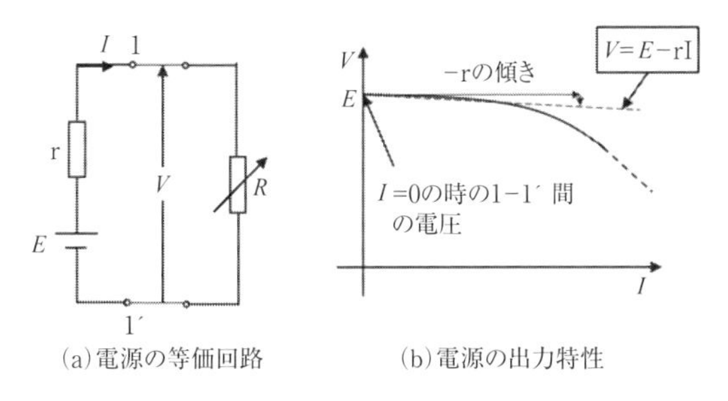

(a)電源の等価回路　(b)電源の出力特性

図1－7　電源の内部抵抗と出力特性

確認問題1.11 内部抵抗 r の単1電池を3つ直列に接続すると内部抵抗 r_s はどのくらいになるか？ [3r]

確認問題1.12 内部抵抗 r の単1電池を3つ並列に接続すると内部抵抗 r_p はどのくらいになるか？ [r/3]

1.3　電圧源と電流源

日常生活で利用する乾電池や一般家庭にあるコンセントからの**電源**は，電気工学において**電圧源**である。ここでは，一定の電圧を供給する電圧源と一定の電流を供給する**電流源**の考え方について学ぶ。

1.3.1　電圧源

理想的な電圧源は，高抵抗から低抵抗まで，どのような負荷を接続しても一定の電圧を出力する電源である。しかし，実際には取り出す電流 I が大きくなるほど出力電圧 V は低下する。これは，実際の電圧源が内部抵抗 r を含むからである。等価回路で示すと，図1－8のように電源 E に内部抵抗 r が直列に接続した回路になる。取り出す電流 I が大きくなるほど内部抵

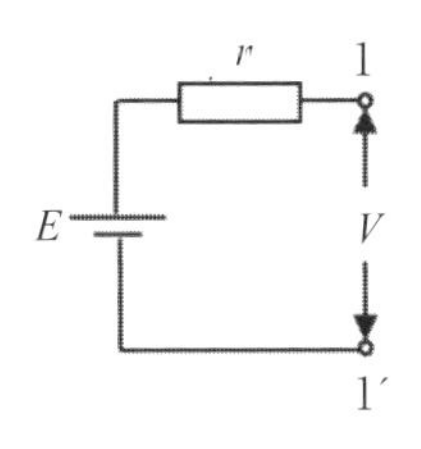

図1－8　電圧源

抗 r での電圧降下 $r \times I$ が大きくなり，出力電圧 V が低下する（図1－7(b)参照)。

確認問題 1.13 なぜ内部抵抗 r が，電圧源 E と並列接続ではなく直列接続になるのか考えよ。［略］

1.3.2　電流源

理想的な電流源は，どのような負荷を接続しても一定の電流を供給する電源である。例えば，1 A の電流源に 1 Ω の抵抗を接続すれば，抵抗に 1 A の電流が供給されるので，両端の電圧は 1 Ω × 1 A = 1 V になり，1000 倍の 1 kΩ の抵抗で 1 kV，1 MΩ の抵抗で 1 MV（つまり 100 万ボルト）の電圧が発生することになる。実際にはこのようなことは起きず，電流源がもつ内部**コンダクタンス** g(S) に一部の電流が分流するため，実際に電流源から取り出す電流 I' は，負荷抵抗が高くなるほど小さくなる。

確認問題 1.14 なぜ内部コンダクタンス g が電流源 I と直列接続ではなく並列接続になるのか考えよ。［略］

［例題 1.2］ 電圧源と電流源の**等価変換**について考える。図1－8と図1－9に示した，内部対抗 r の電圧源 E と内部コンダクタンス g の電流源 I に，外部から抵抗 R を接続したときに，R に流れる電流が等しくなる条件を確かめよ。

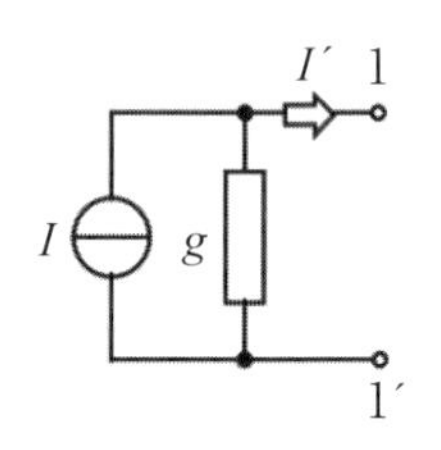

図1－9　電流源

［解］ 内部対抗 r の電圧源 E に接続した外部抵抗 R に流れる電流は，両抵抗の直列接続であるので，$I_R = E/(r+R)$ となる。一方，電流源 I と並列にコンダクタンス g があり，これらの外部に抵抗 R を接続すると，その外部抵抗 R に流れる電流は，$I_R = I\cdot(1/g) / ((1/g) + R)$（1.4.5 参照）となる。

この両者を等しいとおくと，

$$I_R = \frac{E}{r+R} = \frac{\frac{1}{g}}{\frac{1}{g}+R} \cdot I = \frac{I}{1+g \cdot R} \text{ (A)} \tag{1.8}$$

$$(1+g \cdot R) \cdot E = (r+R) \cdot I = \left(1+\frac{R}{r}\right) \cdot I \cdot r \tag{1.9}$$

従って，$g = 1/r$, $E = I \cdot r$であれば両者が等価である。言いかえれば，電圧源Eと直列にある内部抵抗rは，$E = I \cdot r$である電流源Iに並列に内部抵抗$r = 1/g$がある回路と等価である。

1.4　合成抵抗

合成抵抗とは，回路中の複数の抵抗をひとつの抵抗とみなし，等価な抵抗に換算したものである。等価であるためには，端子間の抵抗にかかる電圧，接続点に流れ込む電流が互いに同じ値（等価）にならなければならない。抵抗を**直列接続**，**並列接続**した場合についてまず説明し，そのあと，**直並列接続**や対称性のある**網目回路**について述べる。

1.4.1　抵抗の直列接続

図1-10のように，n個の抵抗R_1～R_nを直列に接続した場合の合成抵抗Rを考える。1-1'間の電圧Eは，各抵抗R_1～R_nの両端の電圧E_iの和であり，式(1.10)が成立する。

$$E = E_1 + E_2 + E_3 + \cdots + E_i + \cdots + E_n \text{ (V)} \tag{1.10}$$

さらに各抵抗R_1～R_nに流れる電流Iが共通であることから，各抵抗R_1～R_nの両端の電位差（電圧降下）E_1～E_nは，式（1.11）となる。

$$E_1 = R_1 I \text{ (V)},\ E_2 = R_2 I \text{ (V)},\ E_3 = R_3 I \text{ (V)},\ \cdots$$
$$\cdots\ E_i = R_i I \text{ (V)},\ \cdots,\ E_n = R_n I \text{ (V)} \tag{1.11}$$

式（1.11）を式（1.10）に代入すれば，

$$E = R_1 I + R_2 I + R_3 I + \cdots + R_i I + \cdots + R_n I$$

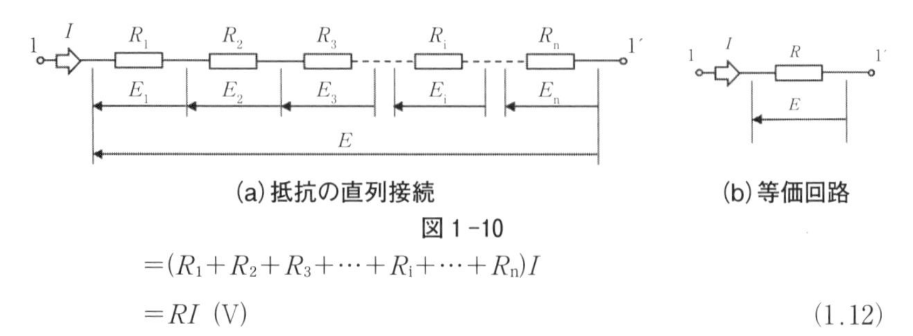

(a) 抵抗の直列接続　　　　(b) 等価回路

図1-10

$$=(R_1+R_2+R_3+\cdots+R_i+\cdots+R_n)I$$

$$=RI \text{ (V)} \tag{1.12}$$

式（1.12）を得る。これにより，直列に接続した場合の合成抵抗 R は，式（1.13）のように各抵抗値 R_iの和となる。

$$R=R_1+R_2+R_3+\cdots+R_i+\cdots+R_n \text{ }(\Omega) \tag{1.13}$$

1.4.2　抵抗の並列接続

図1-11のように，n 個の抵抗 R_1～R_nを並列に接続した場合の合成抵抗 R を考える。回路を流れる全電流 I は，各抵抗 R_1～R_nに流れる電流 I_iの和であり，式（1.14）が成立する。

$$I=I_1+I_2+I_3+\cdots+I_i+\cdots+I_n \text{ (A)} \tag{1.14}$$

さらに各抵抗 R_1～R_nにかかる電圧 E が共通であることから，各抵抗 R_1～R_nに流れる電流 I_1～I_nは，式（1.15）となる。

$$I_1=\frac{E}{R_1}\text{ (A)},\ I_2=\frac{E}{R_2}\text{ (A)},\ I_3=\frac{E}{R_3}\text{ (A)},\ \cdots,\ I_i=\frac{E}{R_i}\text{ (A)},\ \cdots,\ I_n=\frac{E}{R_n}\text{ (A)} \tag{1.15}$$

式（1.15）を式（1.14）に代入することにより，式（1.16）を得る。

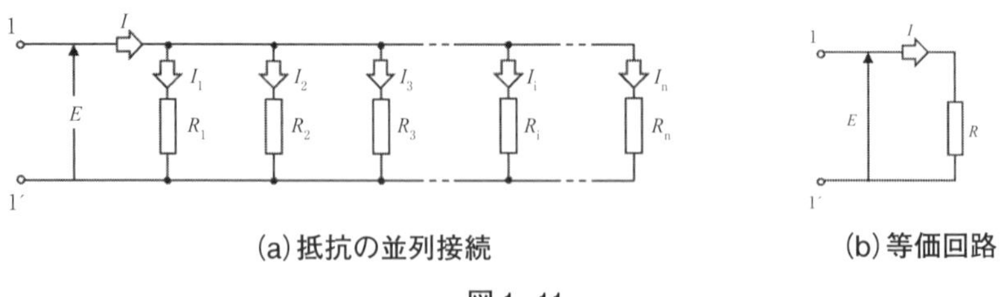

(a) 抵抗の並列接続　　　　(b) 等価回路

図1-11

$$I=\left(\frac{1}{R_1}+\frac{1}{R_2}+\frac{1}{R_3}+\cdots+\frac{1}{R_i}+\cdots+\frac{1}{R_n}\right)E=\frac{E}{R}\ \ (A) \tag{1.16}$$

これより，並列に接続した場合の合成抵抗 R の逆数が，式（1.17）のように各抵抗の逆数の和と等しくなる。

$$\frac{1}{R}=\frac{1}{R_1}+\frac{1}{R_2}+\frac{1}{R_3}+\cdots+\frac{1}{R_i}+\cdots+\frac{1}{R_n}\ \ (S) \tag{1.17}$$

[例題 1.3]　1，2，5 Ω の 3 つの抵抗をすべて，直列および並列接続したときの合成抵抗 R_S と R_P をそれぞれ求めよ。

[解]　$R_S = R_1 + R_2 + R_3 = 1 + 2 + 5 = 8\,\Omega$，$1/R_p = 1/R_1 + 1/R_2 + 1/R_3$ $= 1/1 + 1/2 + \frac{1}{5} = \frac{17}{10}$　$\therefore\ R_p = \frac{10}{17}\Omega$

[チェックポイント！]　2 つの抵抗 R_1 と R_2 を並列接続したときの合成抵抗は，和分の積の形の $R_P = R_1R_2/(R_1 + R_2)$ であるが，3 つの抵抗 R_1 と R_2 と R_3 を並列接続したときの合成抵抗は $R_P = R_1R_2R_3/(R_1 + R_2 + R_3)$ ではないことに注意しよう。

1.4.3　コンダクタンスの並列接続

抵抗 R の逆数（1/R）は，コンダクタンスと呼ばれ，電流の流れやすさを表す物理量である。記号は G または g と書く。コンダクタンスの単位は，S（ジーメンス）である。このコンダクタンス G を用いれば，コンダクタンスを並列に接続したときの合成コンダクタンス G は，各コンダクタンス G_i の和と等しく，式（1.18）が成立する。

$$G=G_1+G_2+G_3+\cdots+G_i+\cdots+G_n\ \ (S) \tag{1.18}$$

確認問題 1.15　3 つのコンダクタンス G_1 と G_2 と G_3 を並列接続したときの合成コンダクタンス G_P を求めよ。次に，1，2，5S の 3 つのコンダクタンスを並列接続したときの合成コンダクタンスを求めよ。［$G_P = G_1 + G_2 + G_3$(S)，$G_P = 1 + 2 + 5 = 8$(S)］

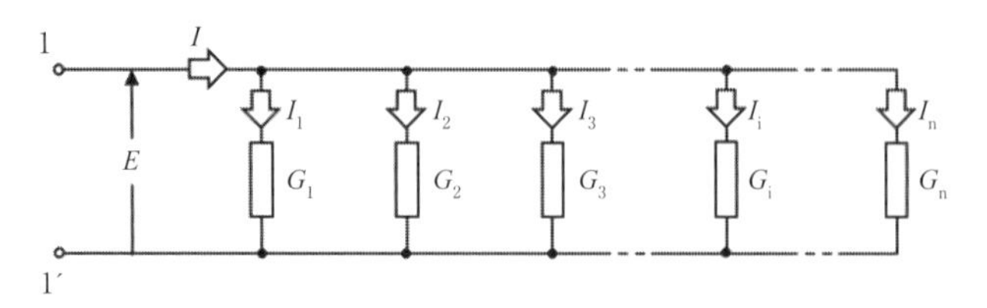

図1-12　コンダクタンスの並列接続

確認問題1.16　3つのコンダクタンス G_1と G_2と G_3を直列接続したときの合成抵抗 R_Sと，合成コンダクタンス G_Sを求めよ。［$R_S = 1/G_1 + 1/G_2 + 1/G_3$ (Ω)，$G_S = 1/R_S = (G_1G_2G_3) / (G_1G_2 + G_2G_3 + G_3G_1)$ (S)］

1.4.4　電圧の分圧

2つの抵抗を直列接続すると，この2つの抵抗の比で電圧を分圧することができる。図1-13に示すように抵抗 R_1，R_2を直列に接続したときに抵抗 R_2の両端の電圧 Vは，

$$V = \frac{R_2}{R_1 + R_2} E \ \text{(V)} \tag{1.19}$$

となる。例えば Vを，電源電圧 Eの3分の2の電圧に設定する場合は，R_1と R_2の比を1対2にする。こうすると，式(1.19)の計算により，端子1-1'間の出力電圧 Vは電源電圧 Eの3分の2になる。

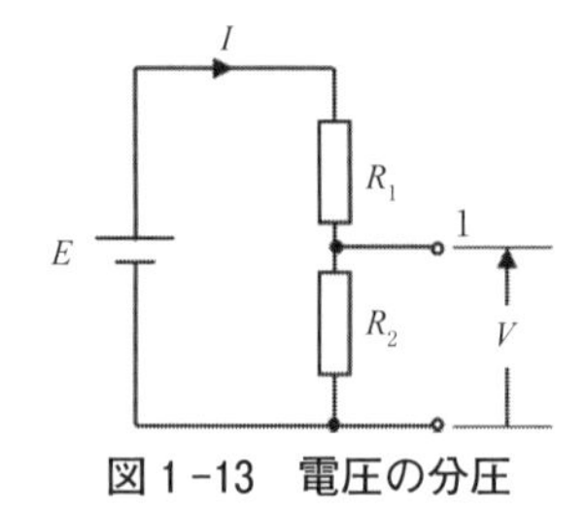

図1-13　電圧の分圧

$$V = \frac{2R_1}{R_1 + 2R_1} E = \frac{2}{3} E \ \text{(V)} \tag{1.20}$$

この応用回路を紹介する。図1-14の回路において，各抵抗 R_1，R_2は式(1.21)の条件を満たすものとする。

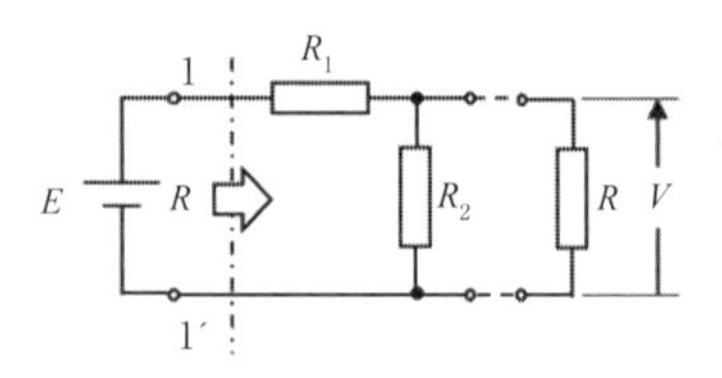

図1-14　分圧回路

$$R_1=\frac{1}{2}R\,(\Omega),\ R_2=R\,(\Omega) \tag{1.21}$$

終端に抵抗 R を接続したとき，1-1'間の合成抵抗 R は，

$$R=R_1+\frac{R_2R}{R_2+R}=\frac{1}{2}R+\frac{R^2}{2R}=R\,(\Omega) \tag{1.22}$$

と，**終端抵抗** R と同じ値になることがわかる。さらに，このときの電源電圧 E と負荷抵抗 R の端子電圧 V の関係を式（1.19）により求めると，式（1.23）に示すように端子電圧 V は電源電圧 E の半分になる。

式（1.22）で示したように1-1'間の合成抵抗 R は，終端抵抗 R と等しいので，図1-15に示すように，図1-14の終端抵抗 R の部分を1-1'間の回路と置きかえても2-2'間からみた合成抵抗は R となり，図1-14と等しい回路になる。このとき，式（1.23）で説明しているように，2-2'間の端子電圧は，電源電圧 E の半分となるため，図1-15の負荷抵抗 R の端子電圧 V は，電源電圧 E の4分の1になる。このように図1-15の1-1'端子と2-2'端子の間の1点鎖線で挟まれた回路を繰り返し接続することで，2分の1，4分の1，8分の1，…，のように 2^m 分の1の電圧を得る回路となる。これが，A/D，D/A 変換を行う際の基準電圧回路である。

$$V=\frac{\dfrac{R_2R}{R_2+R}}{R_1+\dfrac{R_2R}{R_2+R}}E=\frac{\dfrac{R^2}{R+R}}{\dfrac{1}{2}R+\dfrac{R^2}{R+R}}E=\frac{\dfrac{1}{2}R}{R}E=\frac{1}{2}E\ (\mathrm{V}) \tag{1.23}$$

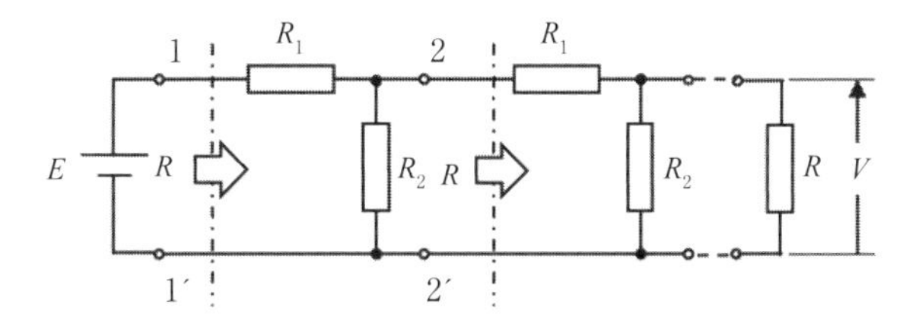

図1-15　はしご型回路

ＡＬ－２　図1-15を参考に4段のはしご型回路を設計しなさい。電源電圧Eが5Ｖの場合，各段の出力電圧を求めなさい。

［$E/2$，$E/4$，$E/8$，$E/16$の，2.5，1.25，0.625，0.3125Ｖ］

1.4.5　電流の分流

図1-16に示す分流回路において，2つの抵抗を並列に接続すると2つの抵抗の逆数比（$I_1 : I_2 = 1/R_1 : 1/R_2$）で電流を分流することができる。このとき，各抵抗$R_1$，$R_2$に流れる電流$I_1$，$I_2$は，式（1.24）および（1.25）となる。

$$I_1 = \frac{1}{R_1} \cdot \frac{R_1 R_2}{R_1 + R_2} I = \frac{R_2}{R_1 + R_2} I \ \text{(A)} \qquad (1.24)$$

$$I_2 = \frac{1}{R_2} \cdot \frac{R_1 R_2}{R_1 + R_2} I = \frac{R_1}{R_1 + R_2} I \ \text{(A)} \qquad (1.25)$$

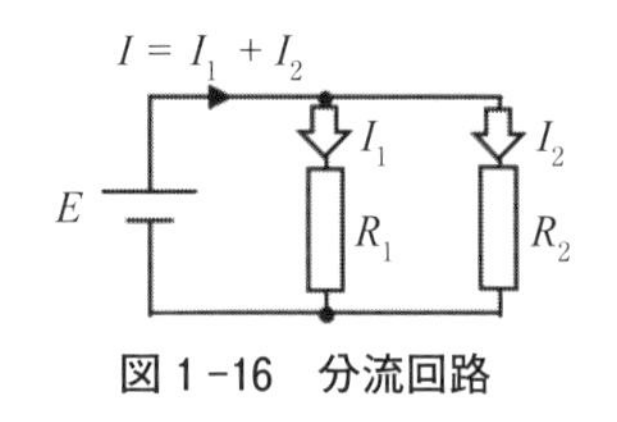

図1-16　分流回路

1.4.6　簡単な直流回路の計算

図1-17は，並列接続した2つの抵抗R_2，R_3に抵抗R_1を直列接続した回路（直並列回路）である。この回路の各抵抗R_1，R_2，R_3に流れる電流I_1，I_2，I_3を求める。

この回路の合成抵抗Rは，

$$R = R_1 + \frac{R_2 R_3}{R_2 + R_3} \ (\Omega) \qquad (1.26)$$

となる。従って，抵抗R_1に流れる電流I_1は，電源電圧Eを合成抵抗Rで割ることにより求まる。

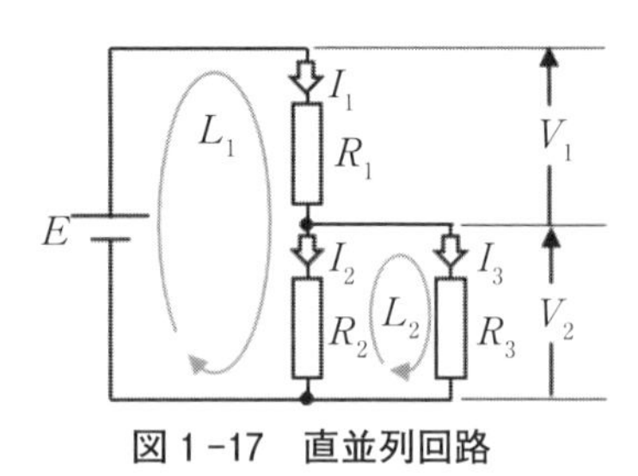

図1-17　直並列回路

$$I_1 = \frac{E}{R} = \frac{E}{R_1 + \dfrac{R_2 R_3}{R_2 + R_3}} = \frac{(R_2 + R_3)E}{R_1 R_2 + R_1 R_3 + R_2 R_3} \ \text{(A)} \qquad (1.27)$$

また，抵抗 R_2，R_3に流れる電流 I_2，I_3は，前節の式（1.24），（1.25）より，

$$I_2=\frac{R_3}{R_2+R_3}\cdot\frac{(R_2+R_3)E}{R_1R_2+R_1R_3+R_2R_3}=\frac{R_3E}{R_1R_2+R_1R_3+R_2R_3}\ \text{(A)} \quad (1.28)$$

$$I_3=\frac{R_2}{R_2+R_3}\cdot\frac{(R_2+R_3)E}{R_1R_2+R_1R_3+R_2R_3}=\frac{R_2E}{R_1R_2+R_1R_3+R_2R_3}\ \text{(A)} \quad (1.29)$$

となる。抵抗 R_1の両端の電圧 V_1および抵抗 R_2，R_3の両端の電圧 V_2は，次式となる。

$$V_1=R_1I_1=\frac{R_1(R_2+R_3)E}{R_1R_2+R_1R_3+R_2R_3}\ \text{(V)} \quad (1.30)$$

$$V_2=R_2I_2=R_3I_3=\frac{R_2R_3E}{R_1R_2+R_1R_3+R_2R_3}\ \text{(V)} \quad (1.31)$$

確認問題 1.17　図 1 -17 の回路において，E = 5 V，R_1 = 10 Ω，R_2 = 20 Ω，R_3 = 30 Ω のとき，抵抗 R_3に流れる電流 I_3を求めよ。[0.091 A]

確認問題 1.18　図 1 -17 の回路において，E = 5 V，R_1 = 10 Ω，R_2 = 20 Ω，R_3 = 30 Ω のとき，抵抗 R_3にかかる電圧 V_3を求めよ。[2.727 V]

確認問題 1.19　図 1 -17 の回路において，E = 5 V，R_2 = 20 Ω，R_3 = 30 Ω のとき，抵抗 R_1にかかる電圧 V_1が $E/2$（V）となる抵抗 R_1（Ω）を求めよ。[12Ω]

確認問題 1.20　図 1 -17 の回路において，E = 5 V，R_1 = 10 Ω，R_3 = 30 Ω のとき，抵抗 R_2にかかる電圧 V_2が $E/2$（V）となる抵抗 R_2（Ω）を求めよ。[15Ω]

ＡＬ－３　二人ペアとなり，各自図 1 -17 の回路において，抵抗 R_1，R_2，R_3は 1，2，3 Ω のいずれか 1 つずつであり，$R_2 < R_3$である回路を考えよ。次に，E=11 V として，V_1か V_2のいずれかひとつを計算し，ペアの相手に伝えよ。各ペアは相手からの電圧の値ひとつのみで，相手の抵抗 R_1，R_2，R_3，電流 I_1，I_2，I_3および，電圧 V_1と V_2を推定せよ。[略]

[例題 1.4]　図 1-18 の網目回路の端子 1-1'間の合成抵抗 $R_{1\text{-}1'}$ を求めよ。

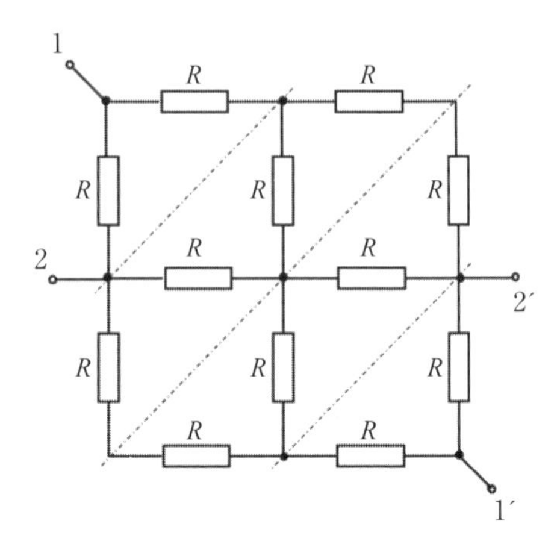

図 1-18　網目回路の合成抵抗

[解]　図 1-18 は，12 個の抵抗 R が網目状に接続された回路である。この回路の 1-1'間の合成抵抗 $R_{1\text{-}1'}$ を求めるには回路の対称性を用いると良い。回路を構成しているすべての抵抗値が R であることと回路の対称性から，図 1-18 中の一点鎖線上の電位は等電位である。従って，端子 1 に接続する 2 つの抵抗の合成抵抗は $0.5R$，その次の 4 つの抵抗の合成抵抗は，$0.25R$ となる。残りの 6 つの抵抗も同様に考えれば，それぞれ $0.25R$，$0.5R$ となり，それらがすべて直列接続になっていると考えればよい。従って，1-1'間の合成抵抗 R_1 は，

$$R_{1-1'}=\frac{1}{\frac{1}{R}+\frac{1}{R}}+\frac{1}{\frac{1}{R}+\frac{1}{R}+\frac{1}{R}+\frac{1}{R}}+\frac{1}{\frac{1}{R}+\frac{1}{R}+\frac{1}{R}+\frac{1}{R}}+\frac{1}{\frac{1}{R}+\frac{1}{R}}$$

$$=\frac{R}{2}+\frac{R}{4}+\frac{R}{4}+\frac{R}{2}$$

$$=\frac{3R}{2}\ (\Omega) \tag{1.32}$$

と求まる。

確認問題 1.21 図 1-18 の 2-2'間の合成抵抗 $R_{2\text{-}2'}$ を回路の対称性を利用して求めよ。[R]

確認問題 1.22 立方体には 12 の辺があり，各 1 辺の抵抗値が R であるとき，対角位置にある端子間の合成抵抗 R_A を求めよ（ヒント：図形の対称性から，分岐点ですべての抵抗に同じ電流が流れると考えて求めればよい）。[5R/6]

1.5　キルヒホッフの法則

前節までの直列接続，並列接続，直並列接続，対称な網目回路における合成抵抗や電流の導出方法について学習した。しかし，多くの電気回路は，各抵抗に流れる電流を未知数として**回路方程式**をたて，電流を求める。ここでは，この回路方程式をたてるうえで基本となる**キルヒホッフの法則**について学習する。

1.5.1　キルヒホッフの第 1 法則（電流則）

ある交差点において，交差点に入る車両を＋1台，交差点から出ていく車両を－1台として数えたとする。この交差点内にとどまる車両がなければ，交差点が三叉路であっても，四叉路，五叉路であっても，その総数は常に 0 である。

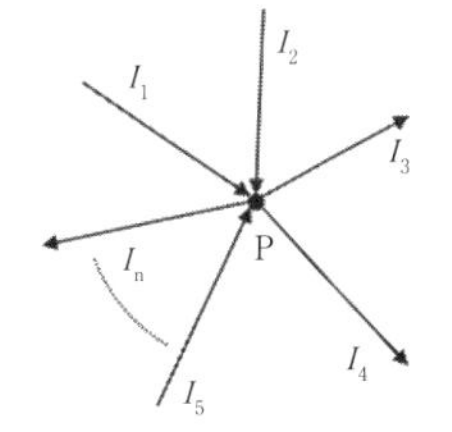

図 1－19　電流則

電気回路においても同じことが成り立ち，「**回路網中の任意の点でその点に流れ込む電流の総和は常にゼロ**」となる。これを**キルヒホッフの第 1 法則**または**キルヒホッフの電流則**という。この法則は常に成り立つので，図 1－19 に示すように，任意の点 P に接続する線の電流の総和はあらゆる瞬間で 0 であり，式（1.33）が成り立つ。一般に電流 I が正（プラス）の値は流れ込む電流，負（マイナス）の値は流れ出す電流としてあつかう。

$$I_1+I_2+I_3+\cdots+I_n=\sum_{k=1}^{n} I_k=0 \quad (\mathrm{A}) \tag{1.33}$$

確認問題 1.23 回路網中のある点 P に 5 本の線が接続している。$I_1=-1$ A，$I_2=3$ A，$I_3=2$ A，$I_4=-6$ A であったとすると，残りの 1 本の線の電流 I_5 は何 A か。[2 A]

確認問題 1.24 回路網中のある点 P に 4 本の線が接続している。$I_1=2$ A，$I_2=-2I_1$，$I_3=3I_1$ であった。残りの 1 本の線の電流 I_4 は何 A か。[-4 A]

1.5.2　キルヒホッフの第2法則（電圧則）

「回路中の任意のひとつの閉路をとり，閉路に沿って，各抵抗と電源の電圧の総和を求めると常にゼロ」になる。これを**キルヒホッフの第2法則**または**キルヒホッフの電圧則**という。

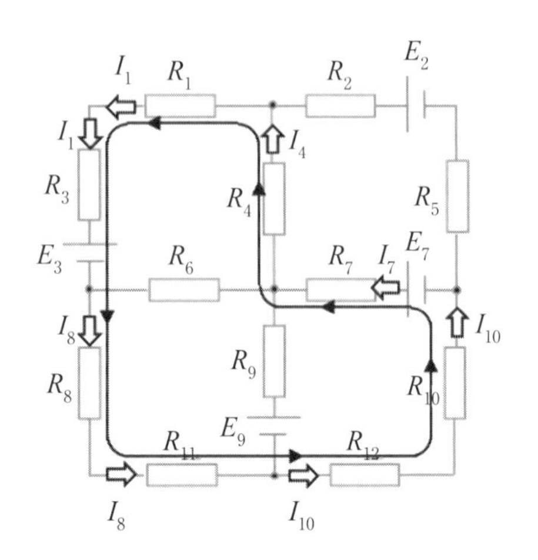

図1-20　電圧則

例えば，図1-20に示した回路において，黒実線で示した閉路に沿って，キルヒホッフの第2法則を適用する。各抵抗の電圧降下は，電流の向きが閉路の向きと一致している場合はマイナス，一致しない場合はプラスの符号をつける。閉路に含まれる電圧源は，電圧源の向きが閉路と一致している場合はプラス，一致しない場合はマイナスの符号をつける。このルールに従って方程式をたてると式（1.34）を得る。この式を変形して，「**任意の閉路の起電力の総和は電圧降下の総和と等しい**」と言うこともできる（式(1.35)）。

$$-(R_1+R_3)I_1-E_3-(R_8+R_{11})I_8-(R_{10}+R_{12})I_{10}+E_7-R_7I_7-R_4I_4=0\ (\mathrm{V}) \tag{1.34}$$

$$E_7-E_3=(R_1+R_3)I_1+(R_8+R_{11})I_8+(R_{10}+R_{12})I_{10}+R_7I_7+R_4I_4\,(\mathrm{V}) \tag{1.35}$$

確認問題1.25 図1-21の回路の閉路L_1に対して，キルヒホッフの第2法則を適用し，回路方程式をたてよ。[$E = R_1I_1 + R_2I_2$]

確認問題1.26 図1-21の回路の閉路L_2に対して，キルヒホッフの第2法則を適用し，回路方程式をたてよ。[$R_2I_2 - R_3I_3 = 0$ または，$0 = - R_2I_2 + R_3I_3$]

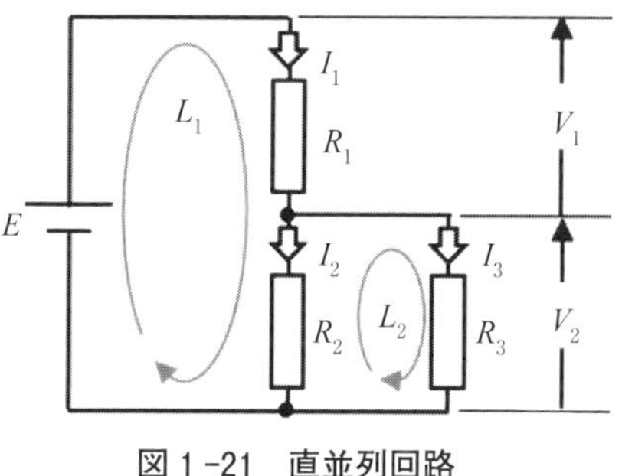

図 1-21　直並列回路

1.6　ブリッジ回路

図 1-22 に示したように直並列接続した 4 つの抵抗 R_1～R_4に橋かけするように c-d 間に抵抗 R_5を挿入した回路を**ブリッジ回路**と呼ぶ。このブリッジ回路は，電流計や電圧計を用いて，「電圧優先接続」や「電流優先接続」により中位抵抗を測定する方法と異なる方法で抵抗値を測定する回路として知られている。

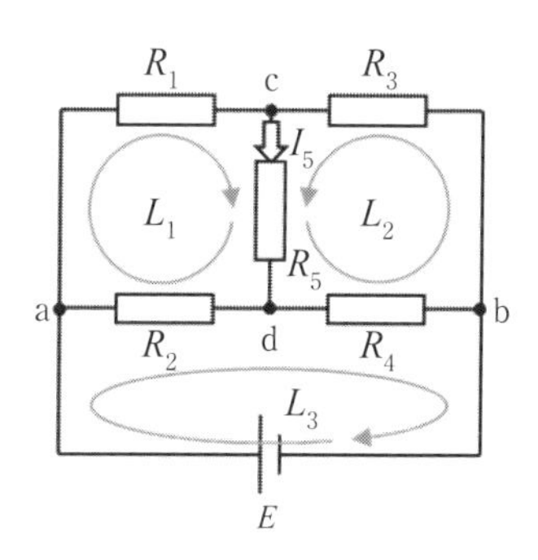

図 1-22　ブリッジ回路

抵抗 R_5に流れる電流 I_5を求めるため，キルヒホッフの第 2 法則を用いて，方程式を立てる。図 1-22 の 3 つの閉路 L_1，L_2，L_3に閉路電流 I_{L1}，I_{L2}，I_{L3}が流れていると仮定する。各閉路においてキルヒホッフの第 2 法則を適用すれば，以下の 3 つの独立した方程式（1.36）～（1.38）を得る。

$$R_1 I_{L1} + R_2(I_{L1} - I_{L3}) + R_5(I_{L1} + I_{L2}) = 0 \text{ (V)} \tag{1.36}$$

$$R_3 I_{L2} + R_4(I_{L2} + I_{L3}) + R_5(I_{L1} + I_{L2}) = 0 \text{ (V)} \tag{1.37}$$

$$R_2(-I_{L1} + I_{L3}) + R_4(I_{L2} + I_{L3}) = E \text{ (V)} \tag{1.38}$$

方程式（1.36）～（1.38）を閉路電流 I_{L1}, I_{L2}, I_{L3}ごとに整理する。

$$(R_1+R_2+R_5)I_{L1}+R_5I_{L2}-R_{2_{L3}}=0\ \mathrm{(V)} \tag{1.39}$$

$$R_5I_{L1}+(R_3+R_4+R_5)I_{L2}+R_4I_{L3}=0\ \mathrm{(V)} \tag{1.40}$$

$$-R_2I_{L1}+R_4I_{L2}+(R_2+R_4)I_{L3}=E\ \mathrm{(V)} \tag{1.41}$$

この方程式を解くときに**クラーメルの公式**を用いると便利である。

ＡＬ－４　行列を用いた連立方程式の解法にクラーメルの公式がある。2 × 2 の行列と 3 × 3 の行列について公式の計算手順を確認せよ。以下には上記問題に対応する未知数3つの 3 × 3 の行列の場合について簡単に示す。行列と行列式の違いについても確認しておくこと。[略]

＜クラーメルの公式＞

$$\begin{cases} a_{11}x_1+a_{12}x_2+a_{13}x_3=b_1 \\ a_{21}x_1+a_{22}x_2+a_{23}x_3=b_2 \\ a_{31}x_1+a_{32}x_2+a_{33}x_3=b_3 \end{cases} \tag{1.42}$$

$$\Delta=\begin{vmatrix} a_{11} & a_{12} & a_{13} \\ a_{21} & a_{22} & a_{23} \\ a_{31} & a_{32} & a_{33} \end{vmatrix} \tag{1.43}$$

クラーメルの公式を用いると未知数 x_1, x_2, x_3は $\Delta \neq 0$ のとき式（1.44）となる。

$$x_1=\frac{1}{\Delta}\begin{vmatrix} b_1 & a_{12} & a_{13} \\ b_2 & a_{22} & a_{23} \\ b_3 & a_{32} & a_{33} \end{vmatrix},\ x_2=\frac{1}{\Delta}\begin{vmatrix} a_{11} & b_1 & a_{13} \\ a_{21} & b_2 & a_{23} \\ a_{31} & b_3 & a_{33} \end{vmatrix},\ x_3=\frac{1}{\Delta}\begin{vmatrix} a_{11} & a_{12} & b_1 \\ a_{21} & a_{22} & b_2 \\ a_{31} & a_{32} & b_3 \end{vmatrix} \tag{1.44}$$

従って，図1-22の各閉路電流 I_{L1}, I_{L2}は，

$$\Delta=\begin{vmatrix} R_1+R_2+R_5 & R_5 & -R_2 \\ R_5 & R_3+R_4+R_5 & R_4 \\ -R_2 & R_4 & R_2+R_4 \end{vmatrix} \tag{1.45}$$

$$I_{L1}=\frac{1}{\Delta}\begin{vmatrix}0 & R_5 & -R_2\\ 0 & R_3+R_4+R_5 & R_4\\ \mathrm{E} & R_4 & R_2+R_4\end{vmatrix}=\frac{E}{\Delta}\{R_4R_5+R_2(R_3+R_4+R_5)\}(\mathrm{A}) \tag{1.46}$$

$$I_{\mathrm{L2}}=\frac{1}{\Delta}\begin{vmatrix}R_1+R_2+R_5 & 0 & -R_2\\ R_5 & 0 & R_4\\ -R_2 & E & R_2+R_4\end{vmatrix}=\frac{E}{\Delta}\{-R_2R_5-R_4(R_1+R_2+R_5)\}(\mathrm{A}) \tag{1.47}$$

となる。抵抗R_5に流れる電流I_5は，I_{L1}とI_{L2}の和である。従って，

$$I_5=I_{\mathrm{L1}}+I_{\mathrm{L2}}=\frac{E}{\Delta}\{R_4R_5+R_2(R_3+R_4+R_5)-R_2R_5-R_4(R_1+R_2+R_5)\}$$

$$=\frac{E}{\Delta}(R_2R_3-R_4R_1)\ (\mathrm{A}) \tag{1.48}$$

となる。式（1.48）は，$E\neq0$かつ$\Delta\neq0$で，$I_5=0$ならば，式（1.49）が成り立つことを意味する。

$$R_1R_4=R_2R_3 \tag{1.49}$$

この式（1.49）を用いれば，検流計と抵抗のみで未知抵抗の値を求めることができる。このブリッジ回路を用いた抵抗測定法を「**ホイートストン・ブリッジによる平衡法**」という。

確認問題 1.27 図 1 -22 のブリッジ回路において，$R_1=12\,\Omega$，$R_2=3\,\Omega$，$R_3=36\,\Omega$ のとき，抵抗R_5に流れる電流I_5が 0 となった。このときR_4の抵抗値は，何 Ω と考えられるか。[9 Ω]

確認問題 1.28 図 1 -22 のブリッジ回路において，$R_1=5\,\Omega$，$R_2=1.5\,\Omega$，$R_3=30\,\Omega$ のとき，抵抗R_5に流れる電流I_5が 0 となった。このときR_4の抵抗値は，何 Ω と考えられるか。[9 Ω]

ＡＬ－５　上記ブリッジの平衡問題で，閉路L_2を図 1 -22'のようにとれば，閉

路電流 I_{L1} のみで検流計に流れる電流 $I_5 = I_{L1}$ を求めることができる。ブリッジの平衡条件は $I_5 = 0$ であるため，分母の Δ の計算も不要である。分子の行列式を示し，ブリッジの平衡条件を求めてみよ。

[略]

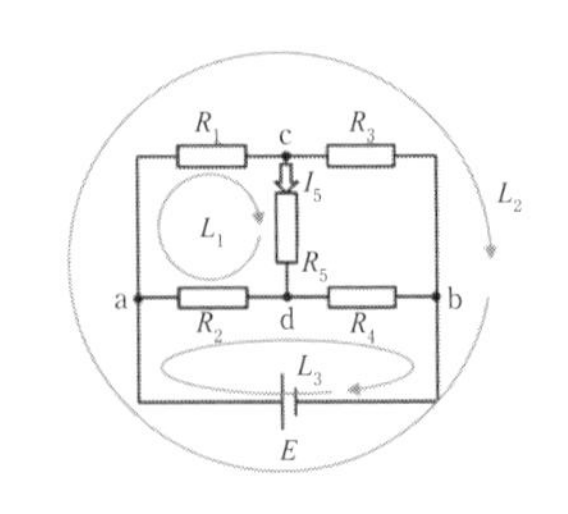

図 1-22' ブリッジ回路(2)

1.7 重ねの理とテブナンの定理

キルヒホッフの法則は，回路中を流れる電流を求める方法として有効であるが，場合によっては，もっと簡単に電流を求めることができる。ここでは，**重ねの理**と**テブナンの定理**を用いて，抵抗に流れる電流を求める方法について紹介する。

1.7.1 重ねの理

重ねの理は，回路中に2つ以上の電源が含まれる場合に，まず電源が個別に存在したときに各抵抗に流れる電流を求め，その解を「**重ね合わせる**」ことで回路中に流れる電流を求める方法である。図1-23(c) に示した電源を2つ含む回路に重ねの理を適用し抵抗 R に流れる電流 I を求める。

重ねの理では，図1-23(a) のように電源 E_2 を短絡したとき抵抗 R に流れる電流を I'，図1-23(b) のように電源 E_1 を短絡したとき抵抗 R に流れる電流を

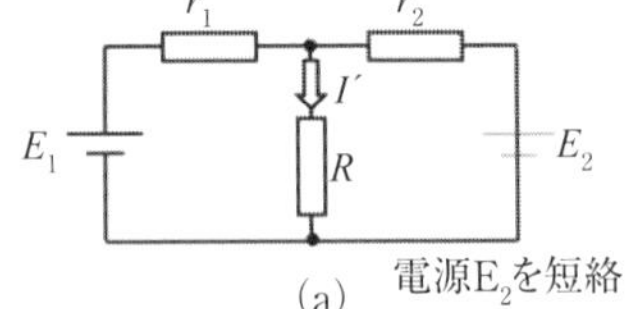

(a)

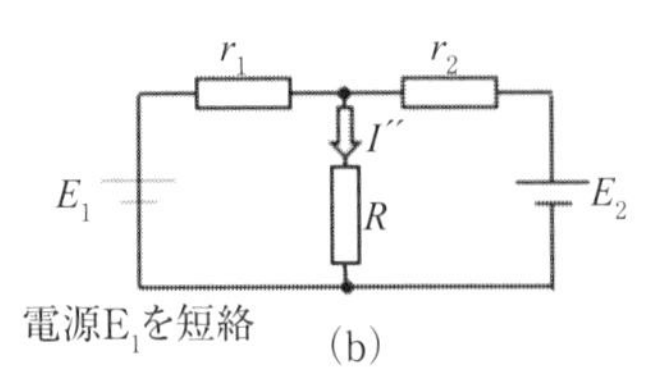

(b)

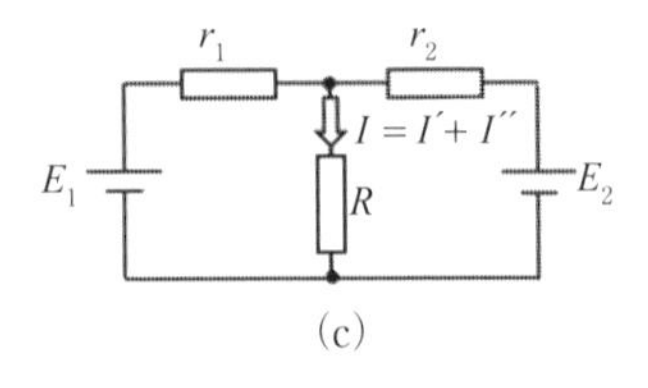

(c)

図 1-23 重ねの理

I''とし，図1-23(c)の抵抗Rに流れる電流Iは，$I'+I''$と重ね合わせて求めることができる。

電流I'およびI''を以下の式（1.50），（1.51）にそれぞれ示す。

$$I'=\frac{r_2}{r_2+R}\cdot\frac{E_1}{r_1+\dfrac{r_2R}{r_2+R}}=\frac{r_2E_1}{r_1r_2+R(r_1+r_2)}\ \text{(A)} \tag{1.50}$$

$$I''=\frac{r_1}{r_1+R}\cdot\frac{E_2}{r_2+\dfrac{r_1R}{r_1+R}}=\frac{r_1E_2}{r_1r_2+R(r_1+r_2)}\ \text{(A)} \tag{1.51}$$

式（1.50），式（1.51）より，抵抗Rに流れる電流Iは，両者の和の式（1.52）となる。

$$I=I'+I''=\frac{r_2E_1+r_1E_2}{r_1r_2+R(r_1+r_2)}\ \text{(A)} \tag{1.52}$$

ここで，重ねの理における電源の取扱，電源の「**短絡**」と「**開放**」について考える。重ねの理を用いる際，片方の電圧源はそのままで，もう一方の電圧源を短絡した。

図1-24は，電圧源E_2を短絡した場合と開放した場合の回路である。電圧源を短絡した場合，短絡した線に電流は流れるが抵抗が0Ωなので短絡部分の電圧E_2は0Vとなる。一方，電圧源E_2を開放すると，断線している部分に電流は流れない。つまり，I_2=0Aとなる。

上記の式（1.52）を見直してみよう。電圧源E_2を短絡するのは，図1-24(a)の電圧源E_2=0Vとすることと同じである。そこで，式（1.52）のE_2=0Vとすると，

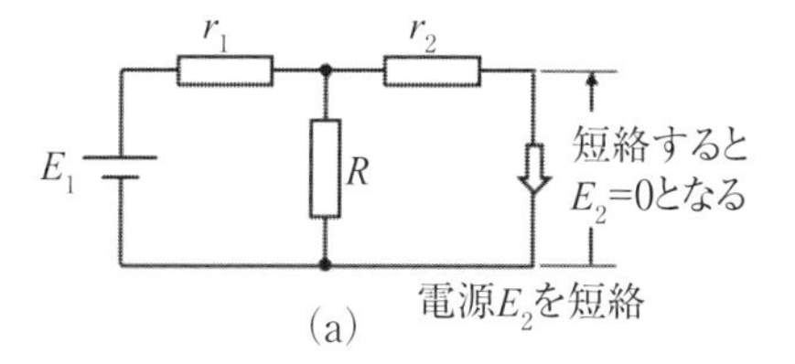

(a)

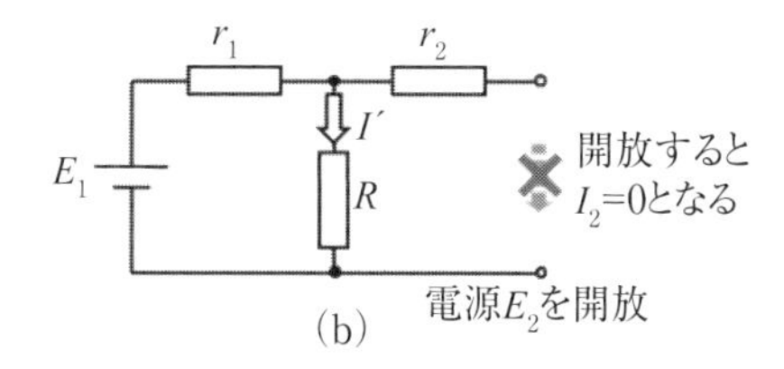

(b)

図1-24　短絡と開放

式（1.50）と同じ式になる。このように，方程式の不要な電圧源の電圧を０V にすることが「短絡する（$E = 0$ V とする）」ということである。

回路中に電流源があった場合は，どうするか。これは，図１-24(b) にヒントがある。「電流源の電流を０A にする」＝「電流を流さない」ということであるので，電流源を開放すればよい。

[チェックポイント！]　重ねの理で電気回路を考える場合，注目する電源以外の「**電圧源は短絡。電流源は開放**」と覚えておくと良い。

確認問題 1.29 図１-25 は，２つの電流源 I_1，I_2を含む回路である。抵抗 R に流れる電流 I を求めなさい。ただし，g_1と g_2はコンダクタンスである。[$(g_2I_1 - g_1I_2)$ / $(g_1 + Rg_1g_2 + g_2)$]

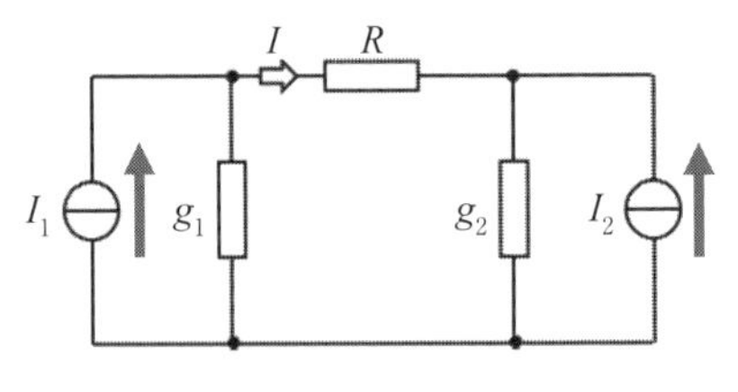

図１-25　電流源の重ねの理

確認問題 1.30 図１-25 の２つの電流源 I_1，I_2をそれぞれ並列にあるコンダクタンス g_1および g_2との並列回路であると考え，例題 1.2 の電圧源・電流源変換を使って，電圧源２つと抵抗３個の直列回路として，抵抗 R に流れる電流 I を求めなさい。[$(I_1/g_1 - I_2/g_2)$ / $(1/g_1 + R + 1/g_2)$]

ＡＬ－６　上記の確認問題をキルヒホッフの第１法則を行列で表現する方法（接続点法）で表現すると次式となる。ただし，コンダクタンスの下の部分の電位を０（V），g_1および g_2の上の点の電位を V_1（V）および V_2（V）と定義している。

V_1と V_2をクラーメルの公式で求め，R の両端の電位差 V_1-V_2を R で割ることにより R に流れる電流 I を求めてみよ。なお，G=1/R（S）である。

$$\begin{bmatrix} I_1 \\ I_2 \end{bmatrix} = \begin{bmatrix} g_1+G & -G \\ -G & g_2+G \end{bmatrix} \begin{bmatrix} V_1 \\ V_2 \end{bmatrix} \quad \text{(A)} \qquad (1.53)$$

1.7.2　テブナンの定理

回路中の任意の抵抗 R を開放し，開放した端子 1-1'に現れる電圧を E，開放した端子 1-1'からみた合成抵抗を r とすれば，端子 2-2'間の抵抗 R を端子 1-1'に接続したときに抵抗中を流れる電流 I は，式（1.54）に従う。

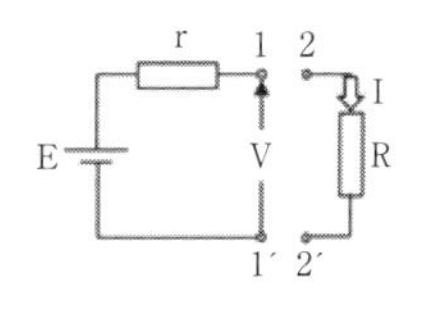

図 1-26　テブナンの定理

$$I=\frac{E}{r+R}\ \text{(A)} \tag{1.54}$$

これがテブナンの定理である。

テブナンの定理を適用した回路中の電流の導出方法について，具体的な例で説明する。前節の図 1-23 で重ねの理を用いて求めた電流 I をテブナンの定理を用いて求める。

テブナンの定理を適用するためには，図 1-23 を変形した図 1-27 の電源電圧（**開放電圧**）E と**内部抵抗** r を求める必要がある。開放電圧 E は，1-1'間に外部から接続した抵抗 R を取り除いたときに端子 1-1'間に現れる電圧 V である。

$$\begin{aligned} V &= E_1 - r_1 \times \frac{E_1 - E_2}{r_1 + r_2} \\ &= \frac{r_2 E_1 + r_1 E_2}{r_1 + r_2} = E\ \text{(V)} \end{aligned} \tag{1.55}$$

また，内部抵抗 r は，端子 1-1'間の電圧源をすべて短絡したときの端子 1-1'間の合成抵抗と等しく，式（1.56）となる。

$$r=\frac{r_1 r_2}{r_1+r_2}\ (\Omega) \tag{1.56}$$

式（1.55）と（1.56）により，図 1-27 の電源電圧 E と内部抵抗 r が導かれたので，式（1.54）にこれらの値を代入すれば，抵抗 R に流れる電流 I が求まる。

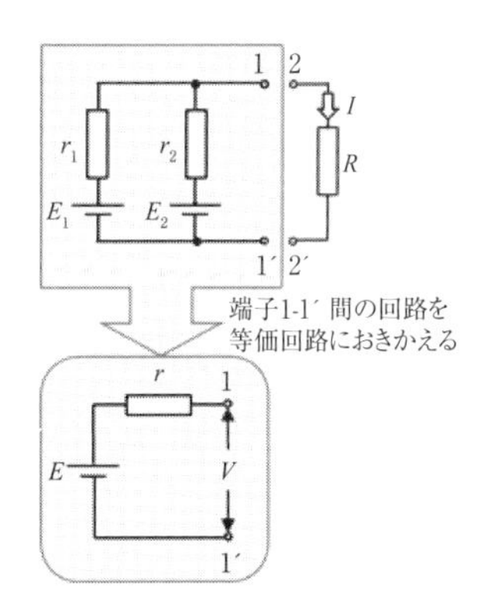

図 1-27　等価回路の導出

$$I=\frac{E}{r+R}=\frac{\dfrac{r_2E_1+r_1E_2}{r_1+r_2}}{\dfrac{r_1r_2}{r_1+r_2}+R}=\frac{r_2E_1+r_1E_2}{r_1r_2+R(r_1+r_2)}\ \text{(A)} \tag{1.57}$$

式（1.57）の電流 I は，式（1.52）と等しい。

[チェックポイント！] 回路に電流源が含まれる場合は，重ねの理と同じく**電流源はすべて開放**して内部抵抗を求める。両者がある場合も重ねの理に準ずる。

[例題 1.5] 図 1-22 のブリッジ回路においてテブナンの定理を適用し，抵抗 R_5 に流れる電流 I_5 を導き，式（1.48）と同じになることを確認しなさい。

[解] 図 1-22 の CD 間にある抵抗 R_5 がテブナンの定理で開放される抵抗（外部抵抗）である。CD 間から見たブリッジ回路の内部抵抗 r は，電圧源 E を短絡と考えて，

$$r=\frac{R_1R_3}{R_1+R_3}+\frac{R_2R_4}{R_2+R_4}\ (\Omega) \tag{1.58}$$

となる。また，開放電圧 V_{CD} は

$$V_{CD}=\frac{R_3E}{R_1+R_3}-\frac{R_4E}{R_2+R_4}\ \text{(V)} \tag{1.59}$$

である。従って，テブナンの定理により電流 I_5 を求めると下記となる。また，その値が 0 となる条件も簡単に求めることができる。

$$I_5=\frac{V_{CD}}{r+R_5}=\frac{\dfrac{R_3E}{R_1+R_3}-\dfrac{R_4E}{R_2+R_4}}{\dfrac{R_1R_3}{R_1+R_3}+\dfrac{R_2R_4}{R_2+R_4}+R_5}\ \text{(A)} \tag{1.60}$$

$$I_5=0\text{より，}\ \frac{R_3E}{R_1+R_3}=\frac{R_4E}{R_2+R_4},\quad \therefore R_2R_3=R_1R_4\ (\Omega^2) \tag{1.61}$$

確認問題 1.31 図 1-25 は，2つの電流源 I_1，I_2 を含む回路である。抵抗 R に流れる電流 I をテブナンの定理で求めなさい。ただし，g_1 と g_2 はコンダクタンスである。[内部抵抗 $r=1/g_1+1/g_2$，開放電圧 $V=I_1/g_1-I_2/g_2$，$I=(g_2I_1-g_1I_2)/(g_1+Rg_1g_2+g_2)$]

1.8　電力と電力量

1.8.1　電力

電流 I と電圧 E の積が**電力** P で単位はW（ワット）である。例えば，電流 I の流れる負荷抵抗 R で消費される電力 P は，R の両端の電位差（R の電流 I による電圧降下とも言う）を E_R とすれば式（1.62）となる。

$$P = VI = RI^2 = \frac{V^2}{R} \ \text{(W)} \tag{1.62}$$

さて，内部抵抗 r を有する電圧源 E に外部抵抗 R を接続した図 1-28 において，抵抗 R の消費電力を求めてみる。抵抗 R に流れる電流 I は，式（1.63）となる

$$I = \frac{E}{r+R} \ \text{(A)} \tag{1.63}$$

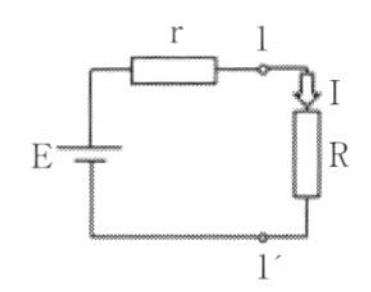

図 1-28　外部抵抗の電力

また，抵抗 R の両端の電圧 V は，式（1.64）となる。

$$V = RI = \frac{RE}{r+R} \ \text{(V)} \tag{1.64}$$

従って，抵抗 R の消費電力 P は，式（1.65）となる。

$$P = VI = \frac{RE^2}{(r+R)^2} \ \text{(W)} \tag{1.65}$$

電圧源 E から供給している電力 P_S は，電源電圧 E と電源電流 I の積で表されるので式（1.66）となる。

$$P_S = EI = \frac{E^2}{r+R} = \frac{(r+R)E^2}{(r+R)^2} = \frac{rE^2}{(r+R)^2} + \frac{RE^2}{(r+R)^2} \ \text{(W)} \tag{1.66}$$

式（1.66）で求めた電圧源の供給電力と式（1.65）の外部負荷 R の消費電力には，$\dfrac{rE^2}{(r+R)^2}$ の差があることに気づく。この差の電力 P_r は，電源の内部抵抗 r で消費される電力である（電源が電力を消費すると熱くなることの理由）。

1.8.2　電力量

一般に電力を消費している抵抗 R の電圧降下を V とすると，電流 I が t だけ流れたとき，電力 P（W）と時間 t（s）の積が**電力量** W で，単位は J（ジュール）である。

$$W = Pt = VIt = RI^2t = \frac{V^2t}{R} \text{ (J)} \tag{1.67}$$

電力量は，エネルギーや仕事と同じ物理量である。電気料金もこの電力量で決められており，このときの単位は J を用いず，慣例的に Wh（ワットアワー）を用いる。1 kW の電力を 1 時間使用した場合，1 kWh となる。一般家庭のコンセントの電圧は 100 V なので，1 A で動作する電気機器を 10 時間使用すると

$$W = VIt = 100\text{(V)} \times 1\text{(A)} \times 10\text{(h)} = 1{,}000\text{ (Wh)} = 1\text{(kWh)} \tag{1.68}$$

となる。

1.8.3　最大電力

式（1.65）は，負荷抵抗 R で消費される電力 P が負荷抵抗 R の関数であることを示している。電力 P は，負荷抵抗 R の大きさでどのように変化するか考えてみる。まず，出力電圧 V（負荷 R の電圧降下）は，式（1.64）に示したとおりであるが，この式を変形すると式（1.69）を得る。

$$V = RI = \frac{RE}{r+R} = \frac{E}{1+\dfrac{r}{R}} \text{ (V)} \tag{1.69}$$

式（1.69）は，負荷抵抗 R が大きくなるほど，出力電圧 V が電源電圧 E に近づくことを示している。一方，電源から取り出される電流 I は，式（1.63）に示したとおりであるが，この式も変形すると式（1.70）を得る。

$$\mathrm{I} = \frac{E}{r+R} = \frac{\dfrac{E}{R}}{1+\dfrac{r}{R}} \cong \frac{E}{R} \text{ (A) } (R \gg r\text{にて}) \tag{1.70}$$

式（1.70）は，負荷抵抗 R が大きくなるほど，出力電流 I が小さくなることを示している。これらをグラフにすると電力 P は図 1-29 に示したように負荷抵抗 R が大きくなるといったん最大になり，その後小さくなることがわかる。この電力が最大となる条件を求める。電力 P が最大になる点で，電力 P の負荷抵抗 R に対する変化は 0 となることから，式（1.71）が成り立つ。

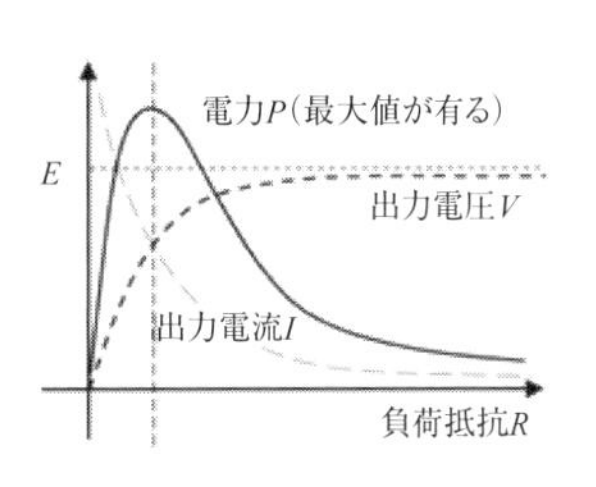

図 1-29　最大電力

$$\frac{\partial P}{\partial R}=\frac{\partial}{\partial R}\left(\frac{RE^2}{(r+R)^2}\right)=\frac{(r+R)^2E^2-2R(r+R)E^2}{(r+R)^4}=\frac{r-R}{(r+R)^3}E^2=0 \tag{1.71}$$

つまり，$r=R$ で，外部負荷 R で消費する電力が最大となる（**最大電力供給定理**）。このときの電力を求めると式（1.72）となる。

$$P=\frac{RE^2}{(r+R)^2}=\frac{RE^2}{(2R)^2}=\frac{E^2}{4R}\ (\mathrm{W}) \tag{1.72}$$

このように負荷抵抗 R と電源の内部抵抗 r を一致させると電力をもっとも効率よく外部負荷へ供給することができる。出力端子をもつ電化製品，例えば，DVD プレーヤーや液晶テレビなどの AV 機器に出力抵抗が記載されているのは，このような理由からである。また，オシロスコープや無線機の出力端子にも出力抵抗（50 Ω，または 75 Ω など）が記載されている。正しく信号を検出するために，この抵抗値を一致させること（これを整合という）が重要である。

ＡＬ－７　上記の最大電力問題を，微分を用いないで解いてみよう。電源電圧 E やその内部抵抗 r を定数とし，外部負荷 R のみを変数とする二次方程式の**極値問題**として解けば良い（ヒント：P を表す二次方程式（1.65）の分子に R が存在しないように分子分母を R で割り，分母が最小となる条件を求める。この場合，二次方程式の x に相当する変数が $\sqrt{R}$ となる。また，抵抗なので R, $r>0$ である）［分母$=(\sqrt{R}-\frac{r}{\sqrt{R}})^2+4r$ と変形できる。その最小値は $4r$ である］。

章末問題

問題1 起電力 $E = 1.5$ V，内部抵抗 $r = 1.0\,\Omega$ の乾電池に，負荷抵抗 R を接続したとき，負荷抵抗 R に $I = 0.1$ A の電流が流れた。負荷抵抗 R の値を求めよ。

問題2 起電力 $E = 1.5$ V，内部抵抗 $r = 1.0\,\Omega$ の乾電池2個を並列に接続し，これに問題1の負荷抵抗 R を接続した場合，負荷抵抗 R に流れる電流 I を求めよ。

問題3 起電力 $E = 1.5$ V，内部抵抗 $r = 1.0\,\Omega$ の乾電池2個を直列に接続し，これに問題1の負荷抵抗 R を接続した場合，負荷抵抗 R に流れる電流 I を求めよ。

問題4 起電力 $E_1 = 1.6$ V，内部抵抗 $r_1 = 1.0\,\Omega$ の乾電池と起電力 $E_2 = 1.4$ V，内部抵抗 $r_2 = 2.0\,\Omega$ の乾電池を並列に接続した電源の起電力 E と内部抵抗 r を求めよ。

問題5 問題4で扱った内部抵抗の大きさが異なる2つの乾電池を並列に接続した電源に $R = 2.33\,\Omega$ の負荷抵抗を接続した場合，各電源 E_1，E_2 および負荷抵抗 R に流れる電流 I_1，I_2，I_R を求めよ。

問題6 起電力 $E = 1.65$ V，内部抵抗 $r = 0.150\,\Omega$ の乾電池を出力電圧 $V = 1.50$ V 以上の状態で使用する場合，この乾電池から取り出すことができる電流の最大値 I_{max} を求めよ。

問題7 起電力 $E = 1.65$ V，内部抵抗 $r = 0.150\,\Omega$ の乾電池を2個並列に接続して，出力電圧 $V = 1.50$ V 以上の状態で使用する場合，この乾電池から取り出すことができる電流の最大値 I_{max} を求めよ。

問題8 フルスケールが 1.0 V である直流電圧メータを用いて，フルスケールが 10 V の直流電圧計を設計しなさい。なお，この電圧メータの内部抵抗 $r_v = 10$ kΩ である。

問題9 フルスケールが 1.0 V である直流電圧メータを用いて，フルスケールが 1.0，3.0，10，30 V の4種類の電圧レンジをもつ直流電圧計を設計しなさい。なお，この電圧メータの内部抵抗 r_v = 10 kΩ である。

問題 10　フルスケールが 10 mA である直流電流メータを用いて，フルスケールが 30 mA の直流電流計を設計しなさい。なお，この電流メータの内部抵抗 r_i = 10 Ω である。

問題 11　フルスケールが 10 mA である直流電流メータを用いて，フルスケールが 10，30，100，300，1,000 mA の 5 種類の電流レンジをもつ直流電流計を設計しなさい。なお，この電流メータの内部抵抗 r_i = 10 Ω である。

問題 12　直流電源 E = 5.0 V に負荷抵抗 R = 15 kΩ を直列に接続した回路がある。この抵抗に流れる電流 I_R と電圧 V_R を「電圧優先」で測定したときの直流電圧計と直流電流計の指示を計算せよ。なお，直流電源の内部抵抗 r = 1.0 Ω，直流電圧計の内部抵抗 r_v = 10 kΩ，直流電流計の内部抵抗 r_a = 2.5 Ω とする。

問題 13　問題 12 で示した回路の負荷抵抗 R に流れる電流 I_R と電圧 V_R を「電流優先」で測定したときの直流電圧計と直流電流計の指示を計算せよ。なお，直流電源，直流電圧計，直流電流計の各内部抵抗は同じである。

問題 14　問題 12 で示した回路の負荷抵抗 R に流れる電流 I_R と電圧 V_R を測定する場合，「電圧優先」と「電流優先」のどちらの接続方法を選択すればよいか。

ラーニングコモンズ掲示板　iCircuit© で1Ωの抵抗のはしご形接続が無限に続くと合成抵抗がいくつになるか検討してみました。実は非常に少ない段数で値が収束していきます。

［片方：$\sqrt{3}+1$，両方：$1/\sqrt{3}$］

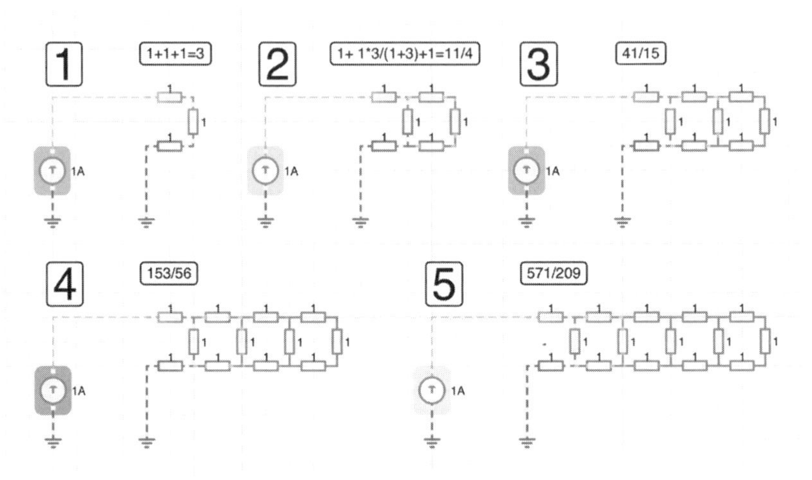

図-1　1Ωの抵抗のはしご形接続（1段から5段）

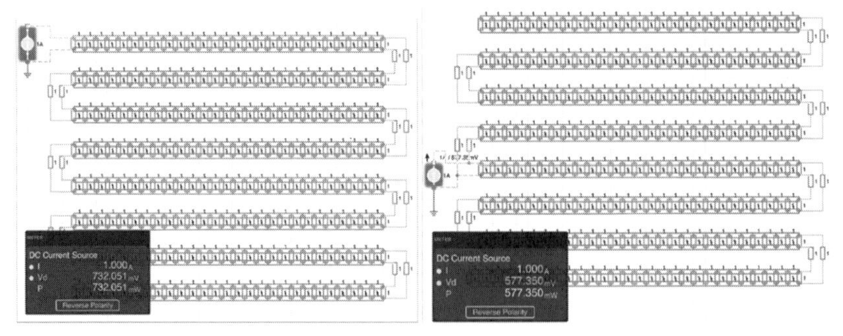

図-2　1Ωの抵抗のはしご形接続（片方向（左図（縦始まり））と両方向（右図））

第2章　交流回路の基礎

2.1　正弦波交流

直流（DC：Direct Current）と聞くと，乾電池を直感的に想像して，図2‐1の(a)のような波形を思い浮かべる人が多いと思うが，(b)や(c)のように時間経過とともに大きさが変化しても電圧や電流の向きが変化しなければ，直流である。

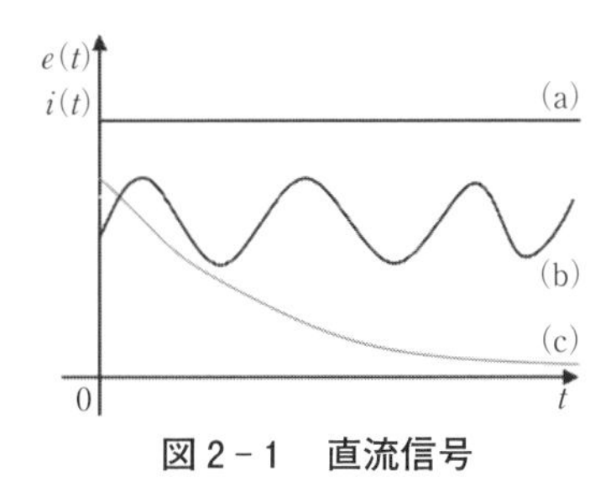

図2‐1　直流信号

交流（AC：Alternating Current）は，時間とともに電圧や電流の向きが変化する信号を指す。図2‐2は，図2‐1の0Vの軸を上に移動させたグラフである。このように0Vの軸を移動させても(a)の波形は，電圧や電流の向きは変わらないので直流である。一方，(b)や(c)の波形は，時間とともに電圧や電流の向きが変化する信号となる。この(b)と(c)の波形が，交流である。単に時間的に大きさが変化する信号を交流としているのではなく，交流は時間とともに電圧や電流の向きが変化する電気を指す。

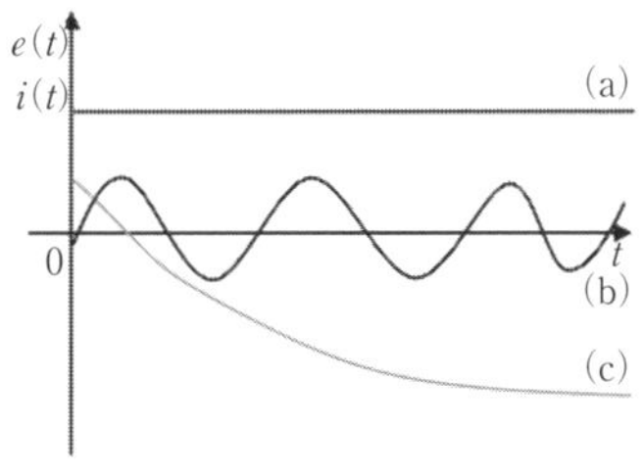

図2‐2　直流と交流

次に**正弦波交流**について述べる。

正弦波は，数学で習ったsin波のことである。周波数の異なる正弦波を重ね合わせると図2‐3に示したように一定の周期で電圧や電流の向きが変わる交流となる。これはひずみ波と呼ぶ。正弦波は，単一の**周波数**f（Hz）で変化する信号を指し，例えば，式（2.1）で示したような**振幅**E_m，**角周波数**ωの電圧

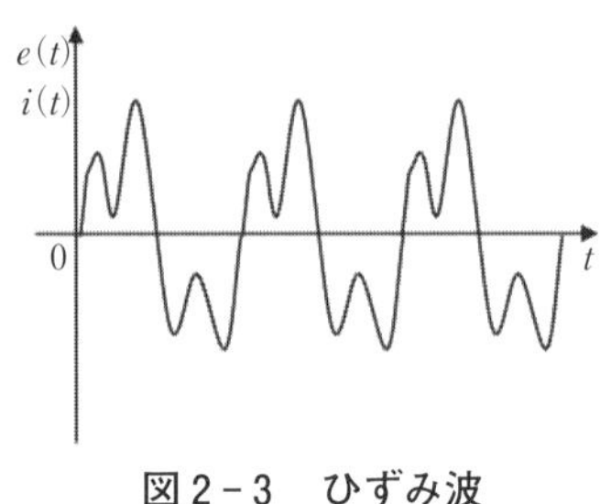

図２－３　ひずみ波

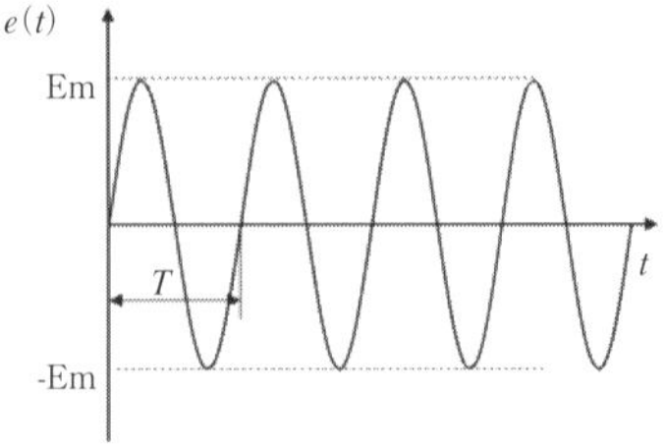

図２－４　正弦波交流

信号である。

$$e(t) = E_m \sin\omega t \quad (\mathrm{V}) \tag{2.1}$$

$$\omega = 2\pi f \quad (\mathrm{rad/s}) \tag{2.2}$$

図２－４に示す正弦波交流は，**周期 T** で振幅が$-E_m$からE_mまで変化する。周期 T（s）と周波数f（Hz）の関係は，式（2.3）に従う。

$$f = \frac{1}{T} \ (\mathrm{Hz}) \tag{2.3}$$

この周波数fは，１秒間に正弦波１波形が何回繰り返されるかを示す量で，例えば，周期 $T = 1$ s の場合，周波数$f = 1$ Hz，周期 $T = 0.5$ s の場合，２回繰り返せば0.5秒×２回＝１秒になるので，周波数$f = 2$ Hz，周期 $T = 0.1$ s の場合，10回繰り返せば0.1秒×10回＝１秒になるので，周波数$f = 10$ Hz である。

角周波数ωは，式（2.2）に示したように周波数fに2π（rad）（**ラジアン**と読む）を乗じた値で，単位は rad/s である。2π rad は，度数法で360°（１回転）と同等であるので，角周波数が2π（rad/s）ならば，１秒間に360°（１回転），4π（rad/s）ならば，１秒間に720°（２回転），20π（rad/s）ならば，１秒間に3,600°（10回転）を意味する物理量である。

表２－１　周期 T と周波数 f の関係

周期 T（s）	周波数f（Hz）	$T \times f$	角周波数 w（rad/s）
1	1	1 × 1 = 1	2π（1秒間に1回転）
0.5	2	0.5 × 2 = 1	4π（1秒間に2回転）
0.2	5	0.2 × 5 = 1	10π（1秒間に5回転）
0.1	10	0.1 × 10 = 1	20π（1秒間に10回転）

2.2　平均値と実効値

交流のように，時間とともに値が変化する信号の大きさをどのように定義しているのか考えてみる。例えば，野球の場合，打者の能力を示す指標として打率がある。これは，安打数を打数で割った値である。定期試験の成績を客観的に比較する場合に用いるのが平均点であるが，これは，各科目の点数を科目数で割った値である。

では，時間的に変化する電圧信号 $v(t)$ の**平均値**はどのような式で表されるのか，考えてみる。

本来は，図 2 - 4 に示した交流波形で平均値を考える必要があるが，計算を簡単にするため，8 秒周期で図 2 - 5 に示したように電圧が変化する信号 $v(t)$ について，平均値 V_{ave} を求める。

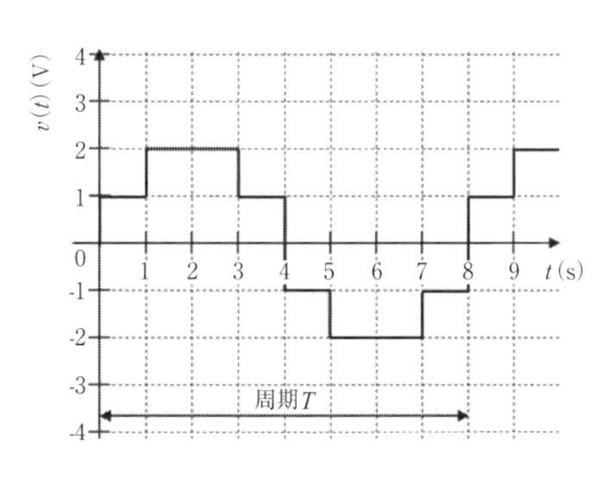

図 2 - 5　時間的に変化する電圧信号

図 2 - 5 に示した波形を時間ごとに整理したものが，表 2 - 2 である。

平均値は，周期 T 秒間の電圧 V ×時間 t で得られる面積 ΔS を積算したものを周期 T で割ったものである。

表 2 - 2 に示したように 1 周期分（T 秒間）を積算すると S は 0 となる。これは，図 2 - 5 に示した電圧信号 $v(t)$ の 0 秒から 4 秒までの波形の面積と 4 秒から 8 秒までの波形の面積が正負は異なるが同じだからである。図 2 - 4 に示した正弦波交流波形においても 0 から $T/2$ までの波形の面積と $T/2$ から T までの波形の面積は一致するため，正弦波交流の電圧を平均値で表すと振幅が何 V であっても 0 となる。そこで，上下の面積が等しい交流波形では，正の半

表2-2 時間的に変化する電圧信号の平均値

時間 t (s) T = 8 (s)		時間 Δt (s)	電圧 $v(t)$ (V)	面積 ΔS (V·s)	積算値 S (V·s)
0～1	0～T/8	1	1	1	1
1～3	(1/8)T～(3/8)T	2	2	4	5
3～4	(3/8)T～(1/2)T	1	1	1	6
4～5	(1/2)T～(5/8)T	1	-1	-1	5
5～7	(5/8)T～(7/8)T	2	-2	-4	1
7～8	(7/8)T～T	1	-1	-1	0

周期の平均値，もしくは瞬時値の絶対値の一周期における平均値を，交流波形の平均値もしくは絶対平均値として表現することが多く用いられている。例えば，**最大値**（振幅）が1の方形波，正弦波，三角波の平均値は，それぞれ1，$2/\pi$，1/2である。

平均値は最大値が同じ相似波形であれば，周期 T によらず同じ値となる。また，電圧波形でも電流波形でも同じ形であれば同じである。また，半波整流した（正の部分だけの）波形の平均値は，交流波形または全波整流した波形の平均値の1/2となる。

交流波形に対しても，平均した値が0とならないように工夫したもうひとつの計算方法が，**実効値**（**Effective Value**）である。実効値では，前述の平均値のように単純に電圧 V ×時間 t で得られる面積 ΔS を積算するのではなく，信号の**瞬時値**を2乗して，すべての値を正の値にしてから積算する。

図2-6は，図2-5の信号を2乗した波形である。これを1周期分積算すれば，0とはならず，表2-3の右下の欄に示したように $\sqrt{2.5} \cong 1.58$ という値となる。

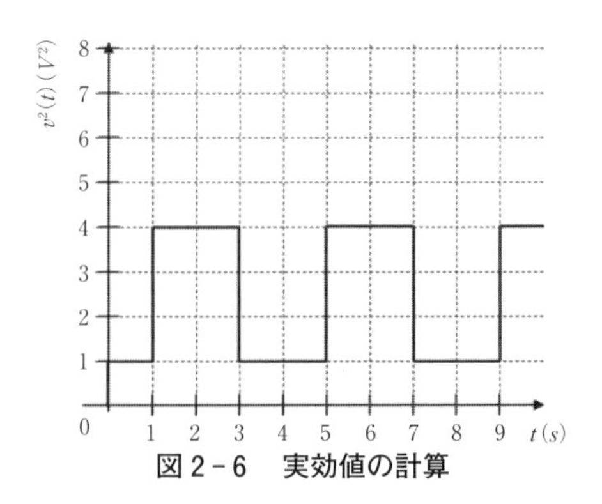

図2-6 実効値の計算

表 2 - 3　時間的に変化する電圧信号の実効値

時間　t (s) T = 8 (s)		時間 Δt (s)	電圧 V^2 (V²)	面積 $\Delta S'$ (V²·s)	積算値 S' (V²·s)	実効値 $\sqrt{S/T}$ (V)
0〜1	0〜T/8	1	1	1	1	-
1〜3	(1/8)T〜(3/8)T	2	4	8	9	-
3〜4	(3/8)T〜(1/2)T	1	1	1	10	-
4〜5	(1/2)T〜(5/8)T	1	1	1	11	-
5〜7	(5/8)T〜(7/8)T	2	4	8	19	-
7〜8	(7/8)T〜T	1	1	1	20	$\sqrt{2.5}$

（絶対）平均値の定義式

$$V_{\mathrm{ave}}=\frac{1}{T}\int_0^T |v(t)|dt \ \mathrm{(V)} \tag{2.4}$$

実効値の定義式

$$V_{\mathrm{eff}}=\sqrt{\frac{1}{T}\int_0^T v^2(t)dt} \ \mathrm{(V)} \tag{2.5}$$

※実効値で表記する際，単位に r.m.s. をつける場合がある。この r.m.s. は，それぞれ root（根）mean（平均）square（平方）を意味し，交流波形 1 周期に対する，瞬時値の 2 乗の平均のルートを求めた値であることを意味している。

[例題 2.1]　交流電圧 $v(t)=V_{\mathrm{m}}\sin(\omega t)$ の実効値 V はどのくらいか。式（2.5）を用いて求めてみよう。

[解]　式（2.5）に代入すると，次式を得る。

$$V=\sqrt{\frac{1}{T}\int_0^T v^2(t)dt}=\sqrt{\frac{1}{T}\int_0^T V_{\mathrm{m}}{}^2\sin^2(\omega t)dt}$$

$$=\sqrt{\frac{V_{\mathrm{m}}{}^2}{T}\int_0^T \sin^2(\omega l)dl} \ \mathrm{(V)}$$

ここで，加法定理により，$\sin^2(\omega t)=\frac{1}{2}\{1-\cos(2\omega t)\}$ であるから，

$$=\sqrt{\frac{V_{\mathrm{m}}{}^2}{T}\int_0^T \frac{1-\cos(2\omega t)}{2}dt}=\frac{V_{\mathrm{m}}}{\sqrt{2}} \ \mathrm{(V)} \tag{2.6}$$

となる。つまり，正弦波交流電圧の実効値 V は，振幅の最大値 V_{m} の $\frac{1}{\sqrt{2}}$ とな

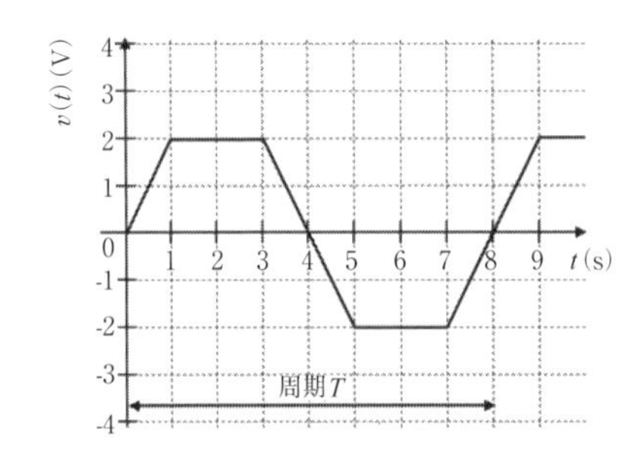

図2-7 確認問題（平均値）

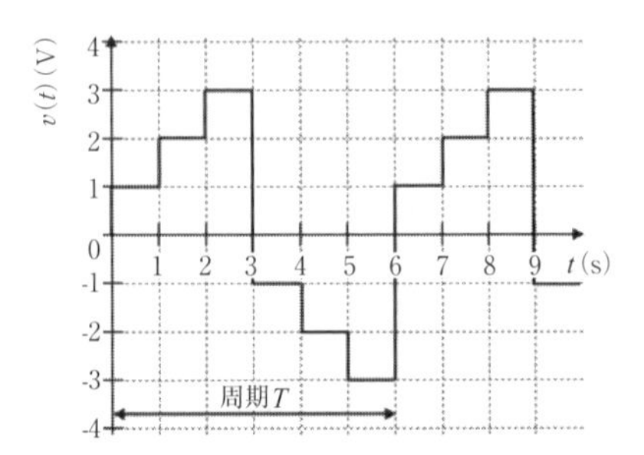

図2-8 確認問題（実効値）

ることがわかる。

[チェックポイント！] *加法定理は，以下の2つの式を指す。

$$\cos(\alpha\pm\beta)=\cos\alpha\cos\beta\mp\sin\alpha\sin\beta \qquad (*1)$$

$$\sin(\alpha\pm\beta)=\sin\alpha\cos\beta\pm\cos\alpha\sin\beta \qquad (*2)$$

式（*1）において，$\alpha=\beta$として，右辺第1項を消去すれば，$\sin^2\alpha$の式を得る。また，式（2.6）において，$\cos(2\omega t)$の項の基本波1周期にわたる積分値は0である。

確認問題 2.1 図2-7に示した電圧波形$v(t)$の絶対平均値V_{ave}を求めよ。なお，この波形の周期Tは8sとする。[3/2]

確認問題 2.2 図2-8に示した電圧波形$v(t)$の実効値V_{eff}を求めよ。なお，この波形の周期Tは6sとする。

[$\sqrt{\dfrac{14}{3}}$]

AL－1 表2-4に，すべて最大値が1(V)の，方形波，正弦波，三角波の，交流波形とその半波整流波形の，平均値と実効値を求めよ。なお，全波整流波形の各値は，交流波形の値に等しい。交流全波波形の各値と，半波整流波形の各値の間には，平均値と実効値のそれぞれについて，どのような関係にあるか確認せよ。[略]

表 2－4　方形波と正弦波と三角波の平均値と実効値（全波と半波の比較）

波形の種類	全波方形波	全波正弦波	全波三角波	半波方形波	半波正弦波	半波三角波
最大値	1	1	1	1	1	1
平均値						
全波と半波の関係						
実効値						
全波と半波の関係						

[チェックポイント！]　方形波と正弦波と三角波の実効値は最大値の $\frac{1}{\sqrt{1}}:\frac{1}{\sqrt{2}}:\frac{1}{\sqrt{3}}$，半波の平均値は全波の $\frac{1}{2}$　実効値は全波の $\frac{1}{\sqrt{2}}$ で覚えよう。

2.3　ベクトル

周波数（角周波数）は同じであるが，振幅と位相が異なる 2 つの電圧波形 $e_1(t)$ と $e_2(t)$ を式（2.7），式（2.8）に示す。

$$e_1(t)=E_{1m}\sin(\omega t-\theta_1)=\sqrt{2}E_1\sin(\omega t-\theta_1)\ \text{(V)} \tag{2.7}$$

$$e_2(t)=E_{2m}\sin(\omega t+\theta_2)=\sqrt{2}E_2\sin(\omega t+\theta_2)\ \text{(V)} \tag{2.8}$$

ここで，E_{1m} と E_{2m} は交流電圧波形の最大振幅，E_1 と E_2 はそれぞれの実効値である。また，2 つの電圧波形の角周波数 ω (rad/s) は，同じとする。また，$-\theta_1$ と $+\theta_2$ は，それぞれの正弦波電圧波形の $t=0$ における初期位相である。この 2 つの電圧波形を，横軸を時間 t(s)，縦軸を電圧 e(V) として，ひとつのグラフにプロットしたのが図 2－9 である。この 2 つの波形を比較したとき，どちらの波形の方がどのくらい位相が進んでいるかわかるだろうか？波形を見慣れている人は，「電圧波形 $e_2(t)$ の方が $\theta_1+\theta_2$ だけ位相が進んでいる」と答えることができるだろうが，見慣れていない人は不慣れな三角関数と格闘しなければ答えを導くことができない。

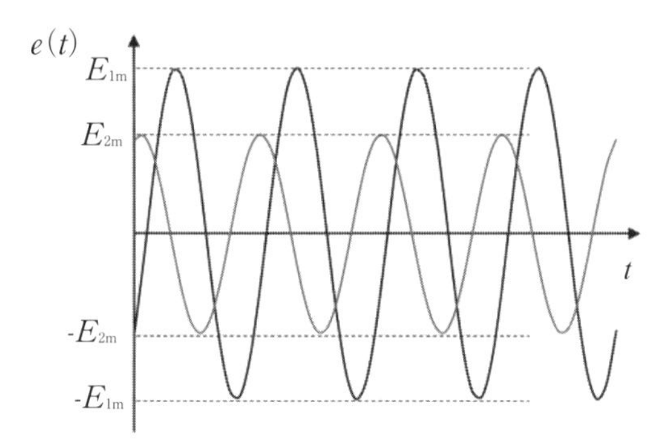

図２－９　振幅および位相が異なる２つの電圧波形

確認問題 2.3　図２－９に示した２つの電圧波形のどちらが $e_1(t)$ でどちらが $e_2(t)$ か。また，２つの電圧波形の正弦波の初期位相 θ_1 と θ_2 はどの部分を表しているか。[略]

確認問題 2.4　図２－９に示した２つの電圧波形において，$e_2(t)$ の方が $e_1(t)$ より $\theta_1+\theta_2$ だけ位相が進んでいるとすると，$\theta_1+\theta_2$ は図のどの部分のことか。複数答えよ。[略]

確認問題 2.5　基準となる正弦波に対して初期位相が $+\theta$ である正弦波は，基準となる正弦波を右か左かどちらの方向に θ だけ移動したものとなるか。逆に初期位相が $-\theta$ である正弦波は，基準となる正弦波を右か左かどちらの方向に θ だけ移動したものとなるか。[$+\theta$→左方向，$-\theta$→右方向]

基準位相に対して正弦波が進んでいるか遅れているかなど，視覚的に両電圧波形の関係を把握する方法が，**ベクトル表示**である。ベクトルは，数学や物理で習ったように「**大きさ**」と「**向き**」を有する量である。式（2.7）で示した電圧波形 $e_1(t)$ で考える。ベクトル $\dot{\boldsymbol{E}}_1$ の「大きさ」は交流電圧の実効値であり，電圧波形の最大値 E_{1m} を $\sqrt{2}$ で割った E_1 である。ベクトル $\dot{\boldsymbol{E}}_1$ の「向き」は電圧波形の初期位相 $-\theta_1$ である。

図２-10は，式（2.7），式（2.8）において $t=0$ としたときの２つの電圧

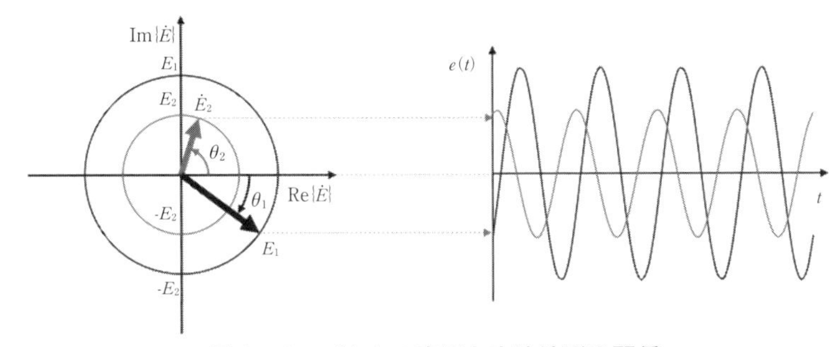

図 2-10　ベクトル表示と交流波形の関係

の大きさと向きの関係を示している。横軸右方向を，基準となる正弦波の方向とし，反時計方向が正の位相差，時計方向が負の位相差である。また，横軸正方向にはリアルパート（Re）を表し，縦軸上方向はイマジナリパート（Im）を表す複素平面での表記も多く使われる。図 2-10 のベクトルの大きさは実効値 E_1，E_2を用いている。実効値を用いたベクトル表示であれば，2 つの正弦波交流電圧の実効値や位相の関係を把握しやすい。

$-\theta_1$は約 -30 度であり，横軸方向より 30 度時計回りに回転したベクトルとして初期位相が 30 度の遅れであることを表している。一方 θ_2は約 75 度であり，基準となる横軸方向より反時計方向に進んだベクトルとなる。電源の周波数 f が同じであれば，両者の関係は時間 t が変化しても同じであり，角速度 ω で反時計方向に同じ速さで回転していくのであるが，ベクトル表示では $t=0$ での位相関係を表している。なお，周波数が異なる 2 つ以上の信号の足し合わせの考え方は第 7 章で学ぶ。

確認問題 2.6　図 2-10 に示した 2 つの電圧ベクトルにおいて，$\dot{E}_2$の方が $\dot{E}_1$より $\theta_1+\theta_2$だけ位相が進んでいる。このことは B 点から A 点を見たときの 2 点間の電位差 $V_{AB}=V_A-V_B$と同じく，$\dot{E}_1$を基準に $\dot{E}_2$の位相を考えると，$+\theta_2-(-\theta_1)=\theta_1+\theta_2$となる。では，$\dot{E}_2$を基準としたときの $\dot{E}_1$の位相はどう表現されるか。「・・・遅れている」と，「・・・進んでいる」のそれぞれの表現で

答えよ。[$\dot{E}_2$を基準にしたときの $\dot{E}_1$の位相は 105 度遅れている]

確認問題 2.7　２つのベクトルの和と差について，図２-10 の E_1と E_2に対してそれぞれ求めて見よ。ただし，差は E_2-E_1とする。[略]

図２-11 は，直列に接続された２つの電源 $e_1(t)$ と $e_2(t)$ に負荷 R が接続されている例である。この回路の負荷 R にかかる電圧 V_Rを求める際もベクトルで考えれば，図２-11 に示す通り，簡単に求めることができる。また，式（2.9）および式（2.10）に示したベクトルの計算も成り立つ。

図２-11　ベクトル和

$$\dot{\boldsymbol{E}}_1+\dot{\boldsymbol{E}}_2=\dot{\boldsymbol{V}}_R \quad \text{(V)} \qquad (2.9)$$

$$\dot{\boldsymbol{E}}_1=\dot{\boldsymbol{V}}_R-\dot{\boldsymbol{E}}_2 \quad \text{(V)} \qquad (2.10)$$

[チェックポイント！]　図２-９の時間波形は瞬時値を示しているが，図２-10 の右の時間波形は瞬時値を$\sqrt{2}$ で割ったものであることに注意が必要である。

2.4　フェーザ表示

ベクトル表示と同様に交流回路の計算を簡単にする手法に**フェーザ表示**がある。これも，ベクトル表示と同様に交流電圧波形 $e(t)$を，その実効値 E と初期位相 θ を用いて表現する。前述の電圧波形の式（2.7）および式（2.8）のフェーザ法による表現は，式（2.11）および式（2.12）となる。

$$\dot{\boldsymbol{E}}_1=E_1\angle-\theta_1 \quad \text{(V)} \qquad (2.11)$$

$$\dot{\boldsymbol{E}}_2=E_2\angle\theta_2 \quad \text{(V)} \qquad (2.12)$$

時間的に変化する瞬時値を表す場合は $e(t)$ などと小文字で表記するが，そのフェーザ表記では大文字で表記し，「正弦波実効値∠初期位相（もしくは表記しようとしている時間のその瞬時位相)」の形となる。この大きさと角度での表記は，極座標表記やs表記とも呼ばれる。また，図2-10や図2-12のように複素数平面での表記とも密接に関係している。

なお，位相θは，図2-12に示すように横軸の正の方向が始点（$\theta=0$）であり，そこから反時計回りが正方向となる。従って，縦軸の正の方向が$\theta=\pi/2$(rad)，横軸の負の方向が$\theta=\pi$(rad)，縦軸の負の方向が$\theta=3\pi/2$(rad)となる。

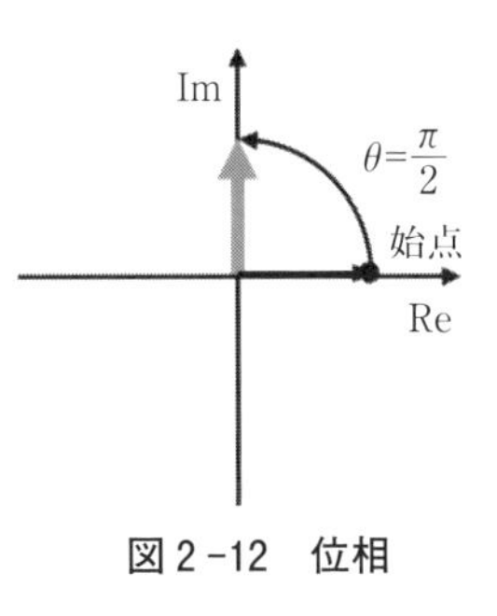

図2-12　位相

2.5　コイルとコンデンサ

1.2.2で中位抵抗について述べた。直流回路では，中位抵抗よりもずっと小さい抵抗は「**導体**」として，中位抵抗よりもずっと大きな抵抗は「**絶縁体**」として扱えばよい。ところが，交流回路では「導体」に電流が流れることにより磁場が発生し，時間的に電流が変化すると電磁誘導が生じる。「絶縁体」に電圧をかけると絶縁体内の負電荷は電極のプラス側に移動し，正電荷はマイナス側に移動する分極現象が発生し，時間的に電圧が変化すると変位電流と呼ばれる電流が絶縁体中を流れる。このように，直流回路における「導体」と「絶縁体」は交流回路は異なる扱いをしなければならない。これらの働きをする素子をそれぞれ「**コイル**」，「**コンデンサ**」と呼ぶ。2.5では，この「コイル」，「コンデンサ」について述べる。

2.5.1　コイル

図2-13に示すように導体で巻いたコイルに電流i（A）を流すと右ねじの法則に従って，**磁束**ϕ（Wb）が発生する。この電流i（A）の大きさと磁束ϕ（Wb）の大きさは，図2-14に示すように比例関係にある。このグラフの傾きをLとすると式（2.13）を得る。

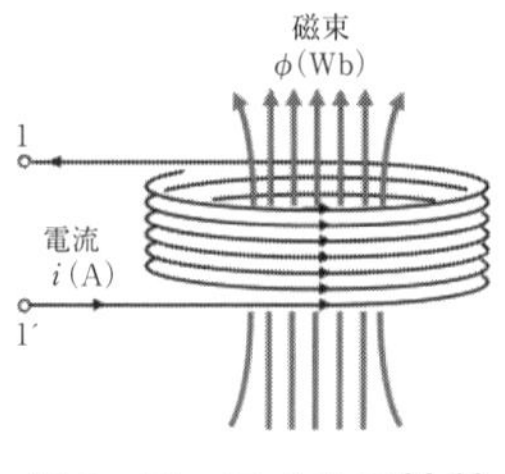

図2-13　コイルの性質

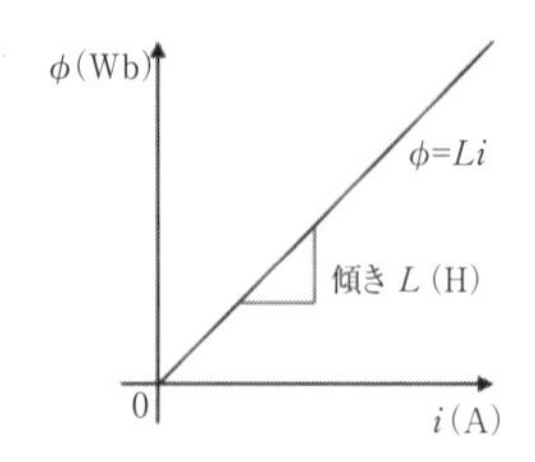

図2-14　電流と磁束の関係

$$\phi = Li \ \text{(Wb)} \tag{2.13}$$

このときの比例係数Lを**自己インダクタンス**と呼び，単位はH（ヘンリー）である。

この電流iが時間的に変化すると**ファラデーの電磁誘導の法則**に従って，図2-13のコイルの端子1-1'に**起電力**e(V)が発生する。このときの起電力e(V)は，磁束ϕの時間的な変化$d\phi/dt$に応じて発生する。この磁束ϕに，式(2.13)を代入することで電流i(A)との関係式（2.14）を得る。

$$e = \frac{d\phi}{dt} = L\frac{di}{dt} \ \text{(V)} \tag{2.14}$$

また，コイル両端の電圧eから電流iを求める式は，式（2.14）を変形し，式（2.15）となる。

$$i = \frac{1}{L}\int e\,dt \ \text{(A)} \tag{2.15}$$

自己インダクタンスLの記号を図2-15に示す（現在ではより簡略化された(b)の記号が用いられる)。式（2.14）に示したようにコイルに流す電流iの時間的な変化di/dtが大きいほど（交流波形であればその周波数fもしくは角周波数ωが高いほど，また振幅jが大きいほど)，また，自己インダクタンスLに比例してコイルに発生する電圧eは高くなる。コイルは，電気を良く流す導体を用いた素子であるが，交流回路では，導体に流れる電流によって磁場が発生し，この磁束の変化が大きいと，その変化を小さくす

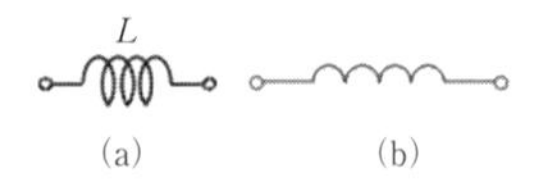

図2-15　インダクタンスの記号

るようにコイルの両端に電圧（降下）が発生するため，周波数が高くなるほど電流を流れにくくする性質をもつ。

2.5.2　コンデンサ

1.1.1で説明したように，図2-16に示す2枚の平行平板電極の間に絶縁体を挿入し，電圧をかけると正電極に正電荷が，負電極に負電荷が蓄積する。これらの電荷を真電荷と呼ぶ。同時に，絶縁体内では，正電極側に負電荷が，負電極側に正電荷が引き寄せられる。これらの電荷を分極電荷と呼ぶ。最終的に，正電極側に $q=+(q_t-q_p)$ (C)の正電荷が，負電極側に $-q=-(q_t-q_p)$ (C)の負電荷が蓄積する。それぞれの電極に蓄積する電荷量 q(C)は，正負等量で図2-17に示すように絶縁体に印加する電圧 v(V)に比例する。このグラフの傾きをCとすると式（2.16）を得る。

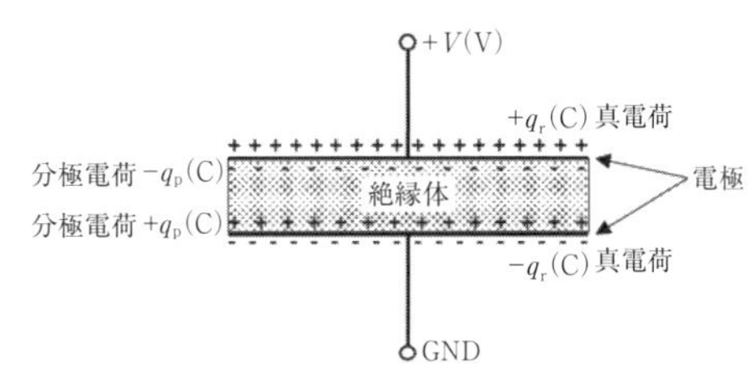

図2-16　コンデンサの性質

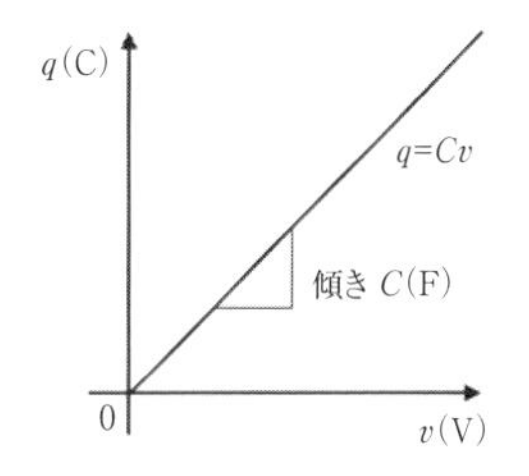

図2-17　電荷量と電圧の関係

$$q=Cv \text{ (C)} \tag{2.16}$$

このときの比例係数 C を**キャパシタンス**と呼び，単位は**F（ファラッド）**である。この電荷 q が時間的に変化すると，絶縁体に電流 i が流れる。この電流 i を**変位電流（Displacement Current）**と呼ぶ。

[チェックポイント！]　このとき，キルヒホッフの第1法則により，キャパシタンス C を有するコンデンサの外部回路にも同じ電流 i が流れている。

この電荷量 q に式（2.16）を代入することで，電圧 v(V)との関係式（2.17）を得る。

$$i=\frac{dq}{dt}=C\frac{dv}{dt} \text{ (A)} \tag{2.17}$$

また，コンデンサに流れる電流 i からコンデンサの両端の電圧 v を求める式は，式（2.17）を変形することで得られ，式（2.18）となる。

$$v=\frac{1}{C}\int idt \ \text{(V)} \tag{2.18}$$

キャパシタンスの記号を図2-18に示す。式（2.17）に示したようにコンデンサに印加する電圧 v の時間的な変化 dv/dt が大きいほど（交流波形であればその周波数 f もしくは角周波数 w が高いほど，また振幅 v が大きいほど），また，キャパシタンス C に比例して，コンデンサに流れる電流 i は大きくなる。コンデンサは電気を流さない絶縁体を用いた素子であるが，交流回路では，絶縁体にかける電圧（印加電圧とも呼ぶ）によって電荷が蓄積し，この電荷量の変化が大きいほど，変位電流が大きくなるため，周波数が高いほど電流をよく流す性質をもつ。

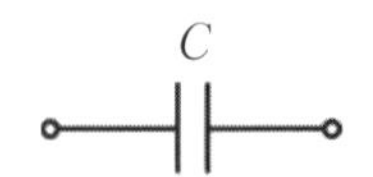

図2-18　キャパシタンスの記号

2.6　複素数を用いた計算法

式（2.14）～（2.18）に示したようにインダクタンスやキャパシタンスにおける電圧 v と電流 i の関係は，微分または積分の形で表される。従って，時間的な変化がある信号を扱う場合の回路方程式は，微分や積分を含む形となり，微分方程式を扱わなければ解を得られない。しかし，一定の条件を満たせば，微分方程式ではなく複素数と四則演算により，簡単に解を求めることができる。

2.6.1　オイラーの公式

交流というと図2-4に示すsin波形やcos波形をイメージする人が多いと思うが，「**オイラーの公式**」と呼ばれる指数関数と三角関数の間に成り立つ関係を用いて，三角関数を指数関数に置きかえれば，前節で述べた微分や積分の表現は，複素数での表記に変換できる。

オイラーの公式は式（2.19）で表される式のことをいう。

$$e^{\pm j\theta}=\cos\theta\pm j\sin\theta \qquad (2.19)$$

ここで，$j\,(=\sqrt{-1})$は複素数の**虚数単位**である。数学で虚数単位はiと表記するが，電気工学ではiは電流の表記に用いるので，虚数単位のiと電流のiとの混同を避けるために便宜的に電気工学では，虚数単位をiではなくjと表記する。式（2.19）のθに0，$\pi/2$，π，$3\pi/2$，2π（rad）を入れたときの左辺と右辺を比較した結果を表2-5に示す。オイラーの公式には，式（2.20）で示すような性質がある。この式は，**ド・モアブルの定理**と呼ばれている。

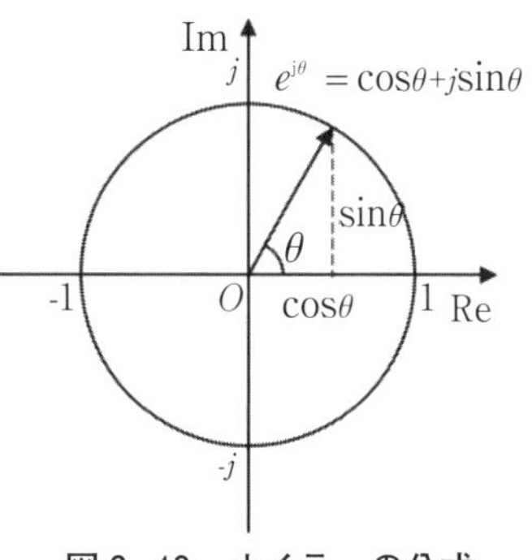

図2-19　オイラーの公式

$$(e^{\pm j\theta})^m=e^{\pm jm\theta}=\cos m\theta\pm j\sin m\theta=(\cos\theta\pm j\sin\theta)^m \qquad (2.20)$$

[例題2.2]　オイラーの公式から，加法定理の式（*1）および式（*2）を導く方法を考えてみよう。

[解] オイラーの公式により（*3）が成り立つ。

$$e^{j(\alpha\pm\beta)}=\cos(\alpha\pm\beta)+j\sin(\alpha\pm\beta) \qquad (*3)$$

$e^{j(\alpha\pm\beta)}=e^{j\alpha}e^{\pm j\beta}$と変換でき，これに以下の2式を代入する。

$$\begin{cases} e^{j\alpha}=\cos\alpha+j\sin\alpha \\ e^{\pm j\beta}=\cos\beta\pm j\sin\beta \end{cases}$$

表2-5　複素数の性質

θ(rad)	$e^{j\theta}$	$\cos\theta+j\sin\theta$
0	$e^{j0}=(e^{j\frac{\pi}{2}})^0=1$	$1+j\cdot0=1$
$\pi/2$	$e^{j\frac{\pi}{2}}=(e^{j\frac{\pi}{2}})^1=j$	$0+j\cdot1=j$
π	$e^{j\pi}=(e^{j\frac{\pi}{2}})^2=j^2=-1$	$-1+j\cdot0=-1$
$3\pi/2$	$e^{j\frac{3\pi}{2}}=(e^{j\frac{\pi}{2}})^3=j^3=-j$	$0+j\cdot(-1)=-j$
2π	$e^{j2\pi}=(e^{j\frac{\pi}{2}})^4=j^4=1$	$1+j\cdot0=1$

$$e^{j(\alpha\pm\beta)}=e^{j\alpha}e^{\pm j\beta}=\{\cos\alpha+j\sin\alpha\}\{\cos\beta\pm j\sin\beta\}$$
$$=(\cos\alpha\cos\beta\mp\sin\alpha\sin\beta)+j(\sin\alpha\cos\beta\pm\cos\alpha\sin\beta)\quad(*4)$$
$$=\cos(\alpha\pm\beta)+j\sin(\alpha\pm\beta)\quad(*5)$$

式（*4）と式（*5）を実数部と虚数部にわけてそれぞれ整理すれば，次式を得る。

$$\therefore\cos(\alpha\pm\beta)=\cos\alpha\cos\beta\mp\sin\alpha\sin\beta$$
$$\sin(\alpha\pm\beta)=\sin\alpha\cos\beta\pm\cos\alpha\sin\beta$$

[例題 2.3] $f(\theta)=e^{j\theta}$の導関数$f'(\theta)$，2階導関数$f''(\theta)$を求め，n階導関数$f^{(n)}(\theta)$を求めてみよう。

[解] $f(\theta)=e^{j\theta}$の導関数$f'(\theta)$は次式となる。

$$f'(\theta)=\frac{d}{d\theta}e^{j\theta}=\frac{d}{d\theta}\{\cos\theta+j\sin\theta\}$$
$$=-\sin\theta+j\cos\theta=j(\cos\theta+j\sin\theta)=je^{j\theta}$$

導関数$f'(\theta)$の解を用いて，2階導関数$f''(\theta)$を導出すれば，

$$f''(\theta)=\frac{d}{d\theta}\{f'(\theta)\}=\frac{d}{d\theta}(je^{j\theta})=j\frac{d}{d\theta}e^{j\theta}=j^2e^{j\theta}=-e^{j\theta}$$

を得る。導関数$f'(\theta)$および2階導関数$f''(\theta)$の解から，$f(\theta)=e^{j\theta}$のn階導関数$f^{(n)}(\theta)$は，$e^{j\theta}$に$(j)^n$を乗ずればよいことがわかる。

$$f^{(n)}(\theta)=(j)^n e^{j\theta}$$

[例題 2.4] $f(t)=e^{j\omega t}$の導関数$f'(t)$を求めてみよう。

[解] ［例題 2.3］の解と，$x=\omega t$として計算すれば，次式を得る。

$$f'(t)=\frac{d}{dt}e^{j\omega t}=\frac{de^{jx}}{dx}\cdot\frac{dx}{dt}=je^{j\omega t}\cdot\left(\frac{d\omega t}{dt}\right)=j\omega e^{j\omega t}$$

[例題 2.5] $\dfrac{1}{j}=-j$であることを確認してみよう。

[解] 表2-5より$1=j^4$なので

$$\frac{1}{j}=\frac{j^4}{j}=j^3=j^2\times j=(-1)\times j=-j$$

となる。(分母分子にjを掛けても良い)

[例題2.6]　$f(t)=e^{j\omega t}$を積分してみよう。

[解]　$\int f(t)dt=\int e^{j\omega t}dt$

$$=\int\{\cos\omega t+j\sin\omega t\}dt$$

$$=\frac{1}{\omega}\sin\omega t-j\frac{1}{\omega}\cos\omega t$$

$$=\frac{1}{j\omega}\{\cos\omega t+j\sin\omega t\}$$

$$=\frac{1}{j\omega}e^{j\omega t}$$

確認問題2.8　電圧vが$v(t)=Ve^{j\omega t}$で表されるときの$\frac{dv(t)}{dt}$を求め，$\frac{d}{dt}=j\omega$と表記できることを確認せよ。[略]

確認問題2.9　電圧vが$v(t)=Ve^{j\omega t}$で表されるときの$\int v(t)dt$を求め，$\int dt=\frac{1}{j\omega}=-j/\omega$と表記できることを確認せよ。[略]

確認問題2.10　式(2.14)に電流$i(t)=Ie^{j\omega t}$を代入すると，起電力eと電流iの関係が，$\dot{E}=j\omega L\dot{I}$となることを確認せよ。[略]

確認問題2.11　式(2.15)に電圧$e(t)=Ee^{j\omega t}$を代入すると，電圧eと電流iの関係が，$\dot{I}=\frac{1}{j\omega L}\dot{E}$となることを確認せよ。[略]

確認問題2.12　式(2.17)に電圧$v(t)=Ve^{j\omega t}$を代入すると，電圧vと電流iの関係が，$\dot{I}=j\omega C\dot{V}$となることを確認せよ。[略]

確認問題2.13　式(2.18)に電流$i(t)=Ie^{j\omega t}$を代入すると，電圧vと電流iの関係が，$\dot{V}=\frac{1}{j\omega C}\dot{I}$となることを確認せよ。[略]

2.6.2　複素数表示

ベクトル表示やフェーザ表示において，電圧vや電流iの「大きさ」は電圧の実効値Vや電流の実効値Iを，「向き」は位相θを用いて示すことを学んだ。複素数表示では，実数部に実効値の$\cos\theta$成分を，虚数部に実効値の$\sin\theta$成分を用いる。

ここで，フェーザ表示と複素数表示の関係を図2-20を用いて考える。式(2.21)は電圧$\dot{V}$の複素数表示である。

$$\dot{V} = V_R + jV_X \ \text{(V)} \tag{2.21}$$

このとき，$\dot{V}$のフェザー表示は電圧$\dot{V}$の「大きさ」Vと「位相」θを求めればよい。

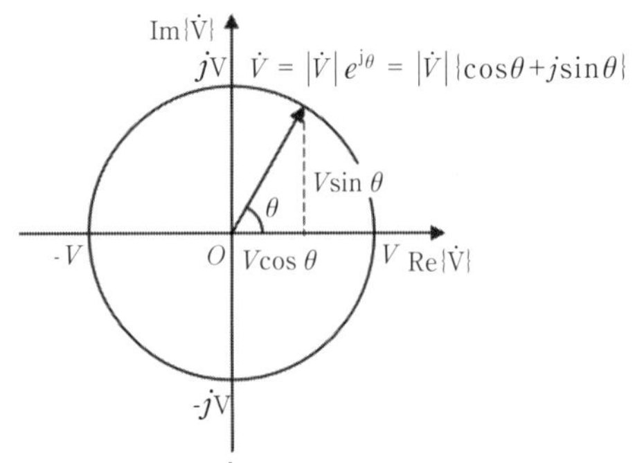

図2-20　電圧$\dot{V}$のベクトル表示と複素数表示

$$V = \sqrt{V_R^2 + V_X^2} \ \text{(V)} \tag{2.22}$$

$$\theta = tan^{-1}\frac{V_X}{V_R} \ \text{(rad)} \tag{2.23}$$

従って，電圧$\dot{V}$のフェーザ表示は，図2-21に示すように，

$$\dot{V} = V_R + jV_X = \sqrt{V_R^2 + V_X^2}\angle\tan^{-1}\frac{V_X}{V_R} \ \text{(V)} \tag{2.24}$$

となる。

[チェックポイント！]　（大きさ）exp（j 角度）としての表記と，（実部）＋ j（虚部）としての複素数表記の関係が，大きさはピタゴラスの定理で$\sqrt{(実部)^2+(虚部)^2}$，角度は$\tan^{-1}\dfrac{(虚部)}{(実部)}$として覚えるとわかりやすい。このとき（虚部）とは虚数単位 j を除いた，「虚部の大きさ部分」を指すことに注意すること。

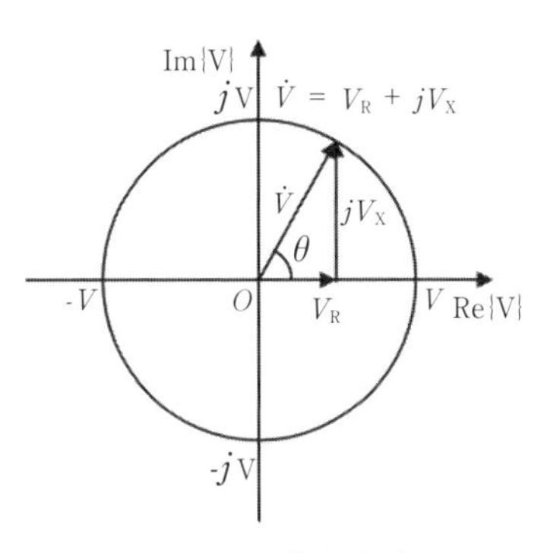

図 2-21　複素数表示

[例題 2.7]　複素数表示の電流 $\dot{I}=I_G+jI_B$ をフェーザ表示にしてみよう。

[解]　電流の大きさIと位相θはそれぞれ次式となる。

$$I=\sqrt{I_G{}^2+I_B{}^2} \qquad \text{(A)}$$

$$\theta=\tan^{-1}\frac{I_B}{I_G} \qquad \text{(rad)}$$

従って，フェーザ表示は次式となる。

$$\dot{I}=\sqrt{I_G{}^2+I_B{}^2}\ \angle\ \tan^{-1}\frac{I_B}{I_G} \quad \text{(A)}$$

[例題 2.8]　抵抗 R に流れる電流 i が，複素数表示で，$\dot{I}=I_R+jI_X$と表現されるときの電圧$\dot{V}$をフェーザ表示で示しなさい。

[解]　電圧$\dot{V}$を複素数表示すると次式となる。

$$\dot{V}=R\dot{I}=R(I_R+jI_X)=RI_R+jRI_X=V_R+jV_X \quad \text{(V)}$$

フェーザ表示すると

$$\dot{V}=\sqrt{V_R{}^2+V_X{}^2}\angle\tan^{-1}\frac{V_X}{V_R}=R\sqrt{I_R{}^2+I_X{}^2}\angle\tan^{-1}\frac{I_X}{I_R} \quad \text{(V)}$$

[例題 2.9]　複素数$\dot{Z}=R+jX$の逆数$\dfrac{1}{\dot{Z}}$をフェーザ表示してみよう。ただし，

R＞0，X＞0とする。

［解］ $\frac{1}{\dot{Z}}$を有理化すると次式となる。すなわち，大きさは逆数に，角度は±逆になる。

$$\frac{1}{\dot{Z}}=\frac{1}{R+jX}$$

$$=\frac{1}{R+jX}\cdot\frac{R-jX}{R-jX}=\frac{R-jX}{R^2+X^2}$$

$$=\frac{1}{\sqrt{R^2+X^2}}\cdot\frac{R-jX}{\sqrt{R^2+X^2}}=\frac{1}{\sqrt{R^2+X^2}}\angle-\tan^{-1}\frac{X}{R}$$

確認問題 2.14 例題 2.9 のインピーダンスの逆数の求め方に習い，式 $\dot{Y}=G-jB$という複素数の逆数$\frac{1}{\dot{Y}}$をフェーザ表示してみよう。［略］

ＡＬ－２ 単位円上を x 軸方向からθ（＞0）だけ反時計方向に進んだ点と原点を結ぶベクトルを図 2-22 に示す。以上に述べたベクトル表記と複素数表記との整合性を鑑みて，振幅１の正弦波（原点から横軸方向へ長さ１のベクトル）と余弦波（原点から縦軸方向へ長さ１のベクトル）も図示してある。この場合，ベクトルの大きさは図 2-10 の実効値ではなく，波高値であることに注意を要する（図 2-9 の $E_{m1}=E_{m2}=1$ で，$\theta_1=0$，$\theta_2=\pi/2$ の図に対応している）。

1 × j=j なので，j を掛けることは 90 度進むことを意味しており sin（ω t）を表すフェーザベクトルに j を掛けると 90 度進んだ cos（ω t）を表すフェーザベクトルになる

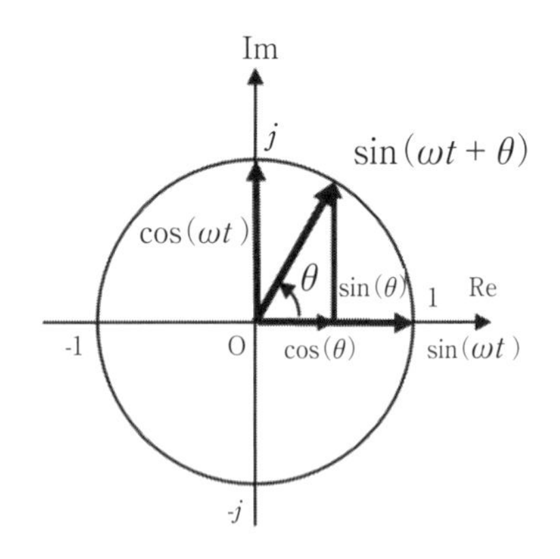

図 2-22　正弦波交流の複素数表示
（正弦成分と余弦成分への分解と合成）

ことを示している。

図の $\sin(\omega t+\theta)$ を $\sin(\omega t)$ 方向と $\cos(\omega t)$ 方向に分解することにより，例題 2.2 に示した三角関数の加法定理とベクトル図またはフェーザ図とその複素数表記の関係を考察せよ。また，$\varphi=90°-\theta$ とし，図の $\sin(\omega t+\theta)=\cos(\omega t-\varphi)$ として同様に考察せよ。［略］

ＡＬ－３　図 2-23 の三角波とのこぎり波の平均値と実効値を図または積分を用いて求めて見よ。ただし，周期 $T=2$ とする。

共に平均値は 1/2，実効値は $\dfrac{1}{\sqrt{3}}$

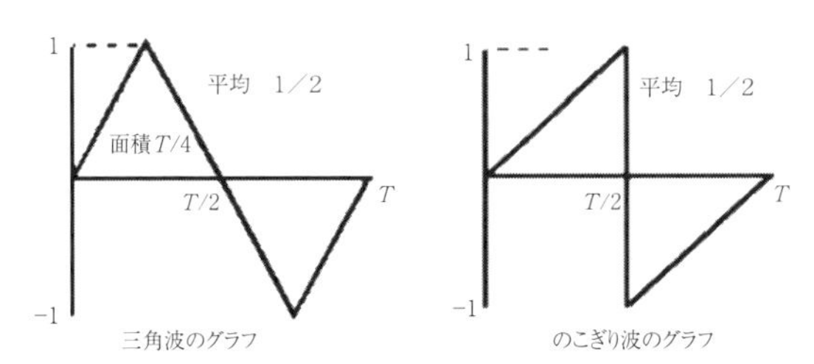

図 2-23　三角波とのこぎり波の平均値と実効値

章末問題

問題 1　問題図 2-1 は，オシロスコープに表示された波形である。オシロスコープの横軸および縦軸の設定は 2 ms/div*，1 V/div である。この波形の振幅 E_m，実効値 E，周期 T，周波数 f を求めよ。

※ div は，division（目盛）のことで，このオシロスコープの画面は，（縦　軸 8 div）×（横　軸　10 div）となっている。

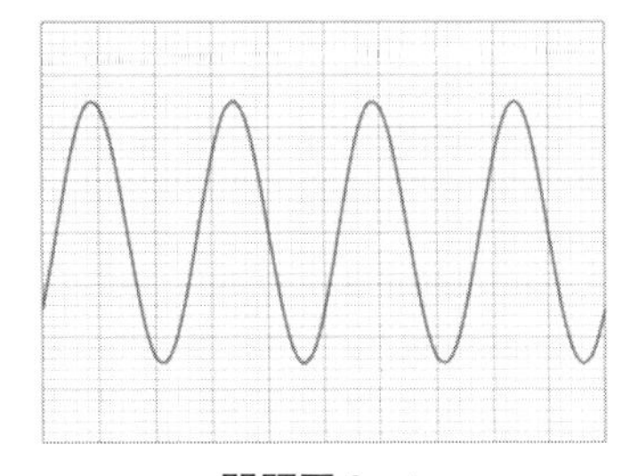

問題図 2-1

問題2　オシロスコープに表示された波形（問題図2-2）を関数$e(t)$として表記せよ。オシロスコープの横軸および縦軸の設定は2 ms/div，1 V/divである。また，図の左端を$t=0$とする。

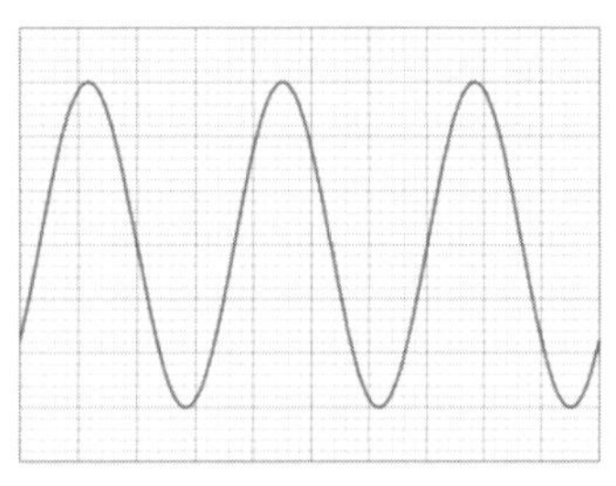

問題図2-2

問題3　複素数表示$\dot{V}=3+j4$ (V) をフェーザ表示にせよ。

問題4　複素数表示$\dot{I}=\dfrac{5}{3+j4}$ (A)をフェーザ表示にせよ。

問題5　$\dot{V}_1=5+j2$ (V)，$\dot{V}_2=-7+j4$ (V)のとき，$\dot{V}=\dot{V}_1+\dot{V}_2$を求めよ。

問題6　$\dot{V}_1=5+j2$ (V)，$\dot{V}_2=-7+j4$ (V)のとき，$\dot{V}_1$を基準として$\dot{V}_2$との電位差Vと位相差θを求めよ。

問題7　$\dot{V}=1+j\sqrt{3}$ (V)，$\dot{I}=2\sqrt{3}-j2$ (A)のとき，$\dfrac{\dot{V}}{\dot{I}}$を計算せよ。

問題8　オシロスコープに表示された2つの波形（問題図2-3）の位相差θ (rad)を求めよ。ただし，オシロスコープの横軸および縦軸の設定は不明である。

問題9　問題図2-3のCh. 1の電圧波形が$e_1(t)=4\sin(100\pi t)$で表されるとき，Ch. 2の電圧波形$e_2(t)$を示せ。

[チェックポイント！]　4は正弦波の最大値なので，実効値はその$\dfrac{1}{\sqrt{2}}$である。また周波数fは$f=50$ (Hz)である。

問題10　$\dot{I}=6\angle\left(-\dfrac{\pi}{6}\right)$ (A)を複素数表示で示せ。

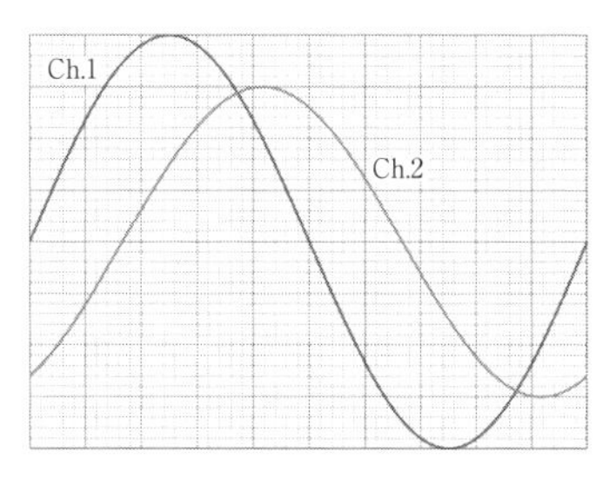

問題図 2-3

問題 11　$\dot{I}_1=2\angle\frac{\pi}{3}$ (A), $\dot{I}_2=4\angle\left(-\frac{\pi}{6}\right)$ (A)のとき，$\dot{I}_1+\dot{I}_2$を求めよ。

<u>**ラーニングコモンズ掲示板**</u>　iCircuit© で１Ωの抵抗の網目形接続が無限に続くと１つの抵抗の両端からみた合成抵抗がいくつになるか検討してみました。実は非常に大きな範囲まで値の収束に影響します。[1/2]

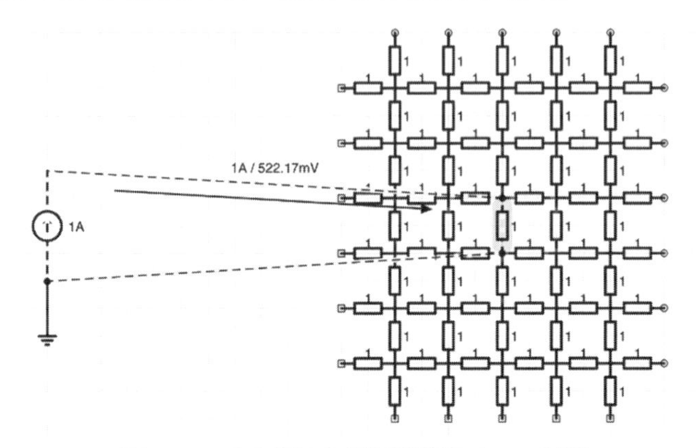

図-１　１Ωの抵抗の網目形接続（５×６段）

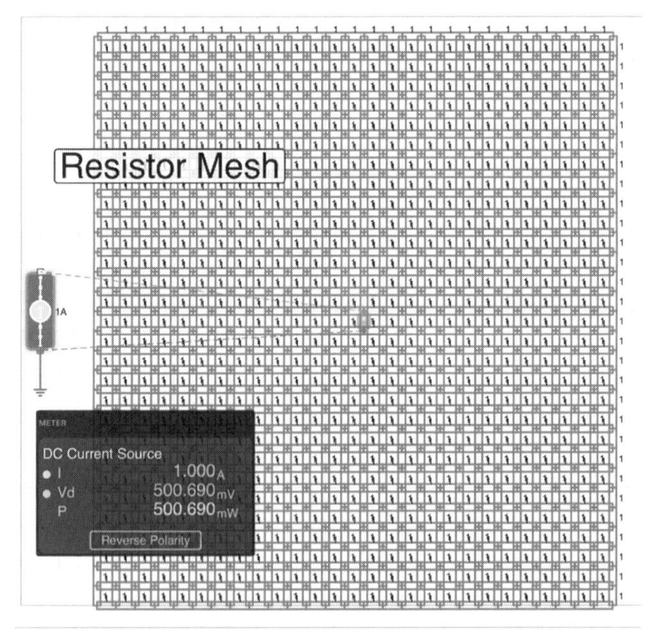

図-２　１Ωの抵抗の網目形接続（多段×多段））

第3章　交流回路

定常状態における正弦波交流回路においては，j ωを用いることにより，積分および微分要素であるインダクタやキャパシタを含む交流回路の計算が簡単な代数演算になった。具体的には，直流回路では実数で計算していたものを，交流回路では複素数で計算し，実効値と位相を求めることになる。

本章では，交流回路の基本的な計算例を示し，実効値や位相を解析する。複雑な回路にキルヒホッフの法則や節点電位法を用いる手法を解説する。また，回路を解析するうえで役に立つ諸定理を示す。Δ—Y変換や円線図法についても触れる。

3.1　複素インピーダンス

交流回路における回路素子には，抵抗，インダクタおよびキャパシタがある。それぞれに抵抗 R（Ω），自己インダクタンス L（H）および静電容量 C（F）の値が与えられると，各素子を流れる電流 $\dot{I}$ と素子の両端の電圧 $\dot{V}$ の間には，

$$\dot{V}_{\mathrm{R}} = R\dot{I} \qquad \dot{V}_{\mathrm{L}} = j\omega L\dot{I} \qquad \dot{V}_{\mathrm{C}} = \frac{1}{j\omega C}\dot{I} \qquad \text{(V)} \tag{3.1}$$

の関係があった。3つの素子が直列に接続されていれば，全電圧 $\dot{V}$ と全電流 $\dot{I}$ の間には

$$\dot{V} = \dot{V}_{\mathrm{R}} + \dot{V}_{\mathrm{L}} + \dot{V}_{\mathrm{C}} = \left(R + j\omega L + \frac{1}{j\omega C}\right)\dot{I} = \dot{Z}\dot{I} \qquad \text{(V)} \tag{3.2}$$

の関係が成立している。$\dot{Z}$（Ω）を**複素インピーダンス**と呼ぶ。また，ωL を**誘導リアクタンス** X_{L}（Ω），$1/(\omega C)$ を**容量リアクタンス** X_{C}（Ω）と表記することもある。また $1/(j\omega C)$ は $-j/(\omega C)$ と表すこともできる。

$\dot{Z}_1$から$\dot{Z}_n$までの複素インピーダンスが直列に接続されていれば，合成複素インピーダンス$\dot{Z}$は直流回路と同様に，

$$\dot{Z}=\dot{Z}_1+\dot{Z}_2+\ldots+\dot{Z}_n \qquad (\Omega) \qquad (3.3)$$

で与えられる。並列に接続されていれば「**逆数の和の逆数**」で，

$$\dot{Z}=\frac{1}{\frac{1}{\dot{Z}_1}+\frac{1}{\dot{Z}_2}+\ldots+\frac{1}{\dot{Z}_n}} \qquad (\Omega) \qquad (3.4)$$

で与えられる。この並列接続の場合には，複素インピーダンス$\dot{Z}_n$の逆数を$\dot{Y}_n$（S）とすると，

$$\dot{Y}=\frac{1}{\dot{Z}}=\dot{Y}_1+\dot{Y}_2+\ldots+\dot{Y}_n \qquad (S) \qquad (3.5)$$

となる。$\dot{Y}$は**合成複素アドミタンス**と呼ばれる。

3.1.1　回路計算例

（1）直列回路

図3-1に示すように，抵抗R（Ω）と自己インダクタンスL（H）の直列回路に$\dot{E}=E\angle 0$の交流電圧を加えたとき，回路を流れる電流$\dot{I}=I\angle\theta$との間には直流回路で用いたオームの法則と同様に次式が得られる。

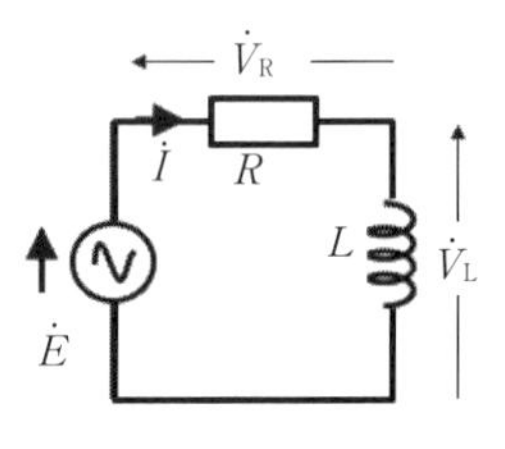

図3-1　R-L直列回路

$$\dot{E}=\dot{V}_R+\dot{V}_L=(R+j\omega L)\dot{I}=\dot{Z}\dot{I} \qquad (V) \qquad (3.6)$$

ここで，$\dot{Z}=R+j\omega L$は直交座標表示の複素数であり，フェーザ表示にすれば

$$\dot{Z}=Z\angle\theta=\sqrt{R^2+(\omega L)^2}\angle\tan^{-1}\frac{\omega L}{R} \qquad (\Omega) \qquad (3.7)$$

と表すことができる。従って電流は，

$$\dot{I}=\frac{\dot{E}}{R+j\omega L}=\frac{\dot{E}}{\sqrt{R^2+(\omega L)^2}\angle\tan^{-1}\frac{\omega L}{R}}$$

$$=\frac{\dot{E}}{\sqrt{R^2+(\omega L)^2}}\angle(-\tan^{-1}\frac{\omega L}{R})\ \ (\mathrm{A}) \tag{3.8}$$

電圧の位相に対して$\angle\theta=\tan^{-1}\dfrac{\omega L}{R}$だけ遅れ電流となる。

[チェックポイント！]　$\dot{I}$と$\dot{E}$は複素数表記の電流と電圧で有り，その大きさは交流波形の実効値（RMS値）である。

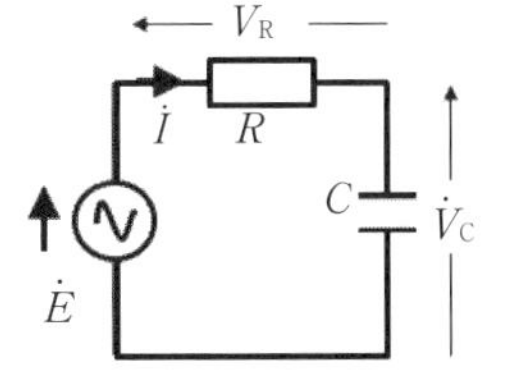

図3－2　R-C直列回路

図3－2の抵抗R（Ω）と静電容量C（F）の直列回路では

$$\dot{E}=\dot{V}_R+\dot{V}_C=\left(R+\frac{1}{j\omega C}\right)\dot{I}=\left(R-\mathrm{j}\frac{1}{\omega C}\right)\dot{I}\ \ (\mathrm{V}) \tag{3.9}$$

$$\dot{Z}=Z\angle-\theta=\sqrt{R^2+\left(\frac{1}{\omega C}\right)^2}\angle(-\tan^{-1}\frac{1}{\omega CR})\ \ (\Omega) \tag{3.10}$$

$$\dot{I}=\frac{\dot{E}}{\dot{Z}}=\frac{\dot{E}}{\sqrt{R^2+\left(\frac{1}{\omega C}\right)^2}\angle(-\tan^{-1}\frac{1}{\omega CR})}$$

$$=\frac{\dot{E}}{\sqrt{R^2+\left(\frac{1}{\omega C}\right)^2}}\angle\tan^{-1}\frac{1}{\omega CR}\ \ (\mathrm{A}) \tag{3.11}$$

電流は電圧の位相に対して，$\angle\theta=\tan^{-1}\dfrac{1}{\omega CR}$だけ進みになる。

[例題3.1]　図3－1において，$\dot{E}=100\ \mathrm{V}$　$R=10\ \Omega$　$L=100\ \mathrm{mH}$　$f=50\ \mathrm{Hz}$の時，回路を流れる電流$\dot{I}$(A)を求めよ。

[解]　$\omega=2\pi f=100\pi$であるので

$$\dot{I}=\frac{\dot{E}}{R+j\omega L}=\frac{100}{10+j100\pi\times100\times10^{-3}}$$

$$=\frac{100}{\sqrt{10^2+(100\pi\times100\times10^{-3})^2}\angle\tan^{-1}\dfrac{100\pi\times100\times10^{-3}}{10}}$$

$$=\frac{100}{33.0\angle72.3^\circ}=3.03\angle(-72.3^\circ)\ (\mathrm{A})$$

実効値3.03 Aの電圧より72.3°遅れの電流となる。

確認問題3.1 図3-2において，$\dot{E}=100$ V $R=10\,\Omega$ $C=100\,\mu$F

$f=50$ Hzとした時，回路を流れる電流$\dot{I}$(A)を求めよ。

$$\dot{I}=\frac{\dot{E}}{R-\mathrm{j}\dfrac{1}{\omega C}}=\frac{100}{10-j\dfrac{1}{100\pi\times100\times10^{-6}}}=\frac{100}{33.4\angle(-72.6^\circ)}$$

$$=3.00\angle72.6^\circ\ (\mathrm{A})$$

自己インダクタンスL(H)の代わりに誘導リアクタンス$\omega L=X_L(\Omega)$で表す場合や，キャパシタンスC(F)の代わりに容量リアクタンス$1/(\omega C)=X_c(\Omega)$で表す場合もある。例えば，図3-1のRL直列回路で抵抗が1 Ω，誘導リアクタンス$\omega L=1(\Omega)$，電圧が$100\angle0$ (V)の場合，流れる電流$\dot{I}$は式(3.6)より

$$\dot{I}=\frac{100\angle0^\circ}{1+\mathrm{j}}=\frac{100\angle0^\circ}{\sqrt{2}\angle45^\circ}=50\sqrt{2}\angle\ (-45^\circ)\qquad(\mathrm{A})\qquad(3.12)$$

となり，電圧に対して位相が45°遅れの電流となる。

確認問題3.2 式(3.12)の$\dot{I}$を直交座標表示で計算してみよ。

$$\dot{I}=\frac{100}{1+j}=\frac{100(1-j)}{(1+j)(1-j)}=\frac{100-j100}{1^2+1^2}=50-j50$$

確認問題3.3 図3-2で抵抗および容量リアクタンスを1 Ωとしたときの電流を求めよ。

$$\frac{1}{j\omega C}=-j\frac{1}{\omega C}=-j\cdot 1$$

$$\dot{I}=\frac{100}{1-j}=\frac{100\,(1+j)}{(1-j)(1+j)}=\frac{100+j100}{1^2+1^2}=50+j50=50\sqrt{2}\angle 45° \quad (\mathrm{A})$$

（2）並列回路

図3-3のR-L並列回路では

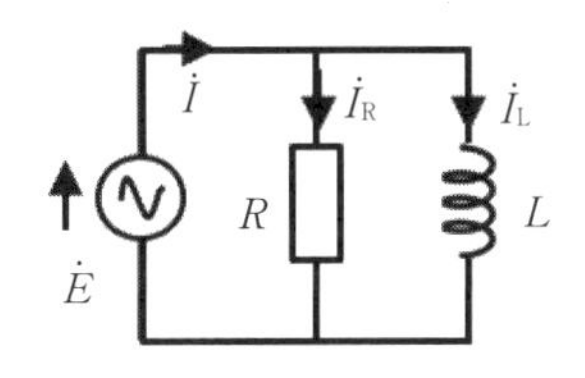

図3-3 R-L並列回路

$$\dot{I}=\dot{I}_{\mathrm{R}}+\dot{I}_{\mathrm{L}}=\left(\frac{1}{R}+\frac{1}{j\omega L}\right)\dot{E}$$

$$=\left(\frac{1}{R}-j\frac{1}{\omega L}\right)\dot{E}=\dot{Y}\dot{E}\ (\mathrm{A}) \qquad (3.13)$$

$$\dot{Y}=\sqrt{\left(\frac{1}{R}\right)^2+\left(\frac{1}{\omega L}\right)^2}\angle\left(-\tan^{-1}\frac{R}{\omega L}\right)\ (\mathrm{S}) \qquad (3.14)$$

図3-4のR-C並列回路では

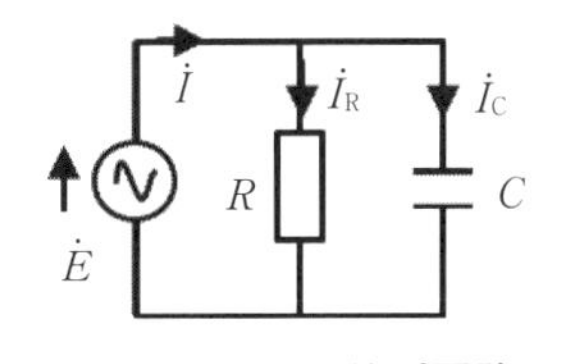

図3-4 R-C並列回路

$$\dot{I}=\dot{I}_{\mathrm{R}}+\dot{I}_{\mathrm{C}}=\left(\frac{1}{R}+j\omega C\right)\dot{E}=\dot{Y}\dot{E}\quad (\mathrm{A}) \qquad (3.15)$$

$$\dot{Y}=\sqrt{\left(\frac{1}{R}\right)^2+(\omega C)^2}\angle\tan^{-1}\omega CR\ (\mathrm{S}) \qquad (3.16)$$

（3）等価インピーダンスと等価アドミタンス

RLCを含むどのような回路も，抵抗とリアクタンスの直列回路に変換できる。変換した回路のインピーダンスを等価インピーダンスと呼ぶ。例えば図3-5の並列回路でアドミタンスは

$$\dot{Y}=G\pm jB,\ G=1/R,\ +jB=j\omega C,\ -jB=-j/\omega L\ (\mathrm{S}) \qquad (3.17)$$

Gはコンダクタンス，Bはサセプタンスであり，$+jB$の場合はキャパシタ，$-jB$の場合はインダクタの素子である。この直列等価インピーダンス$\dot{Z}$は，

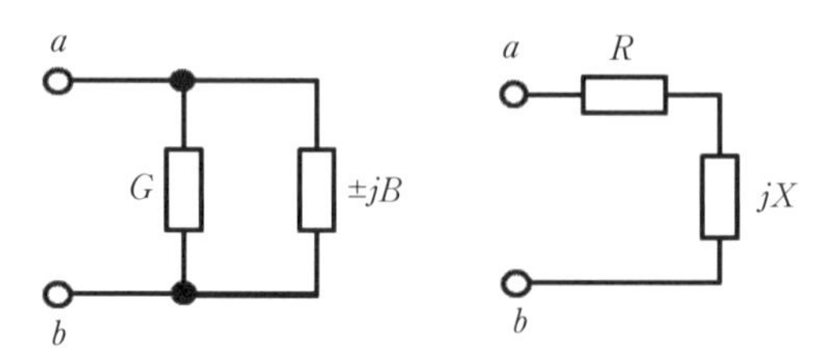

図3－5 G-B並列回路 図3－6 等価直列回路

$$\dot{Z}=\frac{1}{\dot{Y}}=\frac{1}{G\pm jB}=\frac{G\mp jB}{G^2+B^2}=\frac{G}{G^2+B^2}\mp j\frac{B}{G^2+B^2}=R\mp jX\ (\Omega) \tag{3.18}$$

であり，図3－6の直列回路と等価になる。

確認問題 3.4 10 Ωの抵抗と2 Hの自己インダクタンスの並列回路がある。等価直列回路のインピーダンスを求めよ。角周波数はωとする。

$$\dot{Y}=\frac{1}{10}-j\frac{1}{2\omega},\ \dot{Z}=\frac{1}{\dot{Y}}=\frac{1}{\dfrac{1}{10}-j\dfrac{1}{2\omega}}$$

$$=\frac{\dfrac{1}{10}+j\dfrac{1}{2\omega}}{\left(\dfrac{1}{10}\right)^2+\left(\dfrac{1}{2\omega}\right)^2}=\frac{40\omega^2}{4\omega^2+100}+\frac{j200\omega}{4\omega^2+100}$$

抵抗 $\dfrac{40\omega^2}{4\omega^2+100}$ (Ω)，自己インダクタンス$\dfrac{200}{4\omega^2+100}$ (H)

の直列回路となる。

確認問題 3.5 $\dot{Z}=R\pm jX$の直列回路を等価なアドミタンスの並列回路に変換せよ。

$$\dot{Y}=\frac{1}{\dot{Z}}=\frac{1}{R\pm jX}=\frac{R\mp jX}{R^2+X^2},\ G=\frac{R}{R^2+X^2},\ B=\frac{\mp X}{R^2+X^2}\quad \text{(S)}$$

の並列回路となる。

（4）直並列回路

直流回路で示された直列回路の分圧則，並列回路の分流則，2つの抵抗の並列回路における合成抵抗に関する「和分の積」等も同様に複素数として成立する。例えば，図3－7の直並列回路において，各複素インピーダンスを流れる電流は

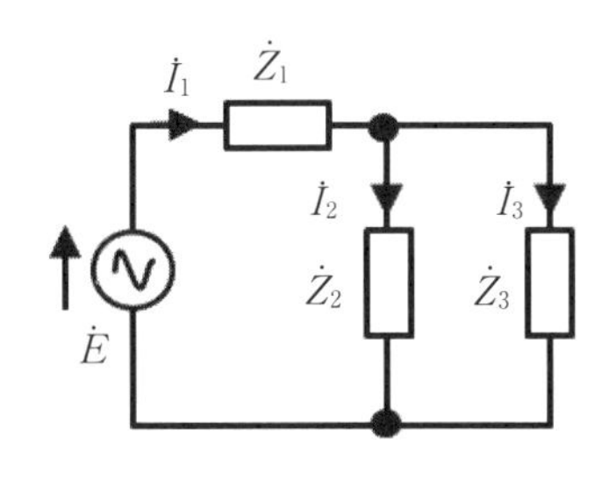

図3－7　直並列回路

$$\dot{I}_1 = \frac{\dot{E}}{\dot{Z}_1 + \dfrac{\dot{Z}_2\dot{Z}_3}{\dot{Z}_2+\dot{Z}_3}} \quad \text{(A)} \qquad (3.19)$$

$$\dot{I}_2 = \dot{I}_1 \cdot \frac{\dot{Z}_3}{\dot{Z}_2+\dot{Z}_3} \qquad \dot{I}_3 = \dot{I}_1 \cdot \frac{\dot{Z}_2}{\dot{Z}_2+\dot{Z}_3} \quad \text{(A)} \qquad (3.20)$$

である。

［例題3.2］　図3－8の回路で電源電圧$\dot{E}=100\angle 0°$（V），抵抗およびリアクタンスをすべて10 Ωとして各素子を流れる電流を求めよ。

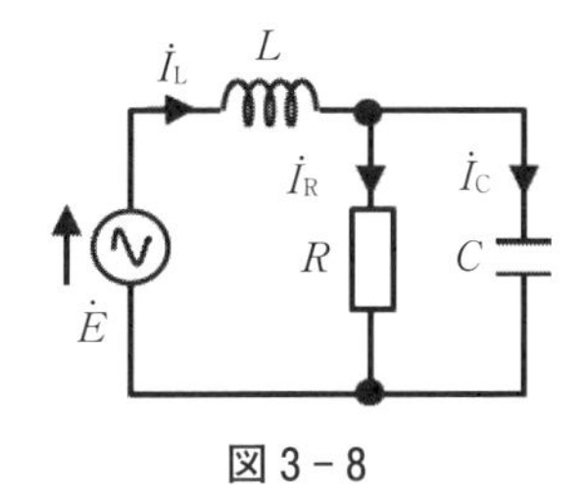

図3－8

［解］　Lを流れる電流$\dot{I}_L$は回路を流れる全電流であり，全インピーダンスで割ればいいので

$$\frac{100}{j10+\dfrac{10(-j10)}{10-j10}} = 10-j10 = 10\sqrt{2}\angle(-45°) \quad \text{(A)}$$

Cを流れる電流$\dot{I}_C$は，電流の分流則から

$$(10-j10)\cdot\frac{10}{10-j10} = 10 \quad \text{(A)}$$

Rを流れる電流$\dot{I}_R$も同様に電流の分流則から

$$(10-j10)\cdot\frac{-j10}{10-j10} = -j10 = 10\angle(-90°) \quad \text{(A)}$$

となる。

3.1.2　回路定数が変化するときの実効値および位相

図3-9において，抵抗および容量リアクタンスをそれぞれ，10 Ωおよび-j10 Ωとし，誘導リアクタンス X_L を変化させたとき，C を流れる電流の大きさおよび電源電圧に対する位相の変化を考えてみよう。$\dot{I}_C$ は全電流を求め，分流則により，

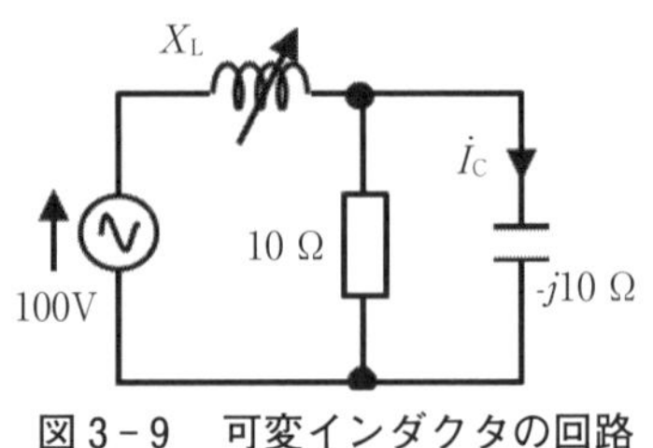

図3-9　可変インダクタの回路

$$\dot{I}_C=\frac{100}{jX_L+\dfrac{10(-j10)}{10-j10}}\cdot\frac{10}{10-j10}=\frac{1000}{10X_L+j(10X_L-100)}\quad\text{(A)}\tag{3.21}$$

で与えられる。電流の大きさ I_C は

$$\dot{I}_C=\frac{1000}{\sqrt{100X_L^2+(10X_L-100)^2}}\quad\text{(A)}\tag{3.22}$$

X_L を変化させたときの I_C を図3-10に示す。電流の最大値は式（3.22）の分母が最小である時なので，分母の根号内を y と置いて

$$\frac{dy}{dX_L}=200X_L+2(10X_L-100)10=0,\quad\frac{d^2y}{dX_L^2}>0\tag{3.23}$$

より，$X_L=5$ で分母が最小になり，式（3.22）に代入して I_C の最大値は $10\sqrt{2}$ となる。

電源電圧を基準とすると電流の位相を決めているのは式（3.21）の分母であるので，位相 θ は進み電流を正として次の式で求められる。

$$\theta=\tan^{-1}\frac{100-10X_L}{10X_L}\tag{3.24}$$

図3-11に電源電圧に対する電流の位相の X_L 依存性を示す。$X_L=0$ では90°進み，10 Ωの時は虚数が零になるので電圧と同相になる。$X_L<10\,\Omega$ では分母の虚数項が負になり進み電流，$X_L>10\,\Omega$ では遅れ電流になる。45°以上は遅れないことがわかる。

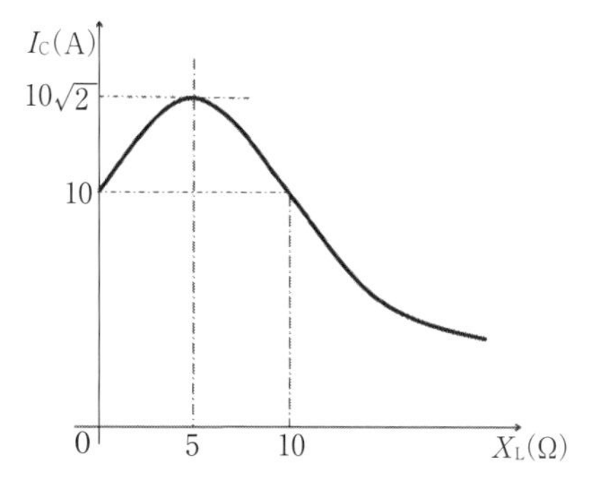

図 3 -10　I_Cの X_L依存性

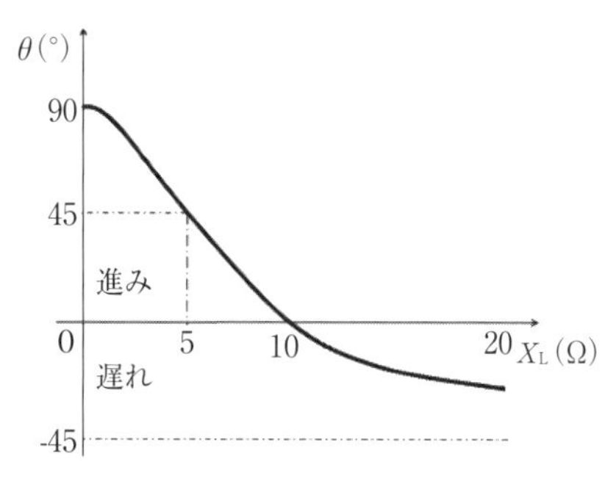

図 3 -11　I_Cの位相の X_L依存性

確認問題 3.6　60°，45°，30°の進み電流，および 30°の遅れ電流とするためには X_Lをそれぞれどれだけにすればよいか求めよ。また，遅れの最大は 45°であることを求めよ。

式（3.14）より 60°では

$$\frac{100-10X_L}{10X_L}=\sqrt{3} \qquad X_L=\frac{10}{\sqrt{3}+1} \quad (\Omega)$$

同様に 45°，30°，－30°ではそれぞれ，

$$5,\ \frac{10\sqrt{3}}{\sqrt{3}+1},\ \frac{10\sqrt{3}}{\sqrt{3}-1} \qquad (\Omega)$$

遅れ電流の最大位相差は

$$\theta=\lim_{X_L\to\infty}\tan^{-1}\frac{100-10X_L}{10X_L}=\lim_{X_L\to\infty}\tan^{-1}\frac{\dfrac{100}{X_L}-10}{10}=\tan^{-1}(-1)=-45°$$

[例題 3.3]　図 3 -12 の回路において電流 $\dot{I}$が電源電圧$\dot{E}$に対して 90°遅れになる条件を求めよ。また，45°遅れになる条件を求めよ。

[解]　電流 $\dot{I}$ は全電流を求めて，分流則を適用し，

$$\dot{I}=\frac{\dot{E}}{jX_1+\dfrac{R_1(R_2+jX_2)}{R_1+R_2+jX_2}}\cdot\frac{R_1}{R_1+R_2+jX_2}$$

$$=\frac{R_1\dot{E}}{jX_1(R_1+R_2+jX_2)+R_1(R_2+jX_2)}$$

$$=\frac{R_1\dot{E}}{R_1R_2-X_1X_2+j(R_1X_1+R_2X_1+R_1X_2)} \quad \text{(A)}$$

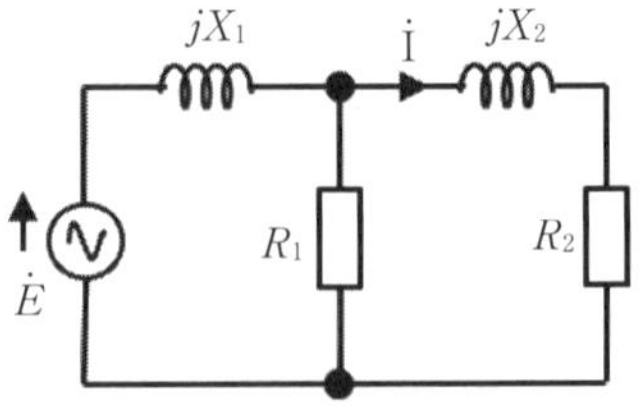

図 3-12

分子は電源電圧$\dot{E}$と同相であるので，分母の位相を考えればよい。90°遅れ電流の場合は分母の実部が零であればよいので，

$$R_1R_2=X_1X_2$$

45°遅れ電流の場合は，分母の実数部と虚数部を等しくすればよいので，

$$R_1R_2-X_1X_2=R_1X_1+R_2X_1+R_1X_2$$

確認問題 3.7　例題 3.3 において，$\dot{I}$が 30°および 60°の遅れ電流とするための条件を求めよ。

遅れ電流の角度をθとすると，$\theta=\tan^{-1}\dfrac{R_1X_1+R_2X_1+R_1X_2}{R_1R_2-X_1X_2}$　なので，

30°の遅れ電流の条件は　　$R_1R_2-X_1X_2=\sqrt{3}(R_1X_1+R_2X_1+R_1X_2)$

60°の遅れ電流の条件は　　$\sqrt{3}(R_1R_2-X_1X_2)=R_1X_1+R_2X_1+R_1X_2$

[例題 3.4]　図 3-13 の回路で交流電源の角周波数をωとしたとき，可変キャパシタの静電容量C(F)を変化させ，抵抗Rを流れる電流の大きさを最大にした時の静電容量およびその時の電流値を求めよ。

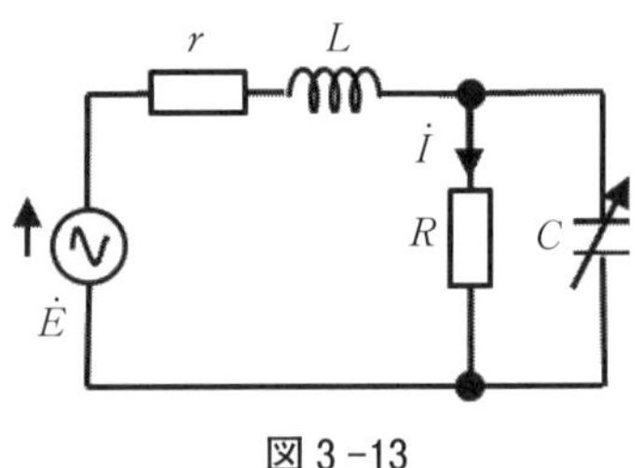

図 3-13

[解]　抵抗Rを流れる電流$\dot{I}$は

$$\dot{I}=\frac{\dot{E}}{r+j\omega L+\dfrac{R\cdot\dfrac{1}{j\omega C}}{R+\dfrac{1}{j\omega C}}}\cdot\frac{\dfrac{1}{j\omega C}}{R+\dfrac{1}{j\omega C}}$$

$$=\frac{\dot{E}}{(r+j\omega L)\left(R+\frac{1}{j\omega C}\right)+R\cdot\frac{1}{j\omega C}}\cdot\frac{1}{j\omega C}$$

$$=\frac{\dot{E}}{(r+j\omega L)(j\omega CR+1)+R}=\frac{\dot{E}}{r+R-\omega^2 LCR+j\omega(L+CrR)}\quad\text{(A)}$$

電流の大きさIは

$$I=\frac{E}{\sqrt{(r+R-\omega^2 LCR)^2+\{\omega(L+CrR)\}^2}}\quad\text{(A)}\qquad(3.25)$$

となる。分子は一定であるので，分母が最小になるとき電流は最大になる。分母の極値を求めるために，分母の根号内をyとして，Cで微分して零とおくと，

$$\frac{dy}{dC}=2(r+R-\omega^2 LCR)(-\omega^2 LR)+2\omega^2(L+CrR)rR=0$$

$$(r+R-\omega^2 LCR)L=(L+CrR)r\qquad(3.26)$$

$$C=\frac{L}{r^2+\omega^2 L^2}\quad\text{(F)}$$

で極値となり，この時，

$$\frac{d^2(\text{分母の根号内})}{dC^2}=2\omega^4 L^2 R^2+2\omega^2 r^2 R^2>0$$

であるので，電流の分母は最小値なので，電流は最大値となる。この時の電流値は

$$I_{\max}=\frac{E\sqrt{r^2+\omega^2 L^2}}{r^2+\omega^2 L^2+rR}\quad\text{(A)}$$

となる。なお，途中で式（3.26）を利用するとよい。

確認問題 3.8　図 3-13 の回路で，静電容量Cを一定にし，自己インダクタンスLを変化させたとき，Rを流れる電流を最大にするLの値を求めよ。

式（3.25）の分母の根号内をLで微分し零とおく。

$$L=\frac{CR^2}{1+(\omega CR)^2}\quad\text{(H)}$$

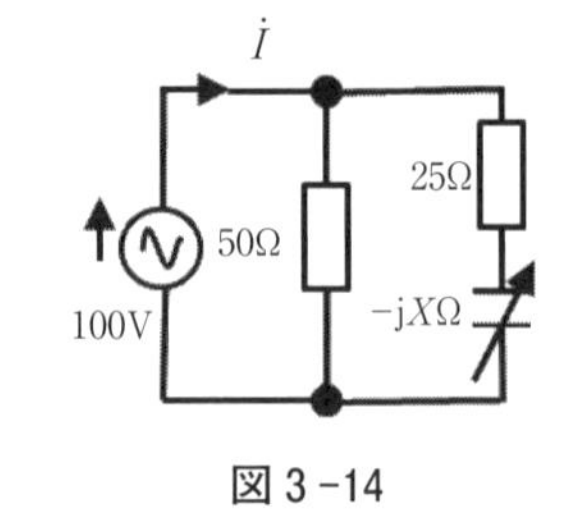

図3-14

[例題3.5]　図3-14の回路で容量リアクタンスXを変化させたとき，電源電圧と全電流の位相差が最大になるときのXおよびその時の電流をフェーザ表示で求めよ。

[解]　電源電圧を基準としたとき，電流$\dot{I}$は

$$\dot{I}=\frac{100}{50}+\frac{100}{25-jX}=2+\frac{100(25+jX)}{25^2+X^2}$$

$$=\frac{2(25^2+X^2)+100(25+jX)}{25^2+X^2}\quad \text{(A)}$$

電源電圧に対する位相差θは

$$\tan\theta=\frac{100X}{2(25^2+X^2)+2500}=\frac{100X}{2X^2+3750}=\frac{50}{X+1875X^{-1}}$$

であり，上式の分母をyと置き，これが最小の時θは最大になるので

$$\frac{dy}{dX}=1-1875X^{-2}=0 \qquad \frac{d^2y}{dX^2}>0$$

より$X=\sqrt{1875}=25\sqrt{3}$ Ωで分母が最小，位相差が最大になる。

この時，電流はXの値を代入して，$\dot{I}=2\sqrt{3}\angle 30°\text{(A)}$である。

3.1.3　直列共振と並列共振

(1) 直列共振

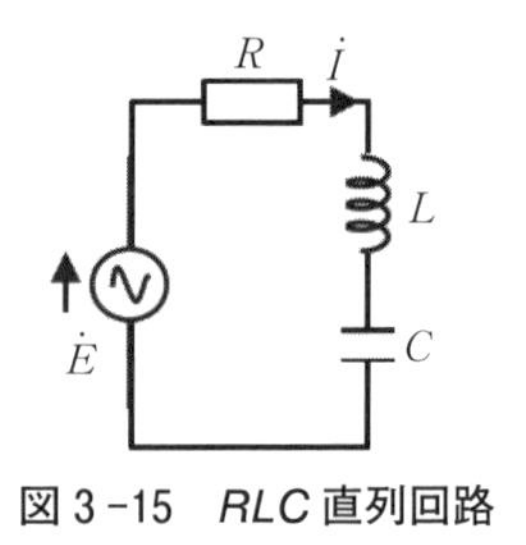

図3-15　*RLC*直列回路

図3-15の*RLC*直列回路に流れる電流は電源電圧を基準の位相として，式(3.27)で表される。

$$\dot{I}=\frac{\dot{E}}{R+j(\omega L-\frac{1}{\omega C})}\quad \text{(A)} \qquad (3.27)$$

電流の大きさ（実効値）は式(3.27)の絶対値で決まる。

$$I=\frac{E}{\sqrt{R^2+(\omega L-\frac{1}{\omega C})^2}}\quad \text{(A)} \qquad (3.28)$$

図3-16に電源電圧を一定とし，角周波数を変化させたときの電流の共振特性を示す。上の図は電流の大きさを示す。式（3.28）において，角周波数に依存する項が零の時，電流は最大値 E/R になる。この時の角周波数は

$$\omega_\mathrm{r}=\frac{1}{\sqrt{LC}} \qquad \left(\frac{\mathrm{rad}}{\mathrm{s}}\right) \qquad (3.29)$$

であり，この状態を**直列共振**，ω_r は**共振角周波数**，$f=\dfrac{\omega_r}{2\pi}$（Hz）は**共振周波数**と呼ばれる。

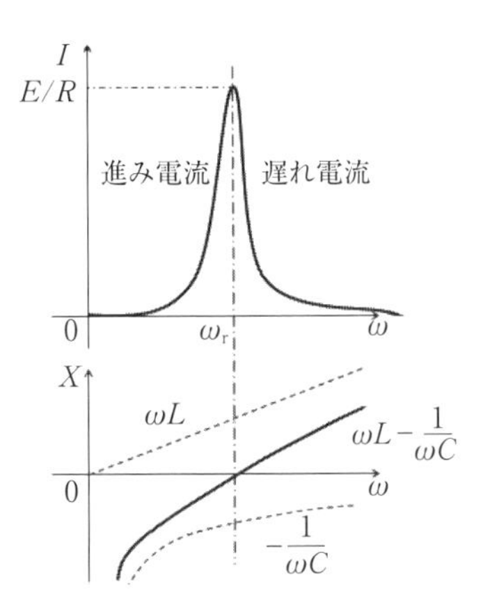

図3-16　直列共振の角周波数特性

図3-16の下の図はリアクタンスを示す。電流の電圧からの位相差は式（3.27）の分母（インピーダンス）の位相

$$\theta=\tan^{-1}\frac{\omega L-\dfrac{1}{\omega C}}{R} \qquad (3.30)$$

で与えられ，共振時には電流は電源電圧と同相になる。また電源電圧の角周波数が，共振角周波数 ω_r より低い場合は容量性で進み電流，高い場合は誘導性で遅れ電流となる。

共振時には図3-15の LC 直列回路の部分は短絡状態にあるが，L の両端の電圧 $\dot{V}_\mathrm{L}$ および C の両端の電圧 $\dot{V}_\mathrm{C}$ は

$$\dot{V}_\mathrm{L}=j\omega_r L\dot{I}=\frac{j\omega_r L\dot{E}}{R}=j\frac{1}{R}\sqrt{\frac{L}{C}}E,$$

$$\dot{V}_\mathrm{C}=-j\frac{\dot{I}}{\omega_\mathrm{r}C}=-j\frac{\dot{E}}{\omega_\mathrm{r}CR}=-j\frac{1}{R}\sqrt{\frac{L}{C}}\dot{E}\,(\mathrm{V}) \qquad (3.31)$$

ここで，

$$Q=\frac{1}{R}\sqrt{\frac{L}{C}} \qquad (3.32)$$

と置くと，L と C の両端には位相が180度異なり，電源電圧 E の Q 倍の電圧が現れていることになる。この Q を**共振回路のQ**と呼ぶ。

確認問題 3.9　図3-16において，共振時の電流の$\frac{1}{\sqrt{2}}$になる角周波数をω_1およびω_2（かつ$\omega_1>\omega_2$）とすると，

$$Q=\frac{\omega_r}{(\omega_1-\omega_2)}$$

となることを確かめよ。

Q の分母は半値幅と呼ばれ，この値が小さいほど共振特性が鋭くなることから，回路の Q とも呼ばれる。

確認問題 3.10　RLC 直列共振回路がある。100 V の電圧を加えたところ2.5（A）の共振電流が流れた。周波数を2倍にしたところ2 Aの電流になった。周波数を4倍にしたときの電流を求めよ。

共振時の電流は $100/R=2.5$　$\therefore R=40\ \Omega$　共振角周波数ω_rで$\omega_r\mathrm{L}=\frac{1}{\omega_r C}$

2倍の周波数で

$$\frac{100}{\sqrt{40^2+(2\omega_r L-\frac{1}{2\omega_r C})^2}}=2,$$

$$\therefore 2\omega_r L-\frac{1}{2\omega_r C}=30,\quad \therefore \omega_r L=\frac{1}{\omega_r C}=20$$

4倍の周波数で

$$\frac{100}{\sqrt{40^2+(4\omega_r L-\frac{1}{4\omega_r C})^2}}=\frac{100}{\sqrt{40^2+(4\cdot 20-\frac{1}{4}\cdot 20)^2}}=\frac{20}{\sqrt{289}}=\frac{20}{17}\ \mathrm{(A)}$$

（2）並列共振

次に，図3-17の RLC 並列回路の電流を求めてみる。

$$\dot{I}=\dot{I}_R+\dot{I}_L+\dot{I}_C=(\frac{1}{R}+\frac{1}{j\omega L}+j\omega C)\,\dot{E}\ \mathrm{(A)} \tag{3.33}$$

電流の大きさは

$$I=\sqrt{\left(\frac{1}{R}\right)^2+\left(\omega C-\frac{1}{\omega L}\right)^2}\,E \quad \text{(A)} \tag{3.34}$$

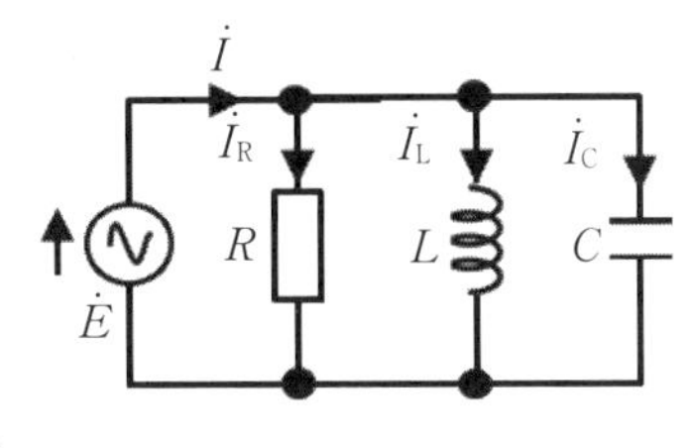

図 3-17　*RLC* 並列回路

となる。電源電圧を一定とし，角周波数ωを変化させたときの電流の角周波数特性を図3-18に示す。電流は角周波数に依存する項が零の時，最小電流 E/R （A）となり，その時の角周波数ω_aは

$$\omega_a=\frac{1}{\sqrt{LC}} \quad \text{(rad/s)} \tag{3.35}$$

である。この状態は**並列共振**あるいは**反共振**と呼ばれ，ω_aは**並列共振角周波数**と呼ばれる。電流は抵抗 R のみで決まり，電圧と同相になる。この角周波数よりも低い場合は誘導性の回路になり遅れ電流，高い場合は容量性の回路になり進み電流が流れる。

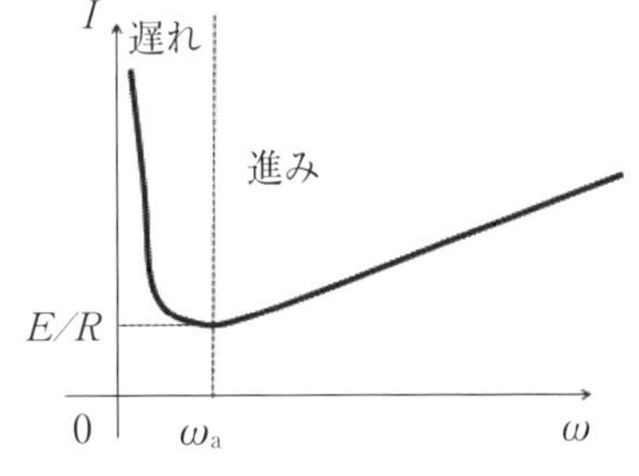

図 3-18　並列共振の角周波数特性

並列共振時に L および C に流れる電流は

$$\dot{I}_L=\frac{1}{j\omega_a L}\dot{E}=-j\sqrt{\frac{C}{L}}\dot{E},\quad \dot{I}_C=j\omega_a C\dot{E}=j\sqrt{\frac{C}{L}}\dot{E} \quad \text{(A)} \tag{3.36}$$

となり，大きさは同じで位相が180度反対の電流が流れている。従って，図3-17で LC 並列回路部分は全体で開放状態と等価になっている。

3.1.4　キルヒホッフの法則

正弦波交流回路においても，より複雑な回路における電圧・電流分布は直流回路と同じようにキルヒホッフの法則を用いて，複素インピーダンスで解くことができる。

（1）ループ電流法

直流回路では抵抗を流れる実際の電流（**枝路電流**）を変数として方程式を立

てた。ここでは閉回路を流れる電流を変数とするループ電流法を説明する。

例えば図3-19の回路があったとする。$\dot{Z}_1$から$\dot{Z}_5$はRLC素子からなる直並列回路の等価複素インピーダンスである。また，$\dot{J}_1$，$\dot{J}_2$，および$\dot{J}_3$は閉回路①，②および③のループ電流である。

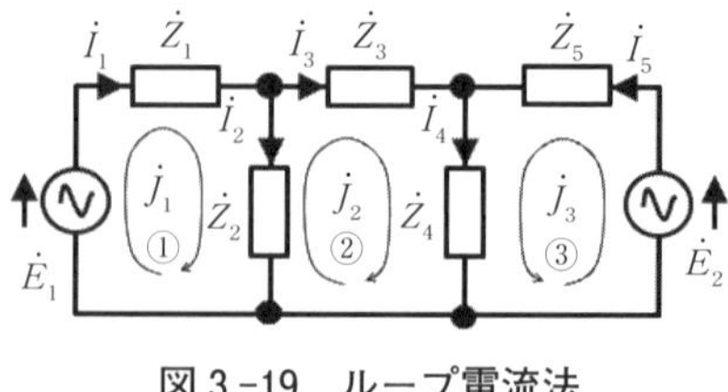

図3-19　ループ電流法

$\dot{Z}_{\mathrm{n}}$を流れる枝路電流$\dot{I}_{\mathrm{n}}$はこのループ電流を用いて，$\dot{I}_1=\dot{J}_1$，$\dot{I}_2=\dot{J}_1-\dot{J}_2$，$\dot{I}_3=\dot{J}_2$，$\dot{I}_4=\dot{J}_2+\dot{J}_3$，$\dot{I}_5=\dot{J}_3$で与えられる。

キルヒホッフの法則から閉路①について，

$$\dot{E}_1=(\dot{Z}_1+\dot{Z}_2)\dot{J}_1-\dot{Z}_2\dot{J}_2 \quad \text{(V)} \tag{3.37}$$

閉路②について，

$$0=-\dot{Z}_2\dot{J}_1+(\dot{Z}_2+\dot{Z}_3+\dot{Z}_4)\dot{J}_2+\dot{Z}_4\dot{J}_3 \quad \text{(V)} \tag{3.38}$$

閉路③について，

$$\dot{E}_2=\dot{Z}_4\dot{J}_2+(\dot{Z}_4+\dot{Z}_5)\dot{J}_3 \quad \text{(V)} \tag{3.39}$$

が得られる。クラーメルの公式により，

$$\Delta=\begin{vmatrix}\dot{Z}_1+\dot{Z}_2 & -\dot{Z}_2 & 0\\ -\dot{Z}_2 & \dot{Z}_2+\dot{Z}_3+\dot{Z}_4 & \dot{Z}_4\\ 0 & \dot{Z}_4 & \dot{Z}_4+\dot{Z}_5\end{vmatrix} \tag{3.40}$$

の行列式とすると，

$$\dot{J}_1=\frac{\begin{vmatrix}\dot{E}_1 & -\dot{Z}_2 & 0\\ 0 & \dot{Z}_2+\dot{Z}_3+\dot{Z}_4 & \dot{Z}_4\\ \dot{E}_2 & \dot{Z}_4 & \dot{Z}_4+\dot{Z}_5\end{vmatrix}}{\Delta} \quad \text{(A)} \tag{3.41}$$

$$\dot{J}_2=\frac{\begin{vmatrix}\dot{Z}_1+\dot{Z}_2 & \dot{E}_1 & 0\\ -\dot{Z}_2 & 0 & \dot{Z}_4\\ 0 & \dot{E}_2 & \dot{Z}_4+\dot{Z}_5\end{vmatrix}}{\Delta} \quad \text{(A)} \tag{3.42}$$

$$\dot{I}_3=\frac{\begin{vmatrix}\dot{Z}_1+\dot{Z}_2 & -\dot{Z}_2 & \dot{E}_1\\ -\dot{Z}_2 & \dot{Z}_2+\dot{Z}_3+\dot{Z}_4 & 0\\ 0 & \dot{Z}_4 & \dot{E}_2\end{vmatrix}}{\Delta}\quad(\mathrm{A})\qquad(3.43)$$

が得られる。

(2) 節点電位法

枝路電流法やループ電流法は，電流を未知数として，キルヒホッフの電圧則で方程式を立てるものである。節点電位法では，電圧を未知数として，キルヒホッフの電流則で方程式を立てる。

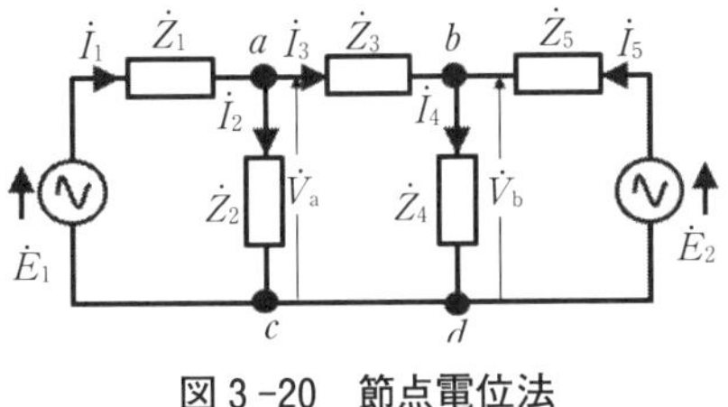

図 3-20　節点電位法

図 3-20 の回路で c および d を基準の 0 電位としたときの節点 a の電位 $\dot{V}_a$ および b の電位 $\dot{V}_b$ を未知数とする。

節点 a でのキルヒホッフの電流則より

$$\dot{I}_1=\dot{I}_2+\dot{I}_3$$

$$\frac{\dot{E}_1-\dot{V}_a}{\dot{Z}_1}=\frac{\dot{V}_a}{\dot{Z}_2}+\frac{\dot{V}_a-\dot{V}_b}{\dot{Z}_3}\quad(\mathrm{A})\qquad(3.44)$$

節点 b では

$$\dot{I}_3+\dot{I}_5=\dot{I}_4$$

$$\frac{\dot{V}_a-\dot{V}_b}{\dot{Z}_3}+\frac{\dot{E}_2-\dot{V}_b}{\dot{Z}_5}=\frac{\dot{V}_b}{\dot{Z}_4}\quad(\mathrm{A})\qquad(3.45)$$

この 2 式より，未知数 $\dot{V}_a$ および $\dot{V}_b$ を求めればよい。

[例題 3.6]　図 3-21 の回路の各素子を流れる電流を複素数で求めよ。

[解]　キルヒホッフの法則を用いて枝路電流法で求める。節点 a および b における電流則から $\dot{I}_4=\dot{I}_1-\dot{I}_3$，$\dot{I}_5=\dot{I}_2+\dot{I}_3$ となるので，閉路①で

$$5\dot{I}_1+5\left(\dot{I}_1-\dot{I}_3\right)=100$$

閉路②で

$$5\dot{I}_1+5\dot{I}_3=j5\dot{I}_2$$

閉路③で

$$5\dot{I}_4=5\dot{I}_3+(-j5)\dot{I}_5$$

$$5\left(\dot{I}_1-\dot{I}_3\right)=5\dot{I}_3+(-j5)(\dot{I}_2+\dot{I}_3)$$

図3-21　枝路電流法

三元連立方程式を解き，未知数$\dot{I}_1$，$\dot{I}_2$，$\dot{I}_3$を求め，$\dot{I}_4=\dot{I}_1-\dot{I}_3$，$\dot{I}_5=\dot{I}_2+\dot{I}_3$を計算する。

$$\dot{I}_1=10+j10,\ \dot{I}_2=30-j10,\ \dot{I}_3=j20,$$

$$\dot{I}_4=10-j10,\ \dot{I}_5=30+j10 \qquad \text{(A)}$$

フェーザ表示では

$$\dot{I}_1=10\sqrt{2}\angle 45°,\ \dot{I}_2=10\sqrt{10}\angle -\tan^{-1}\frac{1}{3},\ \dot{I}_3=20\angle 90°$$

$$\dot{I}_4=10\sqrt{2}\angle -45°,\ \dot{I}_5=10\sqrt{10}\angle \tan^{-1}\frac{1}{3} \quad \text{(A)}$$

[別解1]　ループ電流による方法で求める。

閉路①で

$$(5+5)\dot{J}_1-5\dot{J}_2-5\dot{J}_3=100$$

閉路②で

$$-5\dot{J}_1+(5+5+j5)\dot{J}_2-5\dot{J}_3=0$$

閉路③で

$$-5\dot{J}_1-5\dot{J}_2+(5+5-j5)\dot{J}_3=0$$

より，未知数$\dot{J}_1$，$\dot{J}_2$，$\dot{J}_3$を求め，

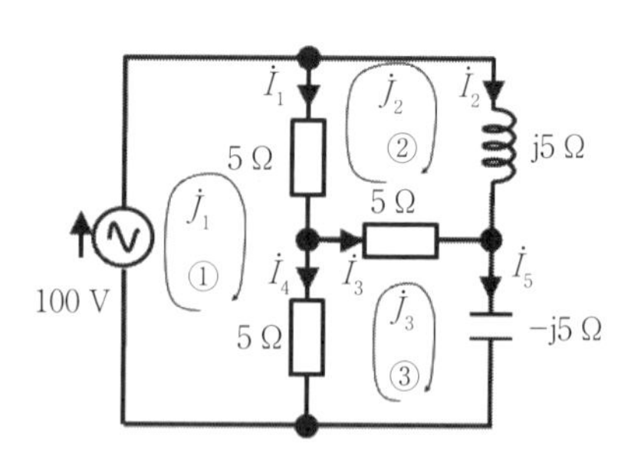

図3-21 別解1　ループ電流法

$$\dot{I}_1=\dot{J}_1-\dot{J}_2,\ \dot{I}_2=\dot{J}_2,\ \dot{I}_3=\dot{J}_3-\dot{J}_2$$

$$\dot{I}_4=\dot{J}_1-\dot{J}_3,\ \ \dot{I}_5=\dot{J}_3$$

を計算する。

$$\dot{J}_1=40,\ \ \dot{J}_2=30-j10,\ \ \dot{J}_3=30+j10\quad \text{(A)}$$

[別解 2]　節点電位法で求める。節点 a および b の電位を V_a および V_b とする。

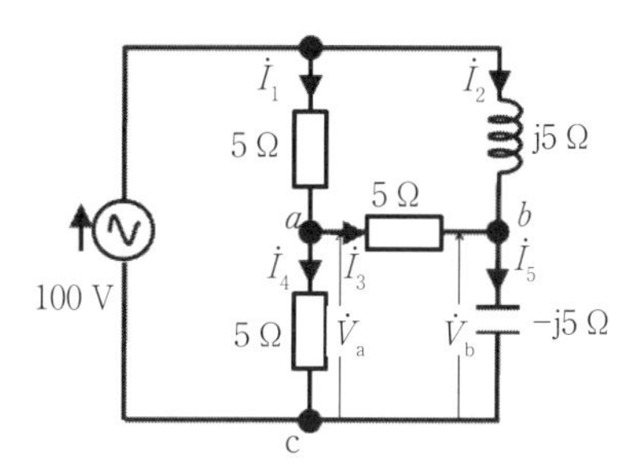

図 3-21 別解 2　節点電位法

節点 a では $\dot{I}_1=\dot{I}_3+\dot{I}_4$ より

$$\frac{100-\dot{V}_a}{5}=\frac{\dot{V}_a-\dot{V}_b}{5}+\frac{\dot{V}_a}{5}$$

節点 b では $\dot{I}_2+\dot{I}_3=\dot{I}_5$ より

$$\frac{100-\dot{V}_b}{j5}+\frac{\dot{V}_a-\dot{V}_b}{5}=\frac{\dot{V}_b}{-j5}$$

から $\dot{V}_a$ および $\dot{V}_b$ を求め枝路電流が決まる。

$$\dot{V}_a=50-j50,\ \ \dot{V}_b=50-j150\qquad \text{(V)}$$

AL－1　図 3-19 と図 3-20 を表す回路方程式はそれぞれ次の行列となることを確認せよ。

$$\begin{bmatrix} E_1 \\ 0 \\ E_2 \end{bmatrix}=\begin{bmatrix} Z_1+Z_2 & -Z_2 & 0 \\ -Z_2 & Z_2+Z_3+Z_4 & Z_4 \\ 0 & Z_4 & Z_4+Z_5 \end{bmatrix}\begin{bmatrix} J_1 \\ J_2 \\ J_3 \end{bmatrix}$$

$$\begin{bmatrix} \dfrac{E_1}{Z_1} \\ \dfrac{E_2}{Z_5} \end{bmatrix}=\begin{bmatrix} \dfrac{1}{Z_1}+\dfrac{1}{Z_2}+\dfrac{1}{Z_3} & -\dfrac{1}{Z_3} \\ -\dfrac{1}{Z_3} & \dfrac{1}{Z_3}+\dfrac{1}{Z_4}+\dfrac{1}{Z_5} \end{bmatrix}\begin{bmatrix} V_a \\ V_b \end{bmatrix}$$

3.2　回路の諸定理

3.2.1　重ねの理

複数の電源がある回路における電圧・電流分布は，キルヒホッフの法則を用いて解くことができるが，直流回路と同じように次の重ねの理を用いることもできる。

重ねの理はそれぞれ単独の電源だけが存在するときの電圧・電流分布を重ねたものに等しい。ただし，他の電圧源は短絡，電流源は開放として，電圧・電流分布を決定する。

例えば図3-22の各素子を流れる電流を重ねの理を用いて求める場合は，図3-22-1で求めた電流と図3-22-2で求めた電流を重ねればよい。ただし，L および C を流れる電流は，図3-22の方向を基準として，方向が逆の場合は差を取ることになる。

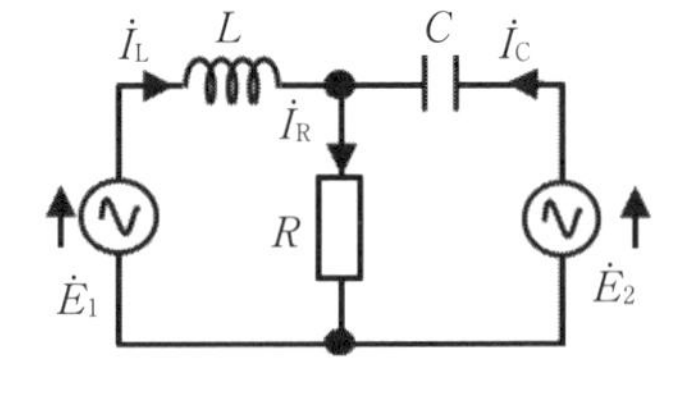

図3-22　二つの電源がある回路

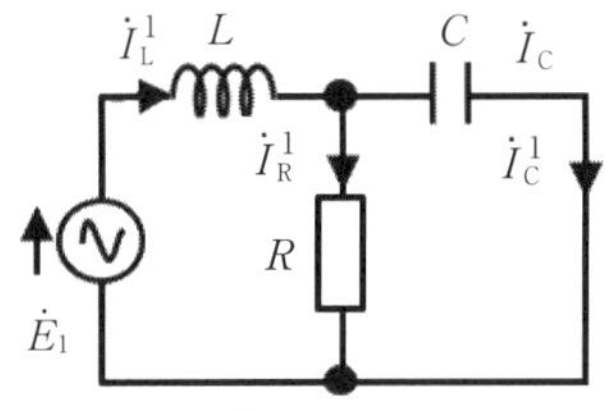

図3-22-1　$\dot{E}_1$のみの電源がある回路

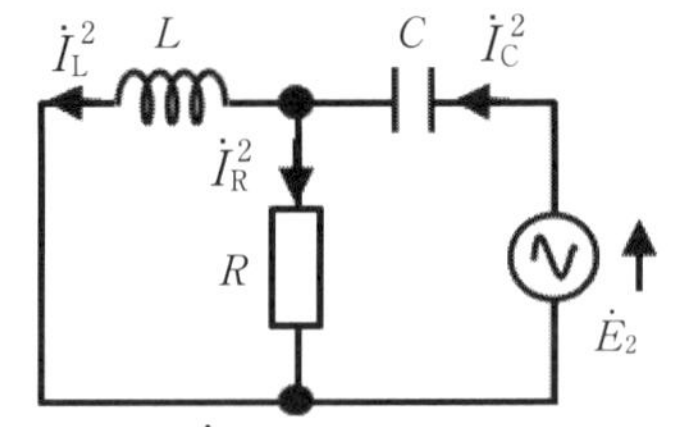

図3-22-2　$\dot{E}_2$のみの電源がある回路

[例題3.7]　図3-22の回路において，抵抗，誘導リアクタンスおよび容量リアクタンスをすべて10 Ωとし，$\dot{E}_1 = 100\angle 0°$ V，$\dot{E}_2 = 50\angle 0°$ V としたときの各素子を流れる電流を重ねの理を用いて解け。

[解]　図3-22-1の回路の電流は例題3.2ですでに解いてある。

$$\dot{I}_L^1 = 10 - j10,\ \dot{I}_C^1 = 10,\ \dot{I}_R^1 = -j10 \quad \text{(A)}$$

図 3-22-2 の電流も，同様に

$$\dot{I}_C^2=5+j5,\quad \dot{I}_L^2=5,\quad \dot{I}_R^2=j5 \qquad \text{(A)}$$

電流の向きに注意して重ねの理を用い，

$$\dot{I}_L=\dot{I}_L^1-\dot{I}_L^2=5-j10,\quad \dot{I}_C=\dot{I}_C^2-\dot{I}_C^1=-5+j5,\quad \dot{I}_R=\dot{I}_R^1+\dot{I}_R^2=-j5 \qquad \text{(A)}$$

が得られる。

確認問題 3.11 図 3-22 の問題をキルヒホッフの法則を用いて解け。

図 3-22 でループ電流を $\dot{J}_L=\dot{I}_L$，$\dot{J}_C=\dot{I}_C$ とすると，

$$100=(j10+10)\dot{J}_L+10\dot{J}_C,\quad 50=10\dot{J}_L+(-j10+10)\dot{J}_C$$

を解けばよい。また $\dot{I}_R=\dot{J}_L+\dot{J}_C$ で与えられる。

確認問題 3.12 図 3-22 の問題を，節点電位法を用いて解け。

図 3-22 中央上部の接点の電位を $\dot{V}$，この接点での電流則，

$$\dot{I}_R=\dot{I}_L+\dot{I}_C,\quad \frac{\dot{V}}{10}=\frac{100-\dot{V}}{j10}+\frac{50-\dot{V}}{-j10}$$

$\dot{V}=-j50$ が得られ，各電流を決定できる。

3.2.2　テブナンの定理・ノートンの定理

(1)　テブナンの定理

直流回路で学んだ**テブナンの定理**は交流回路でも成り立つ。図 3-23 の電圧源や電流源を含んだ回路において，ある端子間 a-b に $\dot{V}_0$ の開放電圧が生じていたとする。また，a-b 間から回路を見たインピーダンスが $\dot{Z}_0$ であったとする。ただし電圧源は短絡，電流源は開放とする。この回路は右側の等価電圧源と同じであるので，a-b 間にインピーダンス $\dot{Z}$ の負荷をつないだ時に流れる電流は次式で与えられる。

$$\dot{I}=\frac{\dot{V}_0}{\dot{Z}_0+\dot{Z}} \qquad (3.46)$$

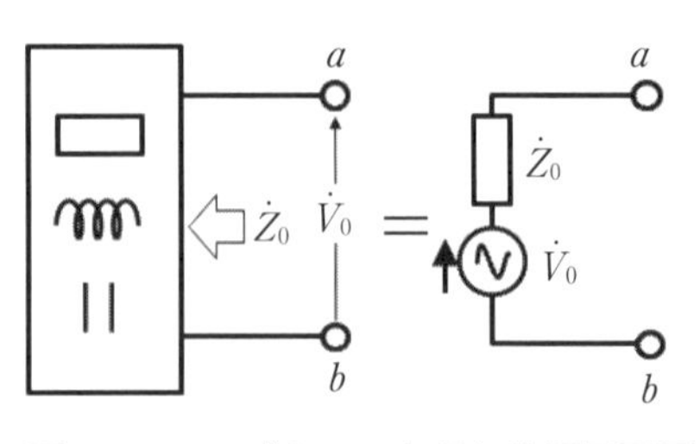

図3-23　テブナンの定理と等価電圧源

[例題3.8]　図3-24の回路の電流$\dot{I}$(A)を求めよ。ただし，抵抗，誘導リアクタンス，容量リアクタンスの大きさはすべて10Ωとする。

[解]　図の破線c-d間で回路を右と左に分断する。破線から左を見たインピーダンスは（電圧源は短絡として）$-j5\,\Omega$，右側は5Ωである。また，破線間に現れる電圧はa-c間に電流が流れないので，電位降下はなくa-b間の電圧に等しく$50\angle 0°$ Vである。

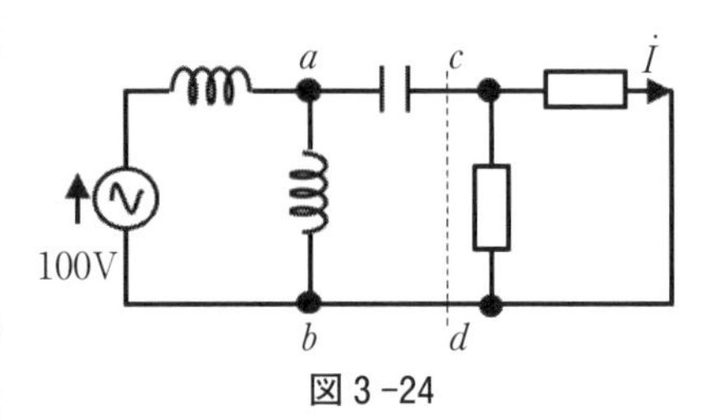

図3-24

従って接続点cに流入する電流はテブナンの定理により

$$\frac{50}{-j5+5}=\frac{10}{\sqrt{2}}\angle 45° \qquad \text{(A)}$$

となるので，電流Iはその半分の$\frac{5}{\sqrt{2}}$(A)である。

確認問題3.13 図3-25の回路で$a-a'$および$b-b'$を接続したとき，負荷に流れる電流$\dot{I}$を求めよ。

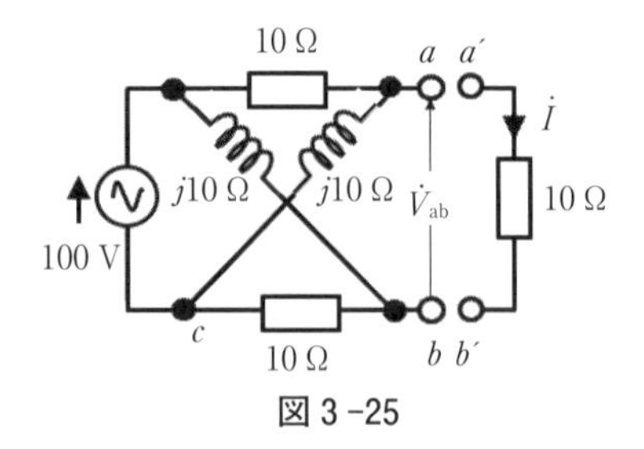

図3-25

接続前の$a-b$間の電圧$\dot{V}_{ab}$

$$\dot{V}_{ab}=\dot{V}_{ac}-\dot{V}_{bc}$$

$$=\frac{100}{10+j10}j10-\frac{100}{10+j10}10$$

$$=\frac{-1000+j1000}{10+j10}=j100$$

$a-b$間のインピーダンス$\dot{Z}_{ab}$

$$\dot{Z}_{\mathrm{ab}}=2\cdot\frac{10(j10)}{10+j10}=10+j10$$

テブナンの定理より

$$\dot{I}=\frac{j100}{10+j10+10}=2+j4=2\sqrt{5}\angle\tan^{-1}2 \qquad \text{(A)}$$

(2) ノートンの定理

図 3-23 の回路において，a-b 間を短絡した時に流れる電流が$\dot{I}_0$であったとする。次に，a-b 間にアドミタンス$\dot{Y}$の負荷をつないだ時，a-b 間の電圧$\dot{V}$は次式で与えられる。

$$\dot{V}=\frac{\dot{I}_0}{\dot{Y}_0+\dot{Y}} \tag{3.47}$$

ただし，$\dot{Y}_0=1/\dot{Z}_0$である。これを**ノートンの定理**という。

確認問題 3.14 式（3.47）を，等価電流源を用いて導出せよ。

$$\dot{V}_0=\dot{I}_0\dot{Z}_0,\quad \dot{\mathrm{I}}=\frac{\dot{V}_0}{\dot{Z}_0+\dot{Z}},\quad \dot{\mathrm{V}}=\dot{\mathrm{I}}\cdot\dot{\mathrm{Z}}=\frac{\dot{V}_0\dot{Z}}{\dot{Z}_0+\dot{Z}}\cdot\frac{\frac{1}{\dot{Z}\cdot\dot{Z}_0}}{\frac{1}{\dot{Z}\cdot\dot{Z}_0}}=\frac{\dot{I}_0}{\dot{Y}+\dot{Y}_0}$$

確認問題 3.15 図 3-26 の回路で a-b 間の電圧を求めよ。

等価電流源に置きかえ

$$\dot{J}=\frac{\dot{E}_1}{\dot{Z}_1}+\frac{\dot{E}_2}{\dot{Z}_2}+\frac{\dot{E}_3}{\dot{Z}_3} \qquad \text{(A)}$$

の理想電流源と電源アドミタンス

$$\dot{Y}=\frac{1}{\dot{Z}_1}+\frac{1}{\dot{Z}_2}+\frac{1}{\dot{Z}_3} \qquad \text{(S)}$$

の並列回路になり，a-b 間の電圧は

$$\dot{V}=\frac{\dot{J}}{\dot{Y}}=\frac{\dot{Y}_1\dot{E}_1+\dot{Y}_2\dot{E}_2+\dot{Y}_3\dot{E}_3}{\dot{Y}_1+\dot{Y}_2+\dot{Y}_3} \qquad \text{(V)}$$

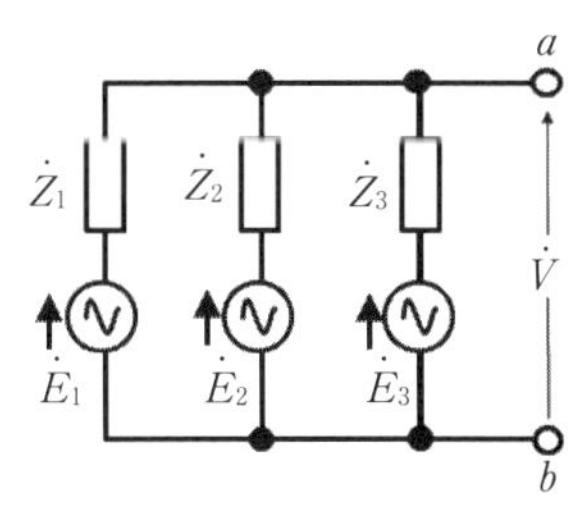

図 3-26　ミルマンの定理

ただし$\dot{Y}_1=\dfrac{1}{\dot{Z}_1}$, $\dot{Y}_2=\dfrac{1}{\dot{Z}_2}$, $\dot{Y}_3=\dfrac{1}{\dot{Z}_3}$ (S)である。これを**ミルマンの定理**という。

確認問題 3.16 ミルマンの定理を，節点電位法を用いて導出せよ。

$I_a=0$ なので $\dot{Y}_1\left(\dot{E}_1-\dot{V}\right)+\dot{Y}_2\left(\dot{E}_2-\dot{V}\right)+\dot{Y}_3\left(\dot{E}_3-\dot{V}\right)=0$ (A)

3.3 星形結線と三角結線の変換

図3-27の左は**星形結線**あるいは**Y結線**と呼ばれる。右は**三角結線**，環状結線あるいは**Δ結線**と呼ばれる。回路内で適宜この両者の変換を行うと解析が簡単になる場合がある。左右の回路が等価であるとすると，各端子間のインピーダンスが等しいことから，*a*-*b* 間のインピーダンス（*c* 開放）は

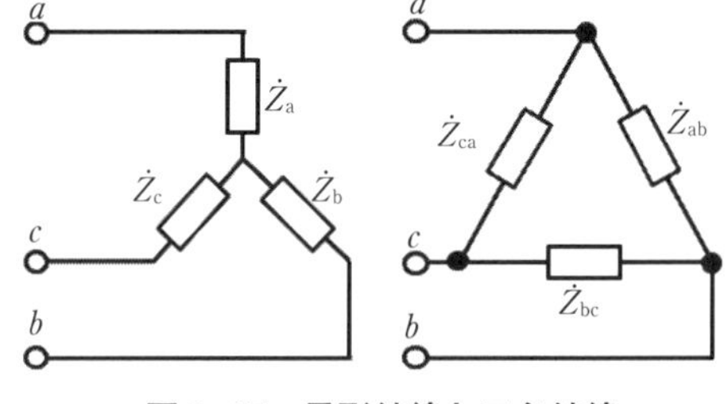

図3-27 星形結線と三角結線

$$\dot{Z}_a+\dot{Z}_b=\frac{\dot{Z}_{ab}(\dot{Z}_{bc}+\dot{Z}_{ca})}{\dot{Z}_{ab}+\dot{Z}_{bc}+\dot{Z}_{ca}} \quad (\Omega) \qquad (3.48)$$

b-*c* 間のインピーダンス（*a* 開放）は

$$\dot{Z}_b+\dot{Z}_c=\frac{\dot{Z}_{bc}(\dot{Z}_{ca}+\dot{Z}_{ab})}{\dot{Z}_{ab}+\dot{Z}_{bc}+\dot{Z}_{ca}} \quad (\Omega) \qquad (3.49)$$

c-*a* 間のインピーダンス（*b* 開放）は

$$\dot{Z}_c+\dot{Z}_a=\frac{\dot{Z}_{ca}(\dot{Z}_{ab}+\dot{Z}_{bc})}{\dot{Z}_{ab}+\dot{Z}_{bc}+\dot{Z}_{ca}} \quad (\Omega) \qquad (3.50)$$

これらの式より，三角結線を星形結線に変換する場合は

$$\dot{Z}_{a}=\frac{\dot{Z}_{ca}\dot{Z}_{ab}}{\dot{Z}_{ab}+\dot{Z}_{bc}+\dot{Z}_{ca}}\quad(\Omega)\qquad(3.51)$$

$$\dot{Z}_{b}=\frac{\dot{Z}_{ab}\dot{Z}_{bc}}{\dot{Z}_{ab}+\dot{Z}_{bc}+\dot{Z}_{ca}}\quad(\Omega)\qquad(3.52)$$

$$\dot{Z}_{c}=\frac{\dot{Z}_{bc}\dot{Z}_{ca}}{\dot{Z}_{ab}+\dot{Z}_{bc}+\dot{Z}_{ca}}\quad(\Omega)\qquad(3.53)$$

星形結線を三角結線に変換する場合は

$$\dot{Z}_{ab}=\frac{\dot{Z}_{a}\dot{Z}_{b}+\dot{Z}_{b}\dot{Z}_{c}+\dot{Z}_{c}\dot{Z}_{a}}{\dot{Z}_{c}}\quad(\Omega)$$

$$\dot{Z}_{bc}=\frac{\dot{Z}_{a}\dot{Z}_{b}+\dot{Z}_{b}\dot{Z}_{c}+\dot{Z}_{c}\dot{Z}_{a}}{\dot{Z}_{a}}\quad(\Omega)$$

$$\dot{Z}_{ca}=\frac{\dot{Z}_{a}\dot{Z}_{b}+\dot{Z}_{b}\dot{Z}_{c}+\dot{Z}_{c}\dot{Z}_{a}}{\dot{Z}_{b}}\quad(\Omega)\qquad(3.54)$$

なお，三角結線の各インピーダンスがすべて$\dot{Z}$(Ω)である場合は，等価な星形結線の各インピーダンスは$\dot{Z}/3$（Ω)になる。

[チェックポイント！]　キャパシタのΔ—Y変換については，静電容量C（F）はインピーダンスの分母にはいるので，星形結線では3*C*（F）になることに注意すること。

[例題3.9]　Δ—Y変換を用いて図3-28の各電流を求めよ。

[解]　抵抗部分のY接続をΔ接続に返還すると，抵抗値は三倍になるので，図3-29と等価になる。節点*a*での電流則より

$$\dot{I}_{0}=\dot{I}_{\Delta 1}+\dot{I}_{\Delta 2}+\dot{I}_{2}$$

$$=\frac{100}{15}+\frac{100}{\dfrac{15\times j5}{15+j5}+\dfrac{15\times(-j5)}{15-j5}}$$

$$=\frac{20}{3}+\frac{100}{3}=40\quad(\mathrm{A})$$

$$\dot{I}_{2}=\frac{100}{3}\cdot\frac{15}{15+j5}=30-j10\quad(\mathrm{A})$$

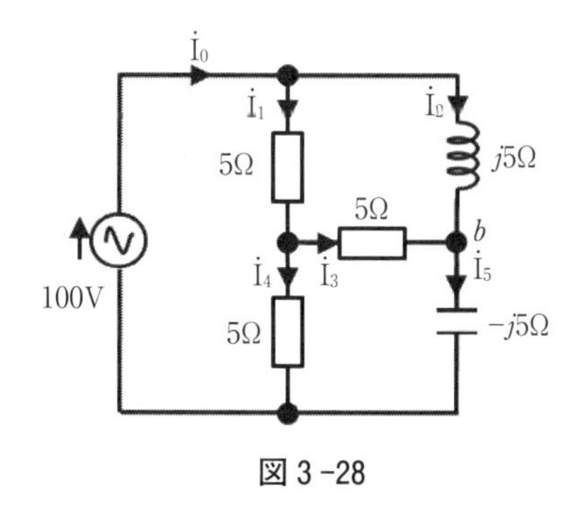

図3-28

$\dot{I}_1=\dot{I}_0-\dot{I}_2=10+j10$　(A)

$\dot{I}_5=\frac{100}{3}\cdot\frac{15}{15-j5}=30+j10$　(A)

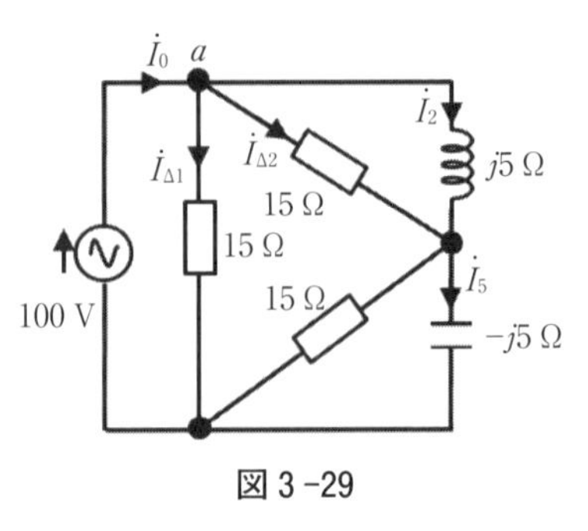

図 3-29

$\dot{I}_3=\dot{I}_5-\dot{I}_2=j20$, $\dot{I}_4=\dot{I}_1-\dot{I}_3=10-j10$ (A)

[チェックポイント!]　b 点の電位 V_bが 50 V ではないことに注意しよう！

3.4　ブリッジ回路

直流回路のホイートストンブリッジと同じように，交流回路においても図 3-30 で a-b 間の検出器 D に信号が現れない条件は a と b が同電位であり，$\dot{Z}_2$と$\dot{Z}_4$の電位降下が同じなので

$$\frac{\dot{E}\dot{Z}_2}{\dot{Z}_1+\dot{Z}_2}=\frac{\dot{E}\dot{Z}_4}{\dot{Z}_3+\dot{Z}_4}\qquad \text{(A)}\ (3.55)$$

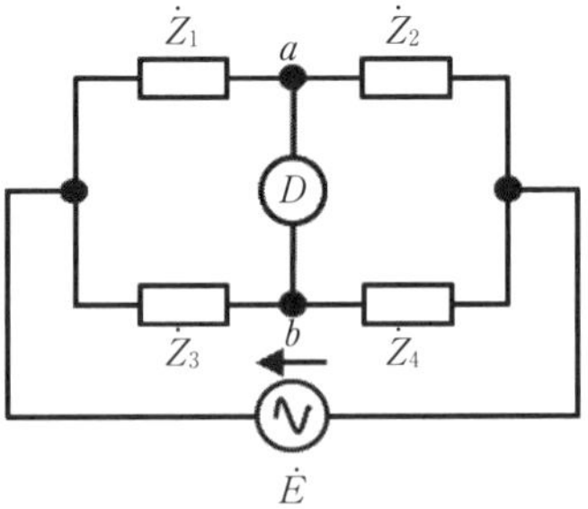

これより，この**ブリッジの平衡条件**は

$$\dot{Z}_1\dot{Z}_4=\dot{Z}_2\dot{Z}_3\qquad (3.56)$$

となる。

図 3-30　ブリッジ回路

確認問題 3.17 図 3-31 の回路において，R_4と L_4が未知の値である。R_2と L_2を調整して，検出器 D の指示値を零にした。R_4と L_4を求めよ。

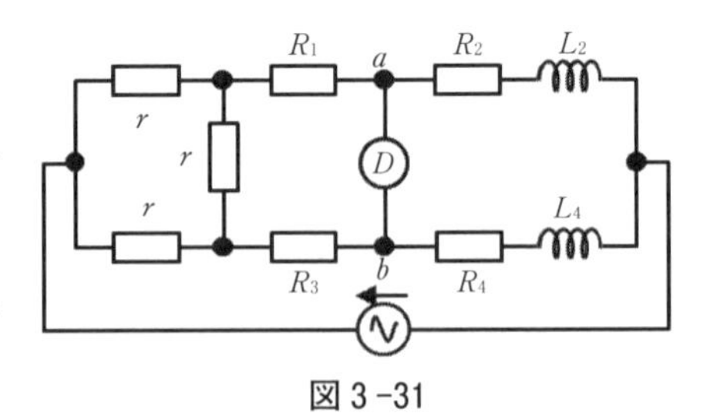

図 3-31

抵抗 r(Ω)の三角結線を星形結線に変換する。ブリッジの外になる $r/3$ は平衡条件に影響しない。平衡

条件は

$$\left(\frac{r}{3}+R_1\right)(R_4+j\omega L_4)=\left(\frac{r}{3}+R_3\right)(R_2+j\omega L_2)$$

両辺の実数部が等しいことと，および虚数部が等しいことから

$$R_4=\frac{\left(\frac{r}{3}+R_3\right)}{\left(\frac{r}{3}+R_1\right)}R_2,\quad L_4=\frac{\left(\frac{r}{3}+R_3\right)}{\left(\frac{r}{3}+R_1\right)}L_2$$

3.5　円線図

電源電圧を一定にして回路定数（抵抗，リアクタンス，周波数等）を変化させると，電流の実効値と位相が変化するが，このとき電流ベクトルの先端が円を描く場合がある。これを**円線図**といい，これを用いると回路解析が容易になる場合がある。複素数で表される場合，平行移動や回転は比較的簡単に処理できる。ここでは逆数についてその操作方法を述べる。インピーダンス $\dot{Z}=Z\angle\theta$（Ω）が与えられたとき，その逆数であるアドミタンス $\dot{Y}$（S）は

$$\dot{Y}=\frac{1}{\dot{Z}}=\frac{1}{Z}\angle(-\theta)\qquad \text{(S)} \tag{3.57}$$

となり，位相については共役複素数の関係，大きさについては逆数の関係にある。複素数の逆数と大きさ（実数）の逆数が混在するので，大きさについては反転という用語を用いる。複素インピーダンスの逆数は，共役複素数の操作と反転の操作を行うことになる。共役複素数は実数軸に対して反対側に折り返せばよい。複素平面上で $x+jy$ と $X+jY$ が反転の関係にある場合には，図3-32より，次の関係が成り立つ。

$$\frac{y}{x}=\frac{Y}{X}\qquad \sqrt{X^2+Y^2}=\frac{1}{\sqrt{x^2+y^2}} \tag{3.58}$$

式（3.58）から，次式が得られる。

$$x=\frac{X}{X^2+Y^2},\qquad y=\frac{Y}{X^2+Y^2}\tag{3.59}$$

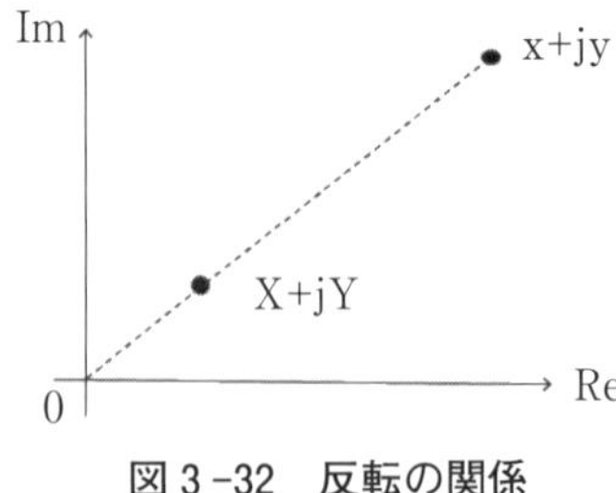

図3-32　反転の関係

$x+jy$の軌跡が直線である場合は次式が成り立っている。

$$ax+by+c=0\tag{3.60}$$

式（3.60）に式（3.59）を代入し，変形すると次式が得られる。

$$aX+bY+c(X^2+Y^2)=0\tag{3.61}$$

$X+jY$の軌跡は$c=0$の場合は原点を通る直線になり，$c\neq 0$の場合は原点を通る円になる。この逆も成立する。

$x+jy$の軌跡が原点を通らない円である場合は次式が成り立っている。

$$ax+by+c(x^2+y^2)+d=0,\qquad cd\neq 0\tag{3.62}$$

式（3.35）に式（3.32）を代入し変形すると次式が得られる。

$$aX+bY+c+d(X^2+Y^2)=0\tag{3.63}$$

$X+jY$の軌跡は$cd\neq 0$より，原点を通らない円になる。

この式により以下のことが成り立つ。

①原点を通る直線（c＝0の場合）の反転の軌跡は原点を通る直線になる

②原点を通らない直線（c≠0の場合）の反転の軌跡は原点を通る円になる。この逆も成立する

③原点を通らない円の反転の軌跡は原点を通らない円になる

例えば，R-L直列回路において，$R=0.5\ \Omega$は一定で，角周波数ω（rad/s）あるいは自己インダクタンスL（H）を変化させたとき，インピーダンス$\dot{Z}=0.5+jX$（Ω）の先端の軌跡は図3-33のように直線になる。逆数のアドミタンス$\dot{Y}$の軌跡を求める。$\dot{Z}$の共役複素数は図の破線の軌跡になる。次に反転の軌跡を求める。破線は原点を通らない直線であるので，これを反転すると原点を通る円の軌跡となる。直線で原点に一番近い点は0.5 Ωであり，この逆数の

2 Sが原点から一番遠い点になり，円の直径となる。誘導リアクタンスXが大きくなるにつれ，アドミタンスの大きさは小さくなり，原点に近づく。

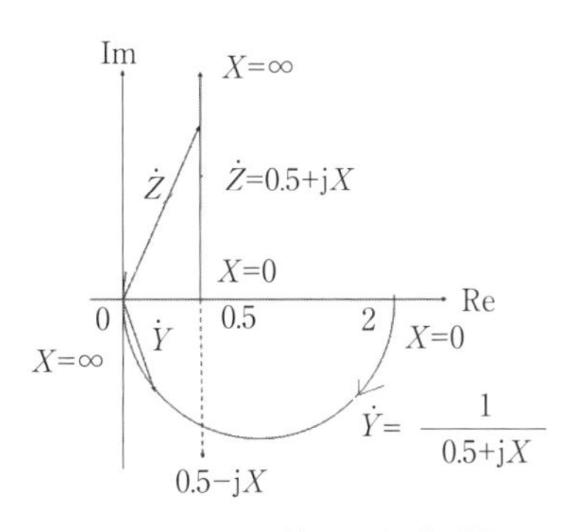

図 3-33　円線図の作成手順

[例題 3.10]　図 3-34 の回路の電流$\dot{I}$(A) の軌跡を求めよ。ただし，R（Ω）は可変抵抗である。

[解]　電流$\dot{I}$は次式で与えられる。

$$\dot{I} = \frac{100}{5+j5} + \frac{100}{R-j10}$$

右辺第二項の軌跡を求める。分母の軌跡は図 3-34-1 の実線の直線になる。次にその逆数を求める。共役複素数の軌跡は破線になる。原点を通らない直線であるので，その反転図形は原点を通る円になる。直径が 1/10 の半円になる。右辺第二項は逆数の 100 倍になるので直径が 10 の半円になる。

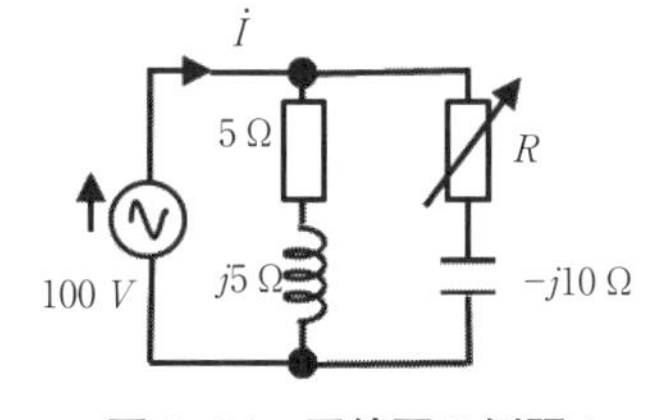

図 3-34　円線図の例題 1

次に第一項が加わるが，計算により 10-j10 になるので，図 3-34-2 のように，半円を平行移動した軌跡になる。図には各電流ベクトルの関係を示してある。

確認問題 3.18 図 3-34 の回路でRを変化させたときの全電流の最大値を，ベクトル軌跡を用いてフェーザ表示で求めよ。

$5\sqrt{5}+5\angle(-\tan^{-1}0.5)$ (A)

[ヒント] 最大電流は半円の中心を通るフェーザである。

[例題 3.11]　図 3-35 の回路で容量リアクタンスXを変化させたとき，電源電圧と全電流の位相差が最大になるときのXおよびその時の電流をフェーザ表示で求めよ。

[解]　すでに例題 3.5 で数式を用いて解答しているが，ここではベクトル軌跡

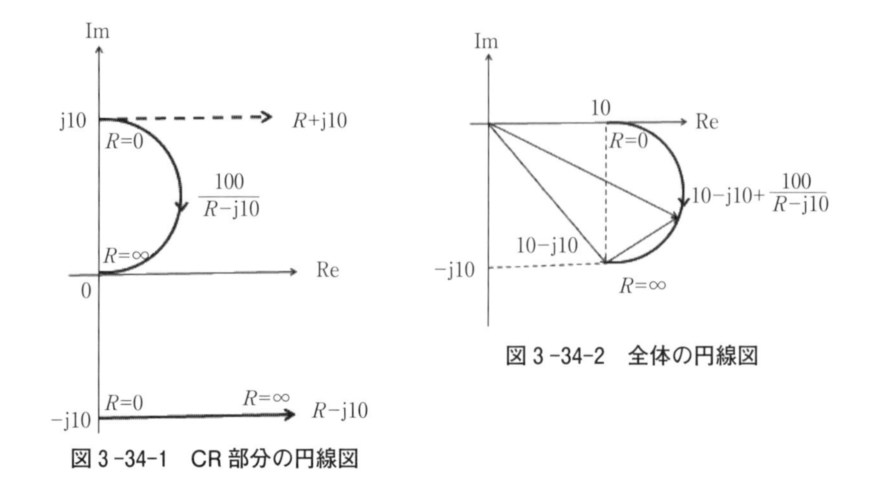

図3-34-1　CR部分の円線図

図3-34-2　全体の円線図

を用いて求める。全電流は

$$\dot{I}=\frac{100}{50}+\frac{100}{25-jX}$$

であるので，円線図を求めると図3-36に示すように半径2の円になる。位相差の最大値は原点から円への接線になる。図から明らかなように，$\dot{I}=2\sqrt{3}\angle 30°$で位相差が最大になる。また，その時の$X$は実効値あるいは位相の値から$X=25\sqrt{3}$となる。

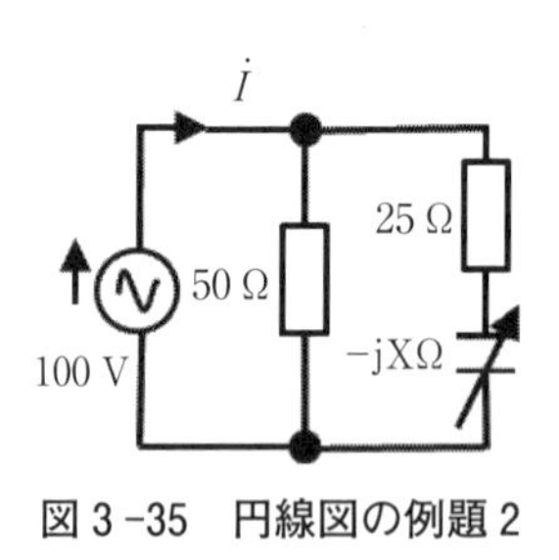

図3-35　円線図の例題2

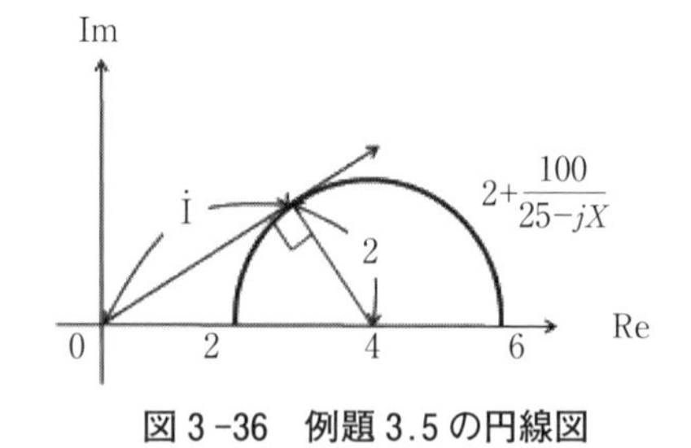

図3-36　例題3.5の円線図

章末問題

問題 1　問題図 3 - 1 の RL 直列回路で，角周波数 ω を変化させる。電流 $\dot{I}$ が電源電圧 $\dot{E}=E\angle 0°$ に対して 30°，45° および 60° の遅れ電流になる角周波数を求めよ。また，そのときの電流を R で表せ。

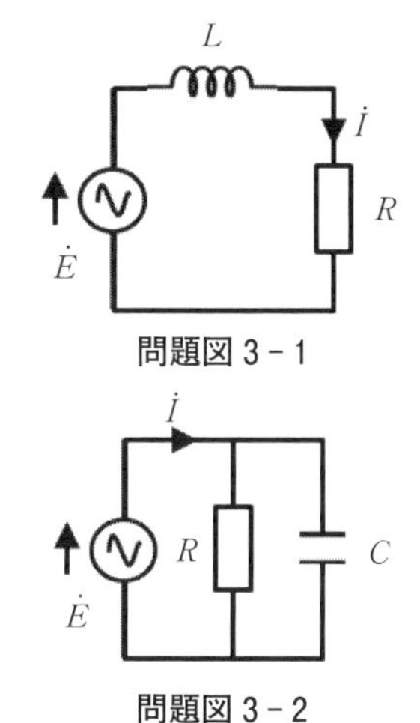

問題図 3 - 1

問題図 3 - 2

問題 2　問題図 3 - 2 の RC 並列回路で，角周波数 ω を変化させる。電流 $\dot{I}$ が電源電圧 $\dot{E}=E\angle 0°$ に対して 30°，45° および 60° の進み電流になる角周波数を求めよ。また，その時の電流を R で表せ。

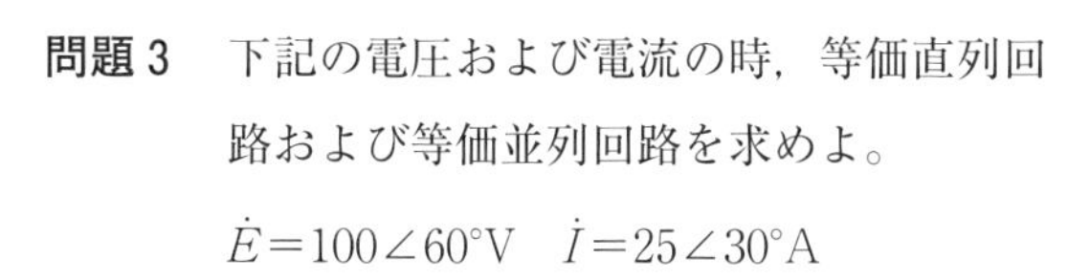

問題 3　下記の電圧および電流の時，等価直列回路および等価並列回路を求めよ。

$\dot{E}=100\angle 60°\text{V}$　$\dot{I}=25\angle 30°\text{A}$

問題 4　問題図 3 - 4 の回路で $\dot{E}_R=\dfrac{E}{2}\angle(-45°)$ となった。抵抗 r および誘導リアクタンス x を求めよ。

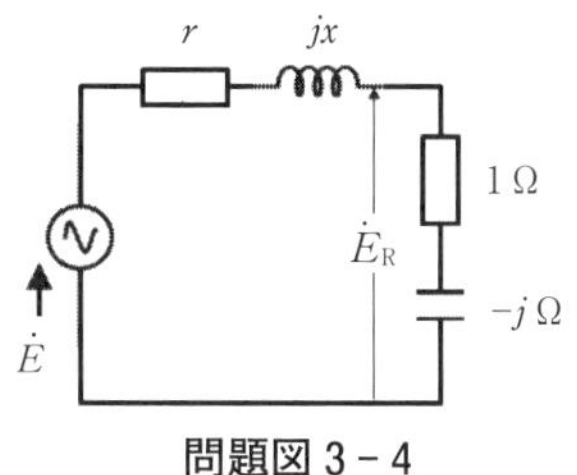

問題図 3 - 4

問題 5　問題図 3 - 5 の a-b 間の等価インピーダンス $\dot{Z}$，等価直列回路を求めよ。角周波数を ω とする。

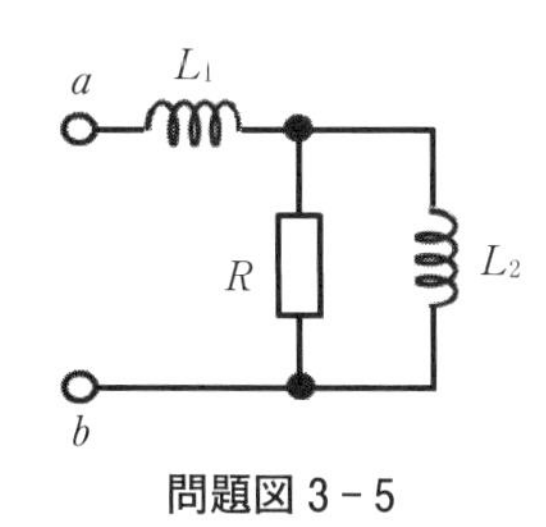

問題図 3 - 5

問題6 問題図3-6の回路で角周波数を変化させたとき，自己インダクタンスLを流れる電流の位相差が電源電圧に対して0°，30°，45°および60°になるときの電流をフェーザ表示で求めよ。

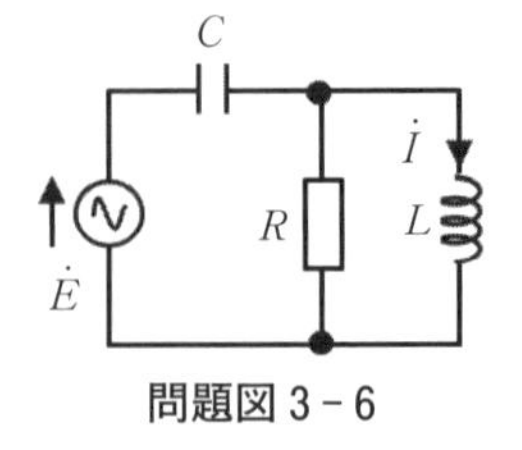

問題図3-6

問題7 問題図3-7の回路で可変キャパシタの静電容量Cを変化させ，電圧と電流を同相にした。静電容量Cを求めよ。

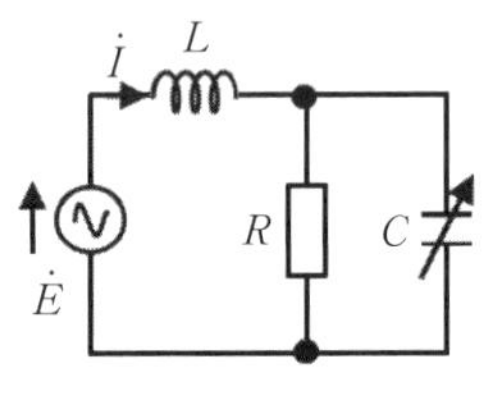

問題図3-7

問題8 問題図3-8のブリッジ回路で抵抗および自己インダクタンスを調整し平衡をとった。静電容量Cおよび電源の角周波数ωを求めよ。

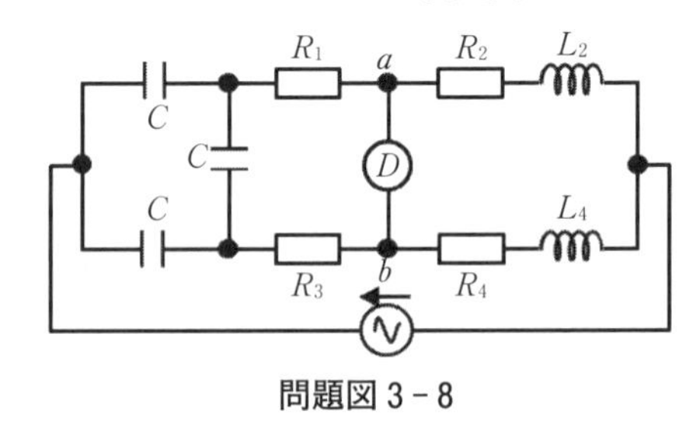

問題図3-8

問題9 問題図3-9の回路で，電源の角周波数ωを変化させた。回路の電流$\dot{I}$の円線図を求めよ。また，電源電圧との位相差が最大の進みになる電流をフェーザ表示で求めよ。

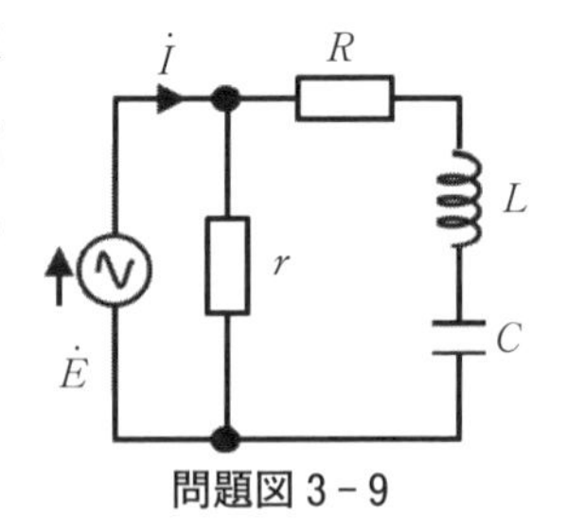

問題図3-9

ＡＬ－２　図 AL-2で各素子を流れる電流を複素数の直交座標表示で求めよ。ただし，抵抗，誘導リアクタンス，容量リアクタンスの大きさはすべて１Ωとする。

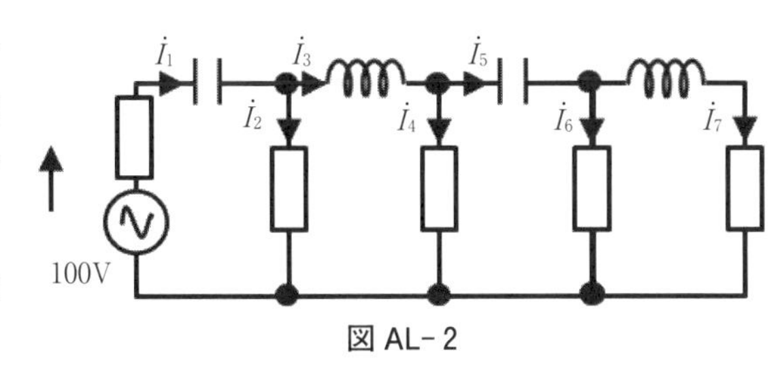

図 AL-2

ＡＬ－３　図 AL-3の回路で無限にこの組み合わせが続いていくとき，全電流$\dot{I}$はどのような値に収束していくか。ただし，誘導リアクタンスはすべて２Ω，容量リアクタンスはすべて１Ωである。

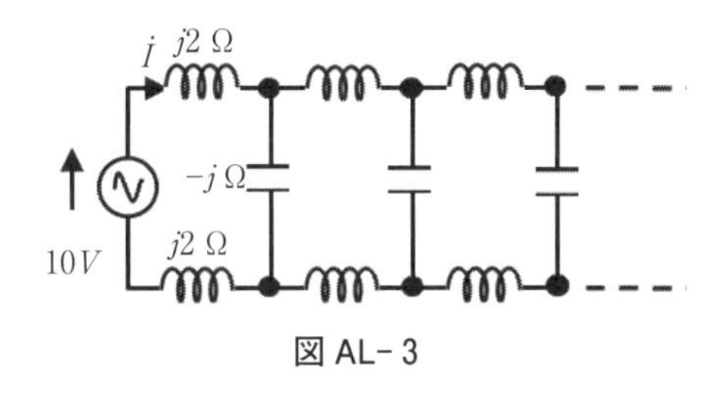

図 AL-3

ＡＬ－４　図 AL-4の回路で抵抗 R を変化させたときの下記の値を求めよ。

①電流 I の最小値をフェーザ表示で求めよ。またその時の R の値を求めよ。

②電流 I の最大値をフェーザ表示で求めよ。またその時の R の値を求めよ。

③電流と電圧の位相差の最小値およびその時の R の値を求めよ。

④電流の実数成分の最大値とその時の R の値を求めよ。

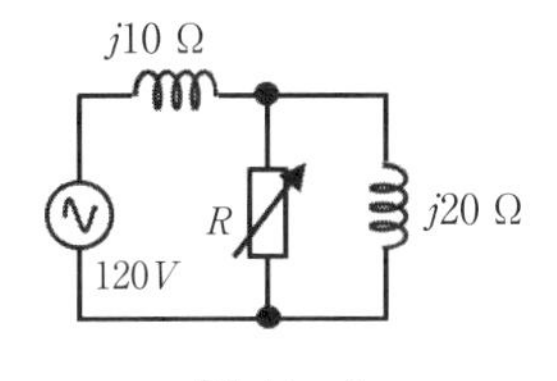

図 AL-4

ＡＬ－５　本章で学んだ知識を生かし，交流回路に関する総合的な問題を創作してみよう。別解等も考慮して解答例を作成してみよう。

ＡＬ－６　上記の問題を確かめる実験装置および実験方法を考案し，実際に確かめてみよう。

ラーニングコモンズ掲示板　iCircuit© でＲ（Ω）の抵抗の正方形網目回路を１段から５段まで作成し対角頂点間の合成抵抗がいくつになるか検討してみました。３段からは難しくなります。

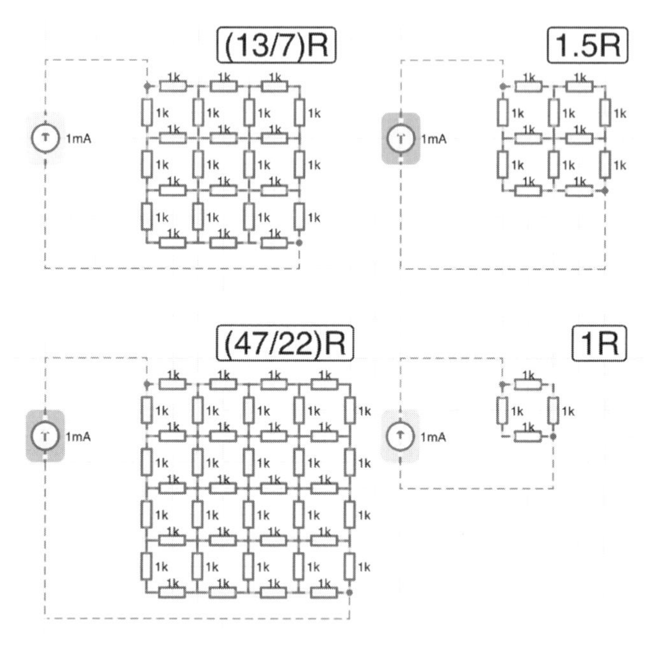

図-１　R（Ω）の抵抗の正方形網目回路の対角頂点間の合成抵抗（１段から４段）

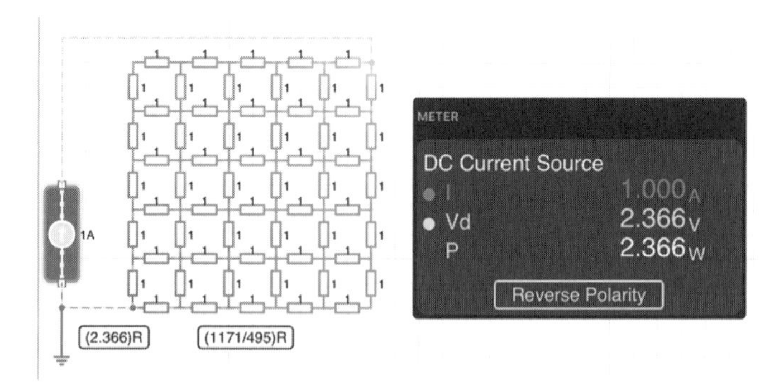

図-２　R（Ω）の抵抗の正方形網目回路の対角頂点間の合成抵抗（５段）

第4章　交流電力

直流回路の電力は電圧と電流の積である。交流回路では瞬時電圧，瞬時電流の積は時間とともに変化するので，その平均値を電力とする。

本章では，交流電力の定義および基本的な計算例を示す。また，最大電力，電力測定，円線図法による解析，異なる周波数の電力等についても触れる。

4.1　有効電力と無効電力

ある交流回路の瞬時電圧と瞬時電流が下記であったとする。

$$v=\sqrt{2}\,V\sin\omega t \quad \text{(V)} \tag{4.1}$$

$$i=\sqrt{2}\,I\sin(\omega t-\theta) \quad \text{(A)} \tag{4.2}$$

ここで，V および I はそれぞれ電圧および電流の実効値である。回路の受け取る瞬時電力は

$$p=vi=2VI\sin\omega t\sin(\omega t-\theta)=VI\cos\theta-VI\cos(2\omega t-\theta)\ \text{(W)} \tag{4.3}$$

となる。v，i および p の変化を特殊な位相差の場合を含めて図4－1に示す。

図(a)および(b)はそれぞれ，電流が電圧に対して $\pi/2$ 遅れおよび $\pi/2$ 進みの場合である。(c)および(d)はそれぞれ，同相および θ 遅れの電流の場合である。式（4.3）および図4－1で明らかなように，瞬時電力の角周波数は電圧や電流のそれの2倍になっている。p が正の瞬

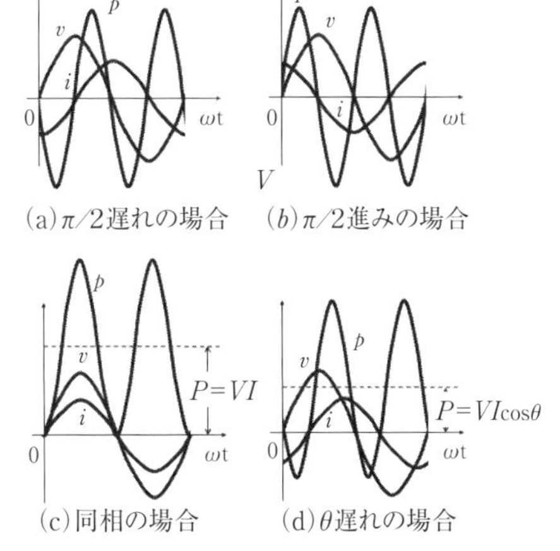

図4－1　交流電力の波形

間は回路が電源より電力を受け取っているときであり，負の瞬間は電源に電力を戻していることに相当する。

平均電力は瞬時電力の平均値であるので，

$$p=\frac{1}{T}\int_0^T p\,dt=\frac{1}{T}\int_0^T \{VI\cos\theta - VI\cos(2\omega t-\theta)\}dt = VI\cos\theta \text{ (W)} \tag{4.4}$$

図4-1(a)あるいは(b)のインダクタあるいはキャパシタだけの回路では平均値は零である。(c)の純抵抗の回路ではVI，その他の(d)の場合には$VI\cos\theta$となる。この平均電力を**電力**あるいは**有効電力**と呼び，今後はP_eで表す。ここで，

$$P_e = VI\cos\theta \quad \text{(W)} \tag{4.5}$$

において，$\cos\theta$は回路状態を表す重要な因子であり，**力率**と呼ばれる。位相差が少ない，従って力率の大きい回路では電力は効率的に消費され，位相差が大きい，力率の小さい回路では電力は電源に多く戻される。

抵抗R（Ω）とリアクタンスX（Ω）の直列回路に電圧$\dot{V}$(V)が印加され，電流が$\dot{I}$(A)が流れているとすると

$$\dot{I}=\frac{\dot{V}}{\dot{Z}}=\frac{\dot{V}}{R+jx} \quad \text{(A)} \tag{4.6}$$

$$\dot{Z}=R+jx=\sqrt{R^2+X^2}\tan^{-1}\frac{X}{R} \quad (\Omega) \tag{4.7}$$

より，

$$\cos\theta=\frac{R}{\sqrt{R^2+X^2}} \tag{4.8}$$

である。

$$V=ZI=\sqrt{R^2+X^2}\,I \quad \text{(V)} \tag{4.9}$$

であるので，有効電力は

$$P_e = VI\cos\theta=\sqrt{R^2+X^2}\,I^2\,\frac{R}{\sqrt{R^2+X^2}}=I^2R \text{ (W)} \tag{4.10}$$

であり，直流回路の場合と同じ式になる。有効電力は抵抗でのみ消費されることを示している。ところで，

$$I^2X=\sqrt{R^2+X^2}I^2\frac{X}{\sqrt{R^2+X^2}}=VI\sin\theta \qquad (4.11)$$

であるので，これを

$$P_r=VI\sin\theta=I^2X \quad \text{(Var)} \qquad (4.12)$$

で表す。抵抗 R で消費されるのが有効電力であり，式（4.12）はリアクタンスの電力で電源に戻されているので，**無効電力**と呼ぶ。単位は（Var）バールを用いる。

θ は$-\pi/2$ から$+\pi/2$ までの値であり$\cos\theta$が負になることはないが，$\sin\theta$ は負になる場合がある。電力工学の分野ではモーター等の誘導性負荷を取り扱うことが多いので，本書では遅れ電流で$\sin\theta$を正，すなわち無効電力を正，進み電流で負とする。

電圧と電流の実効値の積VIは，回路に与えることのできる見掛け上の電力であり

$$P_a=VI \qquad \text{(VA)} \qquad (4.13)$$

を**皮相電力**と呼ぶ。単位は（VA）ボルトアンペアを用いる。

$$P_e=P_a\cos\theta\,(W),\ P_r=P_a\sin\theta\,(\text{Var}),\ P_a=\sqrt{P_e^2+P_r^2}\ \text{(VA)} \qquad (4.14)$$

の関係がある。

［例題 4.1］　$\dot{Z}=3+\mathrm{j}4\ \Omega$の回路に 100 V の交流電圧を加えた。有効電力，無効電力，皮相電力および力率を求めよ。

［解］　電流の実効値は

$$I=\frac{100}{\sqrt{3^2+4^2}}=20 \qquad \text{(A)}$$

有効電力，無効電力，皮相電力および力率は

$$P_e=I^2R=1200\ \text{W},\ P_r=I^2X=1600\ \text{Var}$$

$$P_a=\sqrt{1200^2+1600^2}=2000\text{VA},\ \cos\theta=\frac{P_e}{P_a}=0.6$$

となる。あるいはインピーダンスから力率$\cos\theta=0.6$，$\sin\theta=0.8$が求まり，

$$P_a=VI=2000\ \text{VA},\ \ P_e=P_a\cos\theta=1200\ \text{W}\quad P_r=P_a\sin\theta=1600\ \text{Var}$$

と求めることができる。

確認問題 4.1　$\dot{Z}=4-j3\ \Omega$の回路に100 Vの交流電圧を加えた。有効電力，無効電力，皮相電力および力率を求めよ。

力率 $\cos\theta=0.8$, $\sin\theta=-0.6$, $P_a=2000$ VA , $P_e=1600$ W, $P_r=-1200$ Var

4.2　複素電力

ある回路に電圧$\dot{V}=V\angle 0$ (V) を加えたとき，遅れ電流$\dot{I}=I\angle(-\theta)$ (A) が流れたとする。ここで，電圧$\dot{V}$に電流の共役複素数$\overline{\dot{I}}=I\angle\theta$を掛けた複素数$\dot{P}$(W)を考えてみる。

$$\dot{P}=\dot{V}\overline{\dot{I}}=V\angle 0\cdot I\angle\theta=VI\angle\theta=VI\cos\theta+jVI\sin\theta=P_e+jP_r\ \text{(W)} \tag{4.15}$$

となり，実数部が有効電力，虚数部が無効電力を示している。この複素数を**複素電力**と呼ぶ。

回路の等価インピーダンスを$\dot{Z}=R+jX$ (Ω) とすると，$\dot{I}\overline{\dot{I}}=I^2$ より，

$$\dot{P}=\dot{V}\overline{\dot{I}}=\dot{Z}\dot{I}\overline{\dot{I}}=I^2\dot{Z}=I^2R+jI^2X\quad \text{(W)} \tag{4.16}$$

となり，式（4.10）および式（4.12）を表している。

図 4－2 の RL 並列回路の端子間に電圧$\dot{V}$(V)が加わったときの電力を考えてみる。

$$\dot{I}=\frac{\dot{V}}{R}+\frac{\dot{V}}{j\omega L}=\left(\frac{1}{R}-j\frac{1}{\omega L}\right)\dot{V}$$

$$=(G-jB)\dot{V}=\dot{Y}\dot{V}\quad \text{(A)} \tag{4.17}$$

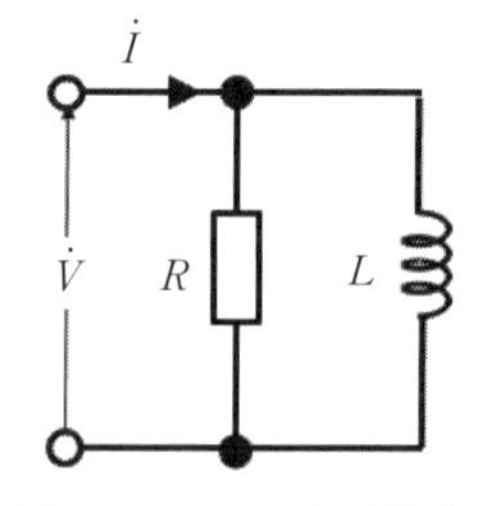

図 4－2　RL 並列回路

ここで，$G=\dfrac{1}{R}$(S) はコンダクタンス，$B=\dfrac{1}{\omega L}$(S) はサセプタンス，$\dot{Y}=G-jB$(S) は複素アドミタンスである。複素電力は

$$\dot{P}=\dot{V}\overline{\dot{I}}=\dot{V}\overline{(G-jB)\dot{V}}=(G+jB)\dot{V}\overline{\dot{V}}=GV^2+jBV^2\ \text{(W)} \tag{4.18}$$

であるので，有効電力および無効電力は次式で表される。

$$P_e=GV^2\,\text{(W)},\quad P_r=BV^2\,\text{(Var)} \tag{4.19}$$

確認問題 4.2 確認問題 4.1 を，複素インピーダンスを用いて求めよ。

$$\dot{I}=\frac{100}{4-j3}=\frac{100(4+j3)}{4^2+3^2}=16+j12,\quad \dot{P}=\dot{V}\overline{\dot{I}}=100(16-j12)=1600-j1200$$

確認問題 4.3 図 4‐2 RL 並列回路で $R=3\,\Omega$，$\omega L=4\,\Omega$ の時，複素電力を求めよ。ただし，$V=100$ V である。

$$\dot{P}=\frac{100^2}{3}+j\frac{100^2}{4}$$

4.3 電力の加法性

図 4‐3 の n 個の複素インピーダンスの直列回路の電力を考えてみる。任意の $\dot{Z}_i$ の中身が直並列回路のどんな組み合わせであっても等価インピーダンスとして $\dot{Z}_i=R_i\pm jX_i$ で表されるので，複素電力は

$$\dot{P}=\dot{V}\overline{\dot{I}}=\left(\dot{V}_1+\dot{V}_2+\cdots+\dot{V}_n\right)\overline{\dot{I}}$$

$$=\dot{P}_1+\dot{P}_2+\cdots+\dot{P}_n \tag{4.20}$$

$$\dot{P}_i=\dot{V}_i\overline{\dot{I}}=\dot{Z}_i\dot{I}\overline{\dot{I}}=(R_i\pm jX_i)I^2 \tag{4.21}$$

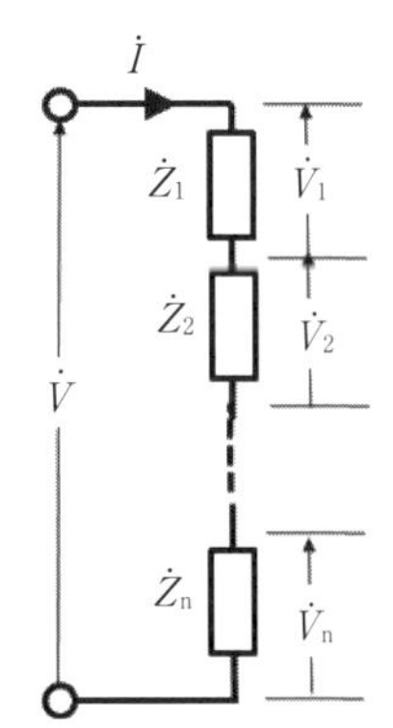

図 4‐3 電力の加法性

$\dot{P}_i$ の実数部は有効電力 P_{ei}，虚数部は無効電力 P_{ri} となり，

$$P_e = P_{e1} + P_{e2} + \cdots + P_{en} \quad \text{(W)}$$
$$P_r = P_{r1} + P_{r2} + \cdots + P_{rn} \quad \text{(Var)} \qquad (4.22)$$

図4-4のn個の複素アドミタンスの並列回路の電力を考えてみる。任意の$\dot{Y}_i$の中身が直並列回路のどんな組み合わせであっても等価アドミタンスとして$\dot{Y}_i = G_i \mp jB_i$で表されるので，複素電力は

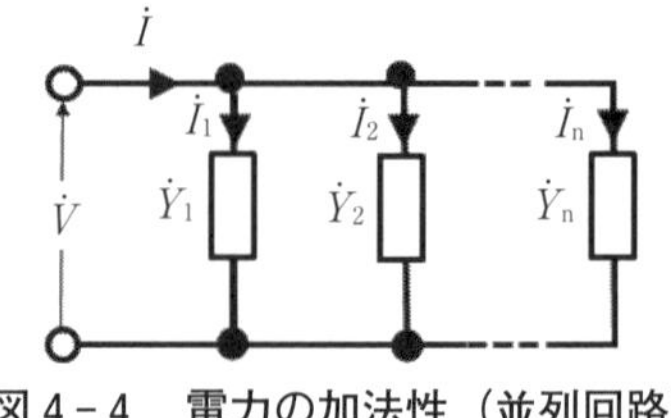

図4-4 電力の加法性（並列回路）

$$\dot{P} = \dot{V}\overline{\dot{I}} = \dot{V}\left(\overline{\dot{I}_1 + \dot{I}_1 + \cdots + \dot{I}_n}\right) = \dot{P}_1 + \dot{P}_2 + \cdots + \dot{P}_n \qquad (4.23)$$

$$\dot{P}_i = \dot{V}\overline{\dot{I}_i} = \dot{V}\overline{\dot{Y}_i \dot{V}} = (G_i \pm jB_i)V^2 \qquad (4.24)$$

$\dot{P}_i$の実数部は有効電力P_{ei}，虚数部は無効電力P_{ri}となり，式（4.24）が成立する。これらのことより，回路構成がどのようであろうとも，回路全体の有効電力あるいは無効電力は，各回路の有効電力あるいは無効電力の和になる。これを**電力の加法性**という。

確認問題4.4 図3-21の回路で電力の加法性を確かめよう。

全電流は$\dot{I} = \dot{I}_1 + \dot{I}_2 = 40$ Aなので，$\dot{P} = \dot{V}\overline{\dot{I}} = 100 \times 40 = 4000$より有効電力4000 W，無効電力0 Varである。個々の素子で符号を含めて加えると，

$$P_e = 5(10\sqrt{2})^2 + 5(20)^2 + 5(10\sqrt{2})^2 = 4000 \quad \text{(W)}$$
$$P_r = 5(10\sqrt{10})^2 - 5(10\sqrt{10})^2 = 0 \qquad \text{(Var)}$$

[例題4.2] 5000 VA 力率0.6の誘導性負荷と4000 VA 力率0.8の容量性負荷が並列に接続された回路に100 Vの電圧を加えた。各負荷に流れる電流，全電流，全有効電力および全無効電力を求めよ。また回路全体の力率を1にするために，どのような素子を並列に加えればよいか。角周波数$\omega = 100\pi$とする。

[解] $\cos\theta = 0.6$では$\sin\theta = 0.8$であるので，誘導性負荷の有効電力は$5000 \times 0.6 = 3000$ W，無効電力は$5000 \times 0.8 = 4000$ Varとなり，

$$\dot{P}_{\mathrm{L}}=100\overline{\dot{I}}_{\mathrm{L}}=3000+\mathrm{j}4000 \quad \dot{I}_{\mathrm{L}}=30-j40 \quad I_{\mathrm{L}}=50\ \mathrm{A}$$

を得る。容量性負荷では$\cos\theta=0.8$，$\sin\theta=-0.6$ より，有効電力は$4000\times0.8=3200$ W，無効電力は$4000\times(-0.6)=-2400$ Var となり，

$$\dot{P}_{\mathrm{C}}=100\overline{\dot{I}}_{\mathrm{C}}=3200-j2400 \quad \dot{I}_{\mathrm{C}}=32+j24 \quad I_{\mathrm{C}}=40\ \mathrm{A}$$

全電流は$\dot{I}=\dot{I}_{\mathrm{L}}+\dot{I}_{\mathrm{C}}=62-j16 \quad I=10\sqrt{41}$ A

電力の加法性により，全有効電力は$3000+3200=6200$ W，全無効電力は$4000-2400=1600$ Var である。これは回路の全電流から，

$\dot{P}=\dot{V}\overline{\dot{I}}=100(62+j16)$から求めることもできる。

力率を 1 にするためには無効電力を零にする必要があり，-1600 Var の容量性負荷を並列に加えればよい。キャパシタの静電容量 C を用いて，$P_{\mathrm{r}}=\omega CV^2=1{,}600$より，$C=\dfrac{1.6\times10^{-3}}{\pi}$ (F)となる。あるいは全電流の虚数部を零にすればよいので$\omega C\mathrm{V}=16$から求めることもできる。

AL－1　例題 4.2 の 2 つの負荷を，①それぞれを直列等価回路として表し，電源に対して並列ではなく，2 つの負荷を「直列に接続した場合」について同様に求めよ。次に，例題 4.2 の 2 つの負荷を，②それぞれを並列等価回路として表し，同様に電源に対して 2 つの負荷を「直列に接続した場合」について同様に求めよ。[共に$P_{\mathrm{e}}=3.12$ (kW)，$P_{\mathrm{r}}=97.6$ (Var)]

4.4　最大電力

図 4－5 の回路で破線の左側を電源側とし，右側を負荷とする。電源電圧は$\dot{E}$(V)，電源インピーダンスは$r+jx$ (Ω)，負荷は$R+jX$ (Ω)である。ただし，xおよびXはリアクタンスであり，正負どちらの値もとる。負荷の電力 P(W)は

$$P=I^2R=\frac{RE^2}{(r+R)^2+(x+X)^2}\ \text{(W)}\quad (4.25)$$

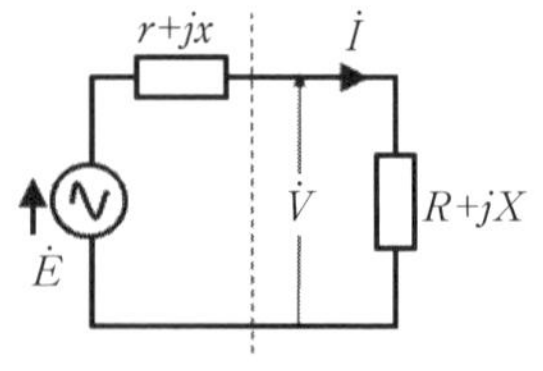

図4－5　負荷の最大電力

負荷がどのような状態であれば最大の電力を取り出せるかを考えてみる。変数はRとXである。式(4.25)でRを一定としXを変化させると，$X=-x$であればリアクタンス項が零になり，電力が最大になる。この状態でRを変化させると

$$P=\frac{RE^2}{(r+R)^2}=\frac{RE^2}{r^2+2rR+R^2}=\frac{E^2}{r^2R^{-1}+2r+R}\ \text{(W)}\qquad (4.26)$$

変数は分母だけに含まれるので，分母をyと置き，

$$\frac{dy}{dR}=-r^2R^{-2}+1=0,\qquad \frac{d^2y}{dR^2}>0\qquad (4.27)$$

より，$R=r$で分母が最小，電力が最大になる。これらより，$R+jX=\overline{r+jx}$の共役複素数の関係にあるとき，最大の電力を取り出すことができる。これを**最大電力伝達定理**という。この時，負荷にかかる電圧は$V=\dfrac{E}{2}$であり，電源から取り出せる最大の電力は式(4.25)から，

$$P_{\mathrm{m}}=\frac{E^2}{4r}\qquad \text{(W)}\qquad (4.28)$$

となる。これを電源の**固有電力**という。

[例題4.3]　図4－6の回路で抵抗Rを変化させたとき，回路の電力が最大になるときのRおよびその時の最大電力を求めよ。

[解]　回路の電力はRで消費されるので電力は$P=RI^2$で与えられる。

$$\dot{I}=\frac{\dot{E}}{j\omega L_1+\dfrac{R\cdot j\omega L_2}{R+j\omega L_2}}\cdot\frac{j\omega L_2}{R+j\omega L_2}$$

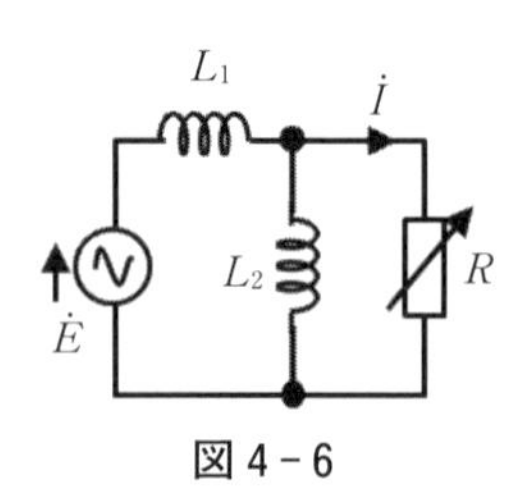

図4－6

$$=\frac{j\omega L_2\dot{E}}{j\omega L_1(R+j\omega L_2)+j\omega L_2R}=\frac{j\omega L_2\dot{E}}{-\omega^2L_1L_2+j\omega R(L_1+L_2)}$$

$$P=RI^2=R\cdot\left(\frac{\omega L_2E}{\sqrt{(-\omega^2L_1L_2)^2+(\omega R(L_1+L_2))^2}}\right)^2=\frac{R(\omega L_2E)^2}{(-\omega^2L_1L_2)^2+(\omega R(L_1+L_2))^2}$$

$$=\frac{(\omega L_2E)^2}{(\omega^2L_1L_2)^2R^{-1}+(\omega(L_1+L_2))^2R}$$

と変形し，変数を分母に集めて，分母$=y$と置き，

$$\frac{dy}{dR}=-(\omega^2L_1L_2)^2R^{-2}+(\omega(L_1+L_2))^2=0,\quad \frac{d^2y}{dR^2}>0$$

$$R=\frac{\omega L_1L_2}{L_1+L_2}\quad(\Omega)$$

で電力は最大になる。この時の電流，最大電力および力率は

$$I=\frac{E}{\sqrt{2}\,\omega L_1}\quad(\mathrm{A}),\quad P_{\max}=\frac{L_2E^2}{2\omega L_1(L_1+L_2)}\quad(\mathrm{W})$$

となる。

確認問題 4.5　上記の電流および最大電力を確認せよ。[略]

AL－2　抵抗 R への最大電力供給条件として，抵抗 R より電源側を見た**電源側 Z の大きさ＝R の大きさ**を用いれば，電圧源は短絡と考えれば良いので，$Z_0=\omega\frac{L_1L_2}{L_1+L_2}=R$ である。このことを証明せよ。[略]

4.5 電力の測定

電力は図 4-7 のように電力計を回路に入れて測定される。電流コイルと電圧コイルでそれぞれの実効値を検出し，電流コイルで生じる磁束を用いて力率との積を決定する。図の場合の指示値 W は

$$W=V_{\mathrm{ab}}I\cos\theta\ (\mathrm{W}) \tag{4.29}$$

である。ここで θ は $\dot{V}_{\mathrm{ab}}$ と $\dot{I}$ の位相差である。三相交流回路では電圧コイルは

線間電圧を検出するので，指示値には注意する必要がある。

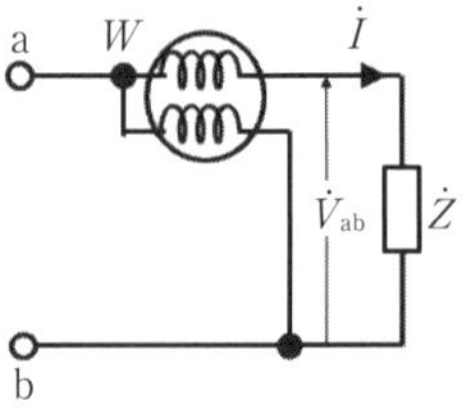

図4-7　電力計

[例題4.4]　図4-8の回路で電力計の指示値を求めよ。

[解]　電力計の指示値 W は

$W = VI_0\cos\theta$　θ は $\dot{V}$ と $\dot{I}_0$ の位相差

負荷側の回路は例題3.9で求められたように，

$$\dot{I}_0 = 40,\ \dot{I}_1 = 10 + j10,$$

$$\dot{V} = 50 + j50,\ \theta = 45°$$

より，

$$W = VI_0\cos\theta = 50\sqrt{2}\cdot 40\cdot\frac{1}{\sqrt{2}} = 2000 \quad (\mathrm{W})$$

となる。

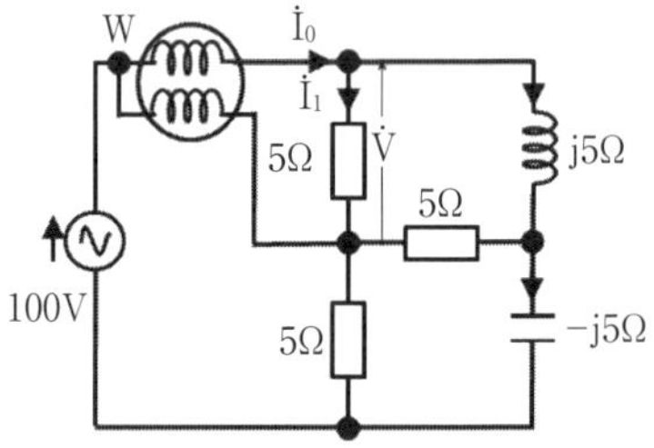

図4-8

電力は電力計を用いなくても，図4-9の回路の3台の電圧計の指示値によって求めることもできる。インピーダンス $\dot{Z}$ は電力を測定すべき負荷であり，抵抗Rは標準抵抗，V_1，V_2 および V_3 は電圧計の指示値である。負荷の複素電力を $\dot{P}$ とすると有効電力 P_e は式（4.15）および $\dot{I} = \dfrac{\dot{V}_2}{R}$ より，

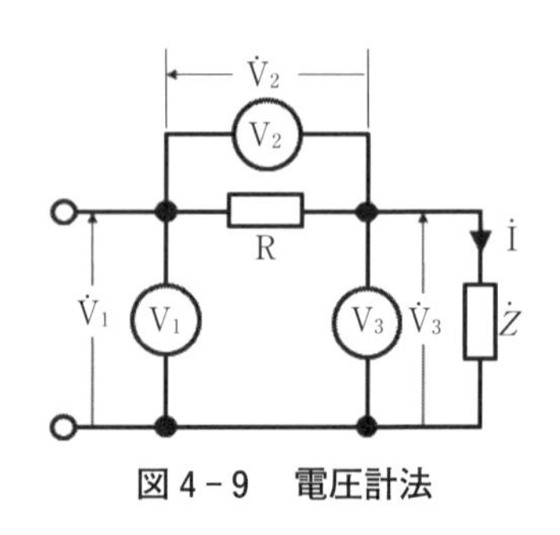

図4-9　電圧計法

$$P_e = \frac{\dot{P} + \overline{\dot{P}}}{2} = \frac{\dot{V}_3\overline{\dot{I}} + \overline{\dot{V}_3}\dot{I}}{2} = \frac{\dot{V}_3\overline{\dot{V}_2} + \overline{\dot{V}_3}\dot{V}_2}{2R} \tag{4.30}$$

ここで，$\dot{V}_1 = \dot{V}_2 + \dot{V}_3$ であり，式（4.30）を用いて

$$V_1^2=\dot{V}_1\overline{\dot{V}_1}=\left(\dot{V}_2+\dot{V}_3\right)\left(\overline{\dot{V}_2}+\overline{\dot{V}_3}\right)=V_2^2+V_3^2+\dot{V}_3\overline{\dot{V}_2}+\overline{\dot{V}_3}\dot{V}_2=V_2^2+V_3^2+2RP_e$$

従って

$$P_e=\frac{V_1^2-V_2^2-V_3^2}{2R}\quad(\mathrm{W})\tag{4.31}$$

により３台の電圧計の指示値から電力を決定できる。これを３電圧計法と呼ぶ。

確認問題 4.6　式（4.31）をフェーザより求めよ。[略]

確認問題 4.7　３電流計法について調べよ。

$$P_e=\frac{R(I_1^2-I_2^2-I_3^2)}{2}\quad(\mathrm{W})$$

4.6　円線図による電力の解法

３章で学んだ円線図を用いると，最大電力等を容易に求めることができる場合がある。図４-10の R-L 直列回路において電流 $\dot{I}$ は

$$\dot{I}=\frac{\dot{E}}{R+j\omega L}\quad(\mathrm{A})\tag{4.32}$$

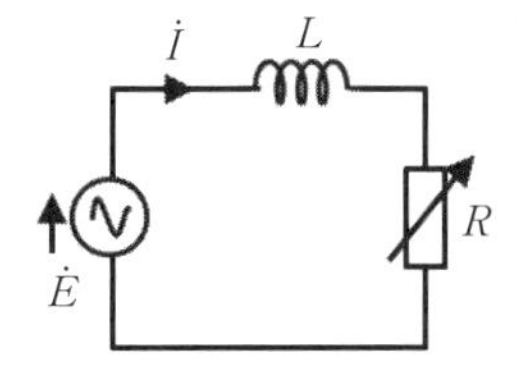

図４-10　直列回路の電力

であり，R を変化させたときの，電流の円線図は図４-11のように原点を通る半円となる。円の直径は $\dfrac{E}{\omega L}$ である。回路の電力は

$$P=EI\cos\theta\,(W),\ \theta は\dot{E}と\dot{I}の位相差\tag{4.33}$$

E は一定である。$I\cos\theta$ は図から明らかなように，電流ベクトルの実数成分である。実数成分の最大値は円の半径に等しいので，電力の最大値 $P_{\max}$，このときの電流 $\dot{I}$，力率および抵抗 R はそれぞれ

$$P_{\max}=\frac{E^2}{2\omega L}\,(\mathrm{W}),$$

$$\dot{I}=\frac{E}{\sqrt{2}\,\omega L}\angle(-45°)\,(\mathrm{A}),$$

$$\cos\theta=\frac{1}{\sqrt{2}},\,R=\omega L\,(\Omega) \qquad (4.34)$$

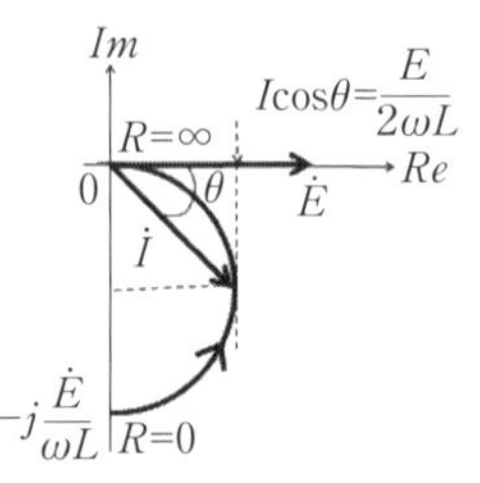

図4-11　R-L直列回路の円線図

これより電源がLを内部インピーダンスとする場合の最大電力は$R=\omega L$の時であることが証明される。

[例題4.5]　図4-12の回路で抵抗Rを変化させたときの，回路の最大電力を求めよ。

[解]　この問題はすでに例題4.3で解いているが，ここでは円線図を用いて解いてみる。簡単のため，誘導リアクタンスを

$$X_1=\omega L_1,\qquad X_2=\omega L_2 \qquad (\Omega)$$

とする。全電流$\dot{I}$は下記の式で与えられる。

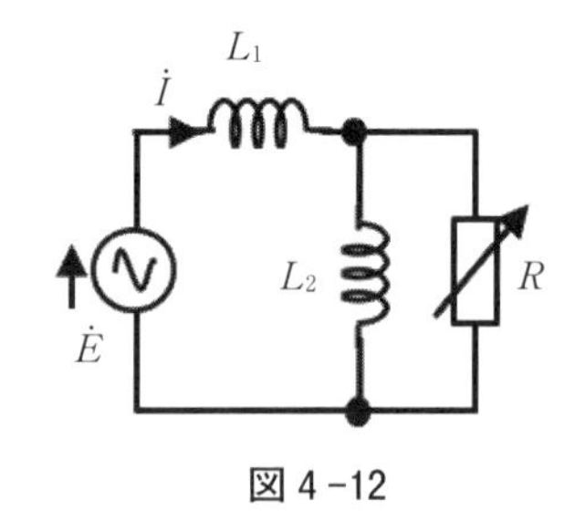

図4-12

$$\dot{I}=\frac{\dot{E}}{jX_1+\boxed{\dfrac{1}{\dfrac{1}{R}+\dfrac{1}{jX_2}}}} \qquad (\mathrm{A})$$

ここで，式の点線で囲った分数の分母は原点を通らない直線であるので，囲った項の軌跡は原点を通る半円になる。この半円をjX_1だけ虚数軸上で平行移動させると原点を通らない半円になるので，この反転も原点を通らない半円になる。結果を図4-13に示す。電流の実数成分$I\cos\theta$が最大になるのは図の状態であり，円の半径に等しいことから

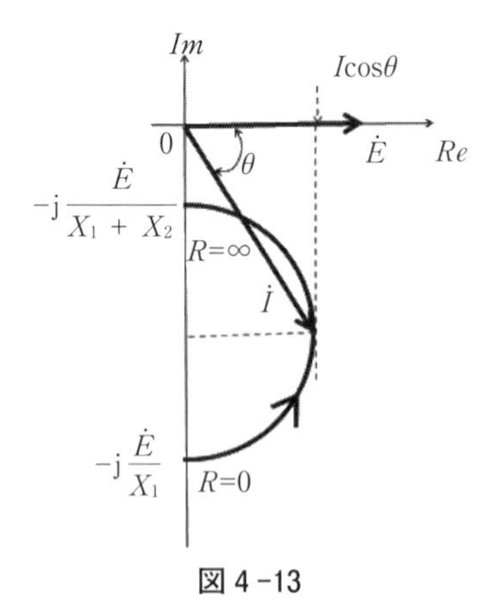

図4-13

$$I\cos\theta=\frac{1}{2}\left(\frac{E}{X_1}-\frac{E}{X_1+X_2}\right)=\frac{X_2E}{2X_1(X_1+X_2)}$$

$$P_{\max}=EI\cos\theta=\frac{X_2E^2}{2X_1(X_1+X_2)}=\frac{L_2E^2}{2\omega L_1(L_1+L_2)} \quad \text{(W)}$$

確認問題 4.8　図 4-13 の円線図を確かめよ。［略］

確認問題 4.9　上記の最大電力を与える電流，R および力率を求めよ。

$$\dot{I}=\frac{\sqrt{4X_1^2+2X_2^2+4X_1X_2}}{2X_1(X_1+X_2)}E\angle\left(-\tan^{-1}\frac{2X_1+X_2}{X_2}\right)\ \text{(A)},\ R=\frac{X_1X_2}{X_1+X_2}\ (\Omega)$$

$$\cos\theta=\frac{X_2}{\sqrt{4X_1^2+2X_2^2+4X_1X_2}}$$

4.7　ひずみ波の電力

異なる周波数の正弦波電圧が加わった場合は正弦波からひずんでくる。これをひずみ波という。ここでは２つの周波数の和で表される電圧が加わった場合の電力について考えてみる。

電源電圧の瞬時値を

$$e=\sqrt{2}E_1\sin\omega t+\sqrt{2}E_2\sin(2\omega t-\varphi) \quad \text{(V)} \tag{4.35}$$

とすると，重ねの理により，電流は２つの周波数に対して

$$i=\sqrt{2}I_1\sin(\omega t-\theta_1)+\sqrt{2}I_2\sin(2\omega t-\varphi-\theta_2) \quad \text{(A)} \tag{4.36}$$

となる。瞬時電力は

$$\begin{aligned}p=ei&=2E_1I_1\sin\omega t\sin(\omega t-\theta_1)+2E_2I_2\sin(2\omega t-\varphi)\sin(2\omega t-\varphi-\theta_2)\\&\quad+2E_1I_2\sin\omega t\sin(2\omega t-\varphi-\theta_2)+2E_2I_1\sin(2\omega t-\varphi)\sin(\omega t-\theta_1)\\&=E_1I_1\{\cos\theta_1-\cos(2\omega t-\theta_1)\}+E_2I_2\{\cos\theta_2-\cos(4\omega t-2\varphi-\theta_2)\}\\&\quad+E_1I_2\{\cos(-\omega t+\varphi+\theta_2)-\cos(3\omega t-\varphi-\theta_2)\}\\&\quad+E_2I_1\{\cos(\omega t-\varphi+\theta_1)-\cos(3\omega t-\varphi+\theta_1)\} \quad \text{(W)}\end{aligned} \tag{4.37}$$

一周期にわたって積分すると ω に関する項は零になるので，平均電力は

$$P=\frac{1}{T}\int_0^T pidt=E_1I_1\cos\theta_1+E_2I_2\cos\theta_2 \quad \text{(W)} \tag{4.38}$$

となり，各周波数での電力の和で与えられる（**電力の加法性**）。

［例題 4.6］　図 4-14 の回路に下記の瞬時電圧を加えた。瞬時電流を求めよ。また電力を求めよ。

$$e=100\sqrt{2}\sin\omega t+26\sqrt{2}\sin 2\omega t \quad \text{(V)}$$

［解］　ωに対する複素インピーダンスは $\dot{Z}_1=R+j\omega L=4+j3$，２$\omega$に対する複素インピーダンスは$\dot{Z}_1=R+j2\omega L=4+j6$であるので，電流の瞬時値は

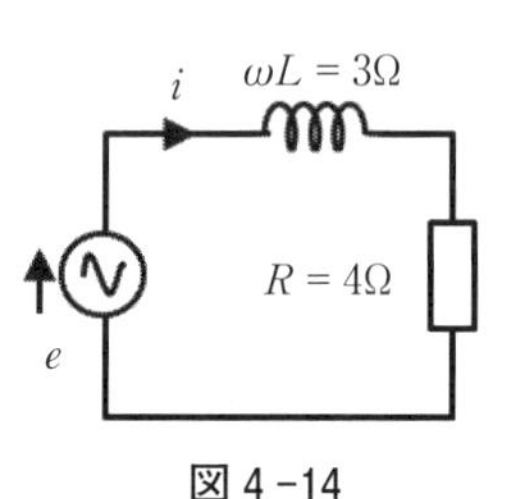

図 4-14

$$i=\frac{100}{\sqrt{4^2+3^2}}\sqrt{2}\sin(\omega t-\theta_1)+\frac{26}{\sqrt{4^2+6^2}}\sqrt{2}\sin(2\omega t-\theta_2)$$

$$=20\sqrt{2}\sin\left(\omega t-\tan^{-1}\frac{3}{4}\right)+\sqrt{13}\sqrt{2}\sin\left(2\omega t-\tan^{-1}\frac{6}{4}\right) \quad \text{(A)}$$

$$P=E_1I_1\cos\theta_1+E_2I_2\cos\theta_2=100\cdot20\cdot0.8+26\cdot\sqrt{13}\cdot\frac{2}{\sqrt{13}}=1652 \quad \text{(W)}$$

抵抗で消費される電力の加法性により

$$P=I_1^2R+I_2^2R=4\left(20^2+\sqrt{13}^{\,2}\right)=1652 \quad \text{(W)}$$

でも求められる。

確認問題 4.10 図 4-14 の回路に下記の瞬時電圧を加えた。瞬時電流を求めよ。また電力を求めよ。

$$e=80+100\sqrt{2}\sin\omega t \quad \text{(V)}$$

$$i=20+20\sqrt{2}\sin\left(\omega t-\tan^{-1}\frac{3}{4}\right) \text{ (A)}, \qquad P=3200 \quad \text{(W)}$$

章末問題

問題 1　回路の電圧および電流が下記であったとき，回路の皮相電力，力率，有効電力および無効電力を求めよ。

$$\dot{V}=100\angle 50^\circ \quad \mathrm{V}, \qquad \dot{I}=2\angle 5^\circ \quad \mathrm{A},$$

問題 2　100V の電圧を回路に加えたところ，電力は 100W，力率は 0.5（遅れ）であった。回路の電流，等価複素インピーダンス，皮相電力および無効電力を求めよ。

問題 3　抵抗 40 Ωと誘導リアクタンス 30 Ωが並列になった回路に 120 V の電圧を加えた。この回路に流れる全電流の大きさ，皮相電力，有効電力，無効電力および力率を求めよ。

問題 4　問題図 4－4 の回路において，可変抵抗 R で消費される電力が最大になるときの R の値およびその時の電力を求めよ。

40Ω　j30Ω　İ　j10Ω　R　100V

問題図 4－4

問題 5　抵抗 3 Ωと未知誘導リアクタンスが直列になった回路の力率が 0.6 であった。誘導リアクタンスを求めよ。電源の周波数を半分にした時の力率および 2 倍にした時の力率をそれぞれ求めよ。

問題 6　問題図 4－6 の回路に下記の瞬時電圧を加えた。瞬時電流および回路の有効電力を求めよ。

$e=12+100\sqrt{2}\sin\omega t$　(V)

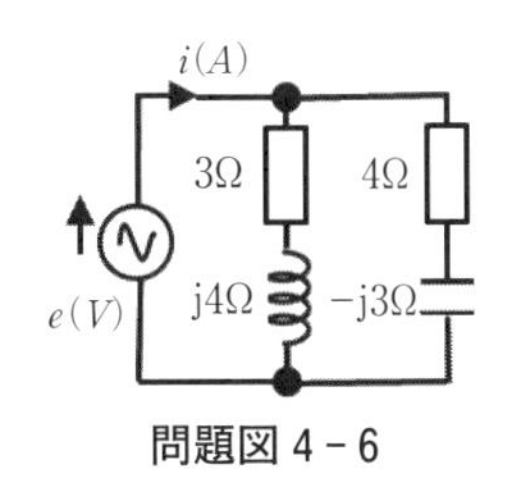

問題図 4－6

問題 7　電圧 100 V，内部インピーダンス $j10$ Ωの電源に，負荷として一定の遅れ力率 0.8 の可変インピーダンスを接続した。負荷で消費される電力の最大値を求めよ。

問題 8　問題図 4－8 で可変キャパシタを変化させ，回路の電力を最大にした。その時の静電容量 C，その時の抵抗 R=100 Ωを流れる電流および最大電力

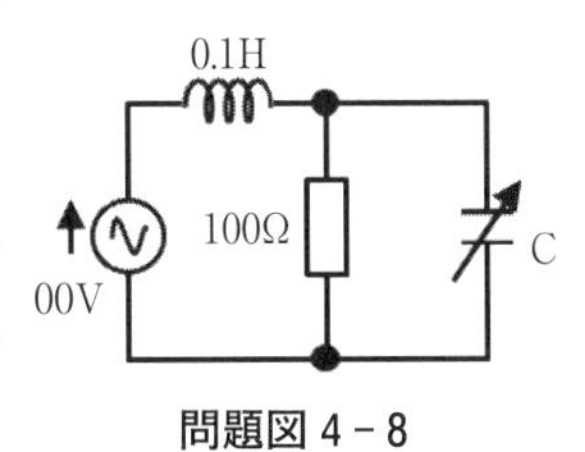

問題図 4－8

を求めよ。電源の周波数は 50 Hz とする。

問題 9　問題図 4－9 の回路で，抵抗 R を変化させる。回路の電力の最大値および回路の力率の最大値を求めよ。

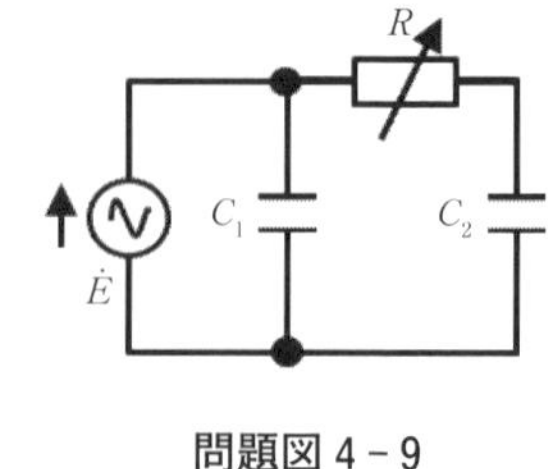

問題図 4－9

ＡＬ－3　図 AL-3 の回路で 100 ∠ 0°（V）の一定電圧を加えた。ただし，抵抗 および誘導リアクタンスはすべて 10 Ω，容量リアクタンス X は可変である。以下の問いに答えよ。

1）回路の力率が最大になる電流（フェーザ表示），その時の力率および電力を求めよ。

2）力率が最小になる電流（フェーザ表示），その時の力率および電力を求めよ。

3）最大電力になる電流（フェーザ表示），その時の力率および電力を求めよ。

4）電流が最小になるときの電流（フェーザ表示），その時の力率および電力を求めよ。

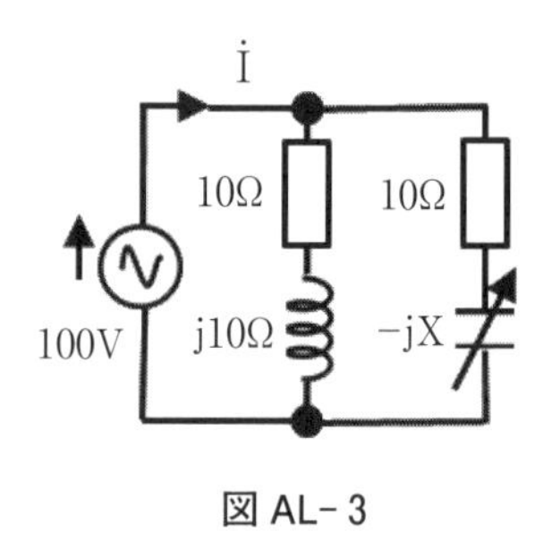

図 AL－3

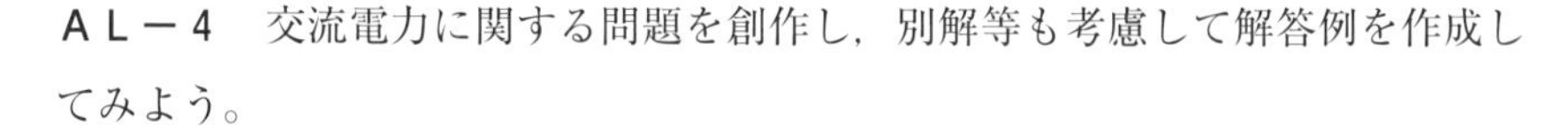

ＡＬ－4　交流電力に関する問題を創作し，別解等も考慮して解答例を作成してみよう。

ＡＬ－5　作成した問題を確かめるための実験方法を考案し，実験で確かめてみよう。

第5章　相互インダクタンスと変成器

２つ以上のコイルを近接して配置したとき，その配置向きが適切であれば，一方のコイルに流れる電流により発生する磁束が他方のコイルに鎖交する。このとき，コイルは磁気結合していると言い，電流，磁束が時間的に変化するならばファラデーの法則に従って各コイルに電圧が相互に誘導される。これが**相互誘導**であり，電圧，電流，インピーダンス変換を行う変成器として利用されている。また，相互誘導を強めたものは変圧器として広く実用化されている。

5.1　変成器

5.1.1　インダクタの磁気結合

図５-１に鉄心を共通とする相互誘導のある２つのインダクタを示す。同図(a)は，$i_1(t)$のみ流した場合の鎖交磁束を示している。インダクタンスL_1により発生する鎖交磁束は$L_1i_1(t)$であり，このうちの一部を除いた$Mi_1(t)$がもう一方のインダクタに鎖交する。同図(b)は，$i_2(t)$のみが流れる場合の鎖交磁束を示している。インダクタンスL_2により発生する鎖交磁束は$L_2i_2(t)$であり，このうちの一部を除いた$Mi_2(t)$がもう一方のコイルに鎖交する。従って，電流が$i_1(t)$，$i_2(t)$ともに流れる場合には，重ね合わせの理により図中の左側のインダクタに鎖交する全磁束$\Psi_1(t)$,

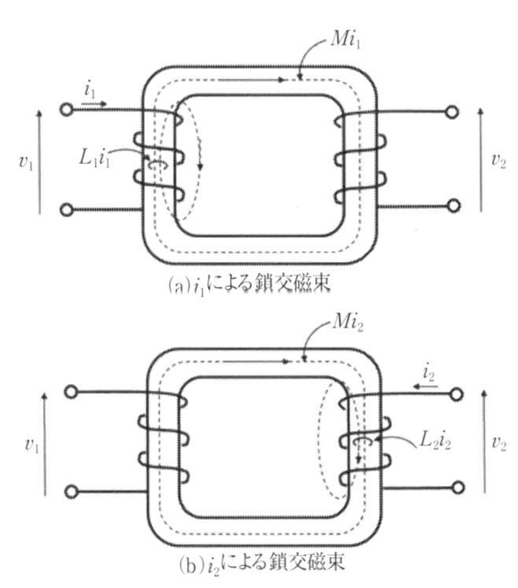

図５-１　磁気結合のあるインダクタ

右側のインダクタに鎖交する全磁束$\Psi_2(t)$は

$$\Psi_1(t)=L_1i_1(t)+Mi_2(t) \quad \text{(Wb)}$$
$$\Psi_2(t)=Mi_1(t)+L_2i_2(t) \quad \text{(Wb)} \tag{5.1}$$

となる。ここで，Mは磁気結合の大きさを表し，**相互インダクタンス**と呼ばれる。これに対し，L_1，L_2は**自己インダクタンス**と呼ばれ，単位はすべて〔H〕ヘンリーである。

図5-1においては，それぞれのインダクタが発生する磁束が同方向になるため，鎖交磁束が強め合うことになるが，図5-2のような場合は鎖交磁束が弱め合うことになる。従って，相互インダクタンスMは極性をもち，正負の値をとり得る。極性は巻線方向だけでなく電流方向の定義にも依存し，鎖交磁束を強め合うか弱め合うかによってMの正負が定まる。極性が明らかな場合，式（5.1）を$M>0$として

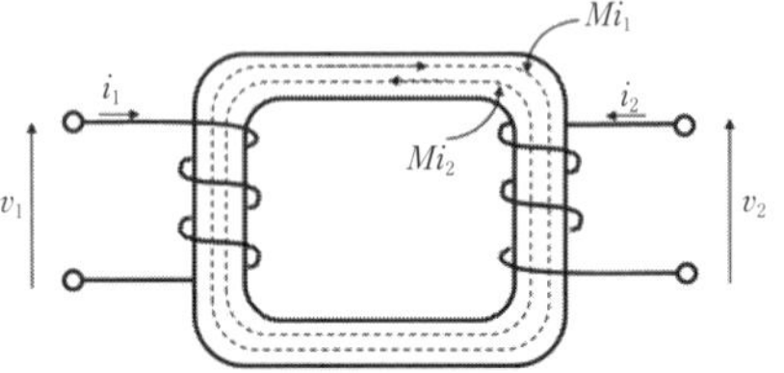

図5-2　M＜0となる場合

$$\Psi_1(t)=L_1i_1(t)-Mi_2(t) \quad \text{(Wb)}$$
$$\Psi_2(t)=-Mi_1(t)+L_2i_2(t) \quad \text{(Wb)} \tag{5.2}$$

と記述してもよいが，式（5.1）を用いることが多い。この場合，回路解析の結果が$M<0$となれば，極性を反対にして回路を構成し直せばよい。

5.1.2　変成器の基礎式

図5-1の回路で各インダクタの電圧を考える。自己インダクタンスと同様に考えれば，鎖交磁束の時間微分が電圧となるので，式（5.1）より

$$v_1(t)=\frac{\mathrm{d}}{\mathrm{d}t}\Psi_1(t)=L_1\frac{\mathrm{d}}{\mathrm{d}t}i_1(t)+M\frac{\mathrm{d}}{\mathrm{d}t}i_2(t) \quad \text{(V)} \tag{5.3}$$

$$v_2(t)=\frac{\mathrm{d}}{\mathrm{d}t}\Psi_2(t)=M\frac{\mathrm{d}}{\mathrm{d}t}i_1(t)+L_2\frac{\mathrm{d}}{\mathrm{d}t}i_2(t) \quad \text{(V)} \tag{5.4}$$

と与えられる。式（5.3）にしたがい，$v_1(t)$の印加により$i_1(t)$が流れると，式（5.4）により$v_2(t)$が発生する。ここで，図5-1に示す右のインダクタにイン

ピーダンス等が接続されており，$i_2(t)$が流れたとすると，式（5.3）にその影響が表れる。以後，両インダクタは互いに影響を及ぼし合いながら後述する特性を示すことになる。このように相互インダクタンスをもつ2つのインダクタで，ある機能を果たす回路素子を**変成器**と呼ぶ。

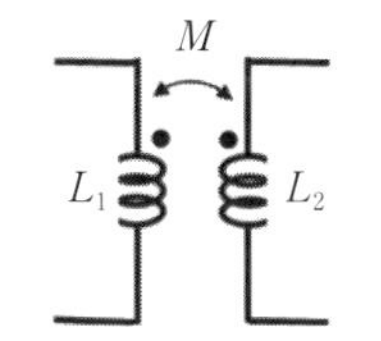

図5-3　変成器の図記号

図5-3は相互誘導のある2つのインダクタの図記号である。なお，図中の黒丸印（・）は相互誘導の極性を表すもので，鎖交磁束の方向が明らかな場合には明示できる。便宜上，本書では左側のインダクタを**一次側**，右側を**二次側**と呼ぶことにする。

5.1.3　変成器がもつエネルギーと結合係数

ここでは，変成器がもつエネルギーについて考える。4章にて説明したとおり，インダクタは電気エネルギーを蓄えることのできる素子である。図5-3に示す変成器に一次側，二次側にそれぞれ電源v_1，v_2を接続すると，変成器に供給される瞬時電力pは，

$$\begin{aligned} p&=v_1i_1+v_2i_2=\left(L_1\frac{\mathrm{d}}{\mathrm{d}t}i_1+M\frac{\mathrm{d}}{\mathrm{d}t}i_2\right)i_1+\left(M\frac{\mathrm{d}}{\mathrm{d}t}i_1+L_2\frac{\mathrm{d}}{\mathrm{d}t}i_2\right)i_2 \\ &=L_1i_1\frac{\mathrm{d}}{\mathrm{d}t}i_1+M\left(i_1\frac{\mathrm{d}}{\mathrm{d}t}i_2+i_2\frac{\mathrm{d}}{\mathrm{d}t}i_1\right)+L_2i_2\frac{\mathrm{d}}{\mathrm{d}t}i_2 \\ &=\frac{d}{dt}\left(\frac{1}{2}L_1i_1^2+Mi_1i_2+\frac{1}{2}L_2i_2^2\right)\ \text{(W)} \end{aligned} \tag{5.5}$$

となる。上式が示すように瞬時電力pが微分項のみで表されており，自己インダクタンスと同様の形式となる。従って，理想的には内部抵抗が0である変成器による電力消費は生じない。従って，変成器はL，Cと同じエネルギー蓄積素子であり，受動素子に属する。また，変成器に蓄えられるエネルギーW_Mは上式の時間積分で与えられ，

$$W_\mathrm{M}=\frac{1}{2}L_1i_1^2+Mi_1i_2+\frac{1}{2}L_2i_2^2\quad\text{(J)} \tag{5.6}$$

となる。上式を平方完成させると

$$W_{\mathrm{M}}=\frac{1}{2}L_1i_1^2+\frac{1}{2}L_2\left(\frac{2M}{L_2}i_1i_2+i_2^2\right)$$

$$=\frac{1}{2}L_1i_1^2-\frac{1}{2}L_2\left(\frac{M}{L_2}i_1\right)^2+\frac{1}{2}L_2\left[\left(\frac{M}{L_2}i_1\right)^2+\frac{2M}{L_2}i_1i_2+i_2^2\right]$$

$$=\frac{1}{2}\left(L_1-\frac{M^2}{L_2}\right)i_1^2+\frac{1}{2}L_2\left(\frac{M}{L_2}i_1+i_2\right)^2 \text{(J)} \tag{5.7}$$

となる。エネルギーは非負であり，$L_1-\frac{M^2}{L_2}\geq 0$，すなわち　$M^2\leq L_1L_2$であると言える。これより，Mは以下のように表すことができる。

$$M=k\sqrt{L_1L_2} \tag{5.8}$$

ここで，kは**結合係数**と呼ばれる。kは$-1\leq k\leq 1$の値をとり，符号は極性を表している。また，$k=1$を**密結合変成器**と言う。

5.2　正弦波交流回路における変成器の取り扱い

前節では，電圧，電流の波形を限定せずに変成器の一般的な性質を述べた。電圧，電流の波形を正弦波応答の定常状態に限定すれば，3章で学んだように、$v\to\dot{V}$，$i\to\dot{I}$，$d/dt\to j\omega$に置きかえればよい。しかるに，式（5.3），式（5.4）は

$$\dot{V}_1=j\omega L_1\dot{I}_1+j\omega M\dot{I}_2 \quad \text{(V)} \tag{5.9}$$

$$\dot{V}_2=j\omega M\dot{I}_1+j\omega L_2\dot{I}_2 \quad \text{(V)} \tag{5.10}$$

となり，正弦波交流回路における基礎式が得られる。本節以降では電圧，電流の波形を正弦波に限定して複素ベクトルを用いた変成器の解析と各種性質について述べる。

5.2.1　変成器による電圧・電流・インピーダンスの変換特性

図5-4の回路を考える。同図と式（5.3），式（5.4）から，

$$\dot{V}_1=j\omega L_1\dot{I}_1+j\omega M\dot{I}_2 \text{ (V)} \tag{5.11}$$

$$\dot{V}_2 = -\dot{Z}\dot{I}_2 = j\omega M\dot{I}_1 + j\omega L_2\dot{I}_2 \ \text{(V)} \tag{5.12}$$

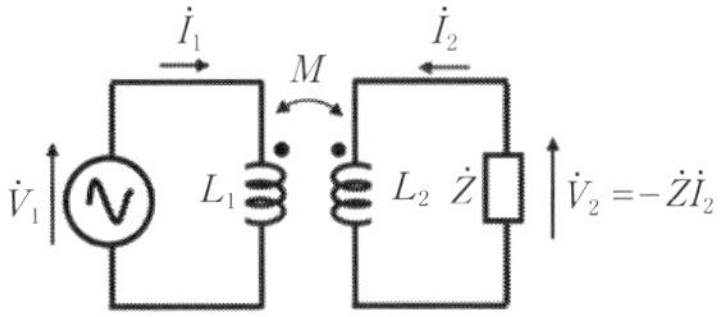

図 5－4　変成器の回路例

［チェックポイント！］　変成器の左右から，上から下へ入り込む方向に一次・二次電流を定義しているため，交流負荷$\dot{Z}$の電圧降下は$-\dot{Z}\dot{I}_2$が成り立つ。式（5.12）より，二次側電流$\dot{I}_2$は

$$\dot{I}_2 = -\frac{j\omega M}{j\omega L_2 + \dot{Z}}\dot{I}_1 \quad \text{(A)} \tag{5.13}$$

であるので，式（5.11）に代入すれば，

$$\dot{V}_1 = j\omega L_1\dot{I}_1 - \frac{(j\omega M)^2}{j\omega L_2 + \dot{Z}}\dot{I}_1 = \left(j\omega L_1 + \frac{(\omega M)^2}{j\omega L_2 + \dot{Z}}\right)\dot{I}_1 \quad \text{(V)} \tag{5.14}$$

となる。従って，一次側から見た入力インピーダンスは

$$\frac{\dot{V}_1}{\dot{I}_1} = j\omega L_1 + \frac{(\omega M)^2}{j\omega L_2 + \dot{Z}} \quad (\Omega) \tag{5.15}$$

となり，一次側インピーダンス$j\omega L_1$と二次側に接続したインピーダンス$\dot{Z}$とが直列，並列のいずれでもない形式で表れることに注意する必要がある。

【例題 5.1】　図 5－4 の回路において，$\dot{Z}=r$（純抵抗）として入力インピーダンスを示し，その実部，虚部の性質を論ぜよ。

式（5.15）に$\dot{Z}=r$を代入すれば，

$$\begin{aligned}
\frac{\dot{V}_1}{\dot{I}_1} &= j\omega L_1 + \frac{(\omega M)^2}{r + j\omega L_2}\cdot\frac{r - j\omega L_2}{r - j\omega L_2} \\
&= j\omega L_1 + \frac{(\omega M)^2}{r^2 + (\omega L_2)^2}r - \frac{j\omega L_2(\omega M)^2}{r^2 + (\omega L_2)^2} \\
&= \frac{(\omega M)^2}{r^2 + (\omega L_2)^2}r + j\omega\left(L_1 - \frac{(\omega M)^2}{r^2 + (\omega L_2)^2}L_2\right) \quad (\Omega)
\end{aligned} \tag{5.16}$$

となる。上式の実部からは，二次側に接続した抵抗rを一次側から見ると$\frac{(\omega M)^2}{r^2+(\omega L_2)^2}$倍されることがわかる。また，虚部からは等価インダクタンスがL_1より小さくなるが，これは式（5.13）が示すように$\dot{I}_2$の向きが$\dot{I}_1$に対して概ね逆位相になることから，変成器内の鎖交磁束を減少させる方向に働くことを意味している。

確認問題5.1　図5-4において，$\omega L_1=\omega L_2=8\Omega$, $\omega M=6\Omega$, $\dot{Z}=6\Omega$とする。電源から回路を見たインピーダンス，一次側電流の実効値$|\dot{I}_1|$と電源電圧との位相差φ，有効電力P，無効電力Qを求めよ。電源電圧は$\dot{V}_1=100\mathrm{V}$とする。

式（5.16）より，入力インピーダンス＝$2.16+j5.12\Omega$となる。これより，$|\dot{I}_1|=18.0\mathrm{A}$，$\varphi=67.1°$（電流遅れ），$P=699\mathrm{W}$，$Q=1658\mathrm{Var}$となる。

確認問題5.2　図5-4において，$\dot{Z}=0$と$\dot{Z}=\infty$として，二次側負荷が短絡および開放の場合の入力インピーダンスを求め，変成器の性質を論ぜよ。

ここで，電圧変換特性，電流変換特性について述べておく。一般には，式(5.11)，式（5.12）から導かれる結果で議論されるものであるが，ここでは特徴的な状態，すなわち，二次側の開放あるいは短絡状態に対応する性質を述べておく。

電圧比$\dot{V}_1/\dot{V}_2$は式（5.11），式（5.12）より

$$\frac{\dot{V}_1}{\dot{V}_2}=\frac{j\omega L_1\dot{I}_1+j\omega M\dot{I}_2}{j\omega M\dot{I}_1+j\omega L_2\dot{I}_2} \tag{5.17}$$

が得られる。ここで，二次側開放，すなわち$\dot{I}_2=0$とすれば，

$$\left|\frac{\dot{V}_1}{\dot{V}_2}\right|=\frac{L_1}{M}=\frac{L_1}{k\sqrt{L_1L_2}}=\frac{1}{k}\sqrt{\frac{L_1}{L_2}} \tag{5.18}$$

となり，電気磁気学等で示される**巻数比**（$\frac{n_1}{n_2}$）と一致する電圧変換式が得ら

れる。一方，電流比$\dot{I}_1/\dot{I}_2$は式（5.13）で与えられるが，二次側を短絡，すなわち $\dot{Z}=0$とすれば，

$$\left|\frac{\dot{I}_1}{\dot{I}_2}\right|=\frac{L_2}{M}=\frac{L_2}{k\sqrt{L_1L_2}}=\frac{1}{k}\sqrt{\frac{L_2}{L_1}} \tag{5.19}$$

となり，電流比は電圧比を表す巻数比の逆数（$\frac{n_2}{n_1}$）となる。電圧比と電流比が互いに逆数となるという性質は，変成器内部での電力消費がないという前提の下，電力保存則 $\dot{V}_1\overline{\dot{I}_1}=\dot{V}_2\overline{\dot{I}_2}$に基づけば自明の結果と言える。

5.2.2　T型等価回路

図5－5 (a)に変成器の回路図を再掲する。式（5.11），式（5.12）の基礎式は以下のように変形できる。

$$\dot{V}_1=j\omega(L_1-M)\dot{I}_1+j\omega M\left(\dot{I}_1+\dot{I}_2\right) \tag{5.20}$$

$$\dot{V}_2=j\omega M\left(\dot{I}_1+\dot{I}_2\right)+j\omega(L_2-M)\dot{I}_2 \tag{5.21}$$

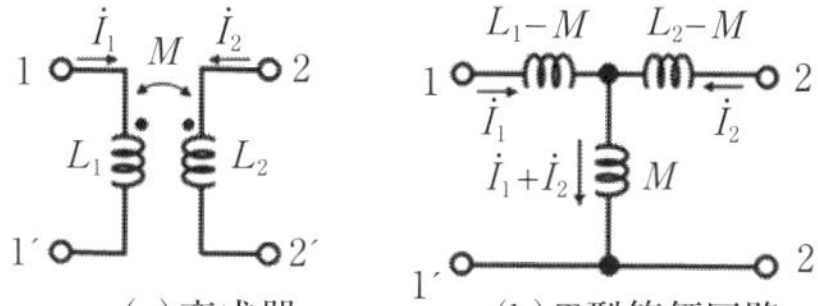

図5－5 (a)の1'-2'間が同電位である前提のもと，上式より図5－5 (b)の3つの自己インダクタンスで構成される**T型等価回路**が得られる。図中，Mは図5－5 (a)の相互誘導Mと同じ値をもつ自己インダクタンスであることに注意する必要がある。従って，本等価回路を用いれば変成器を相互誘導のない回路に置きかえることができるので便利である。なお，負の自己インダクタンスは存在しないため，$M<0$の場合は本回路を物理的に構成することはできない。

図5－5　変成器の等価回路

このT型等価回路を用いて，図5－6の回路の端子1-2'間の等価インダクタンスを求めてみる。同図を変成器の端子1'と端子2を短絡したものと見れば，極性を反転した図5－7 (a)が描ける。従って，端子1-2'間の等価インダクタン

ス$L_a = L_1 + L_2 + 2M$となる。一次側，二次側の巻数が同じで密結合変成器を想定すると，この接続では自己インダクタンスの概ね4倍の等価インダクタンスが得られる。一般に自己インダクタンスは巻数の2乗に比例することから，この結果は自明と言える。

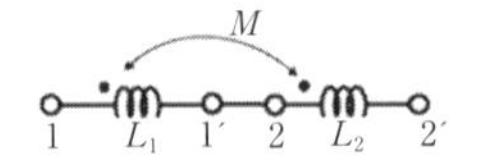

図5－6　相互誘導をもつインダクタの直列接続

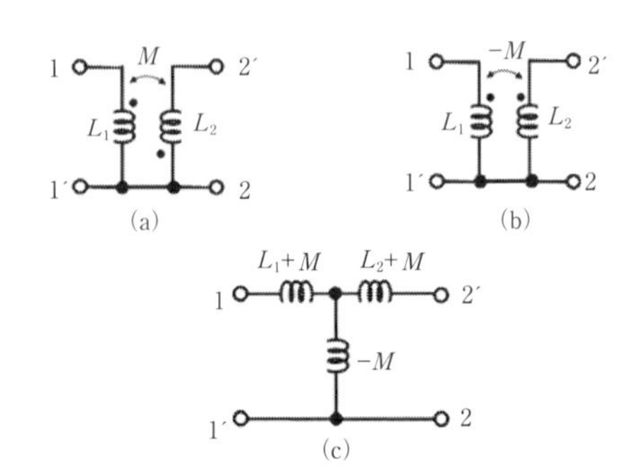

図5－7　T形等価回路による解法

【例題 5.2】　図5－8に示す回路の等価インダクタンスを求めよ。

同図における二次側巻線の極性は図5-6と逆であり，端子1'と端子2'とが短絡されている。しかるに，このT型等価回路は図5－5(b)となり，端子1-2間の等価インダクタンスL_bは$L_b = L_1 + L_2 - 2M$となる。

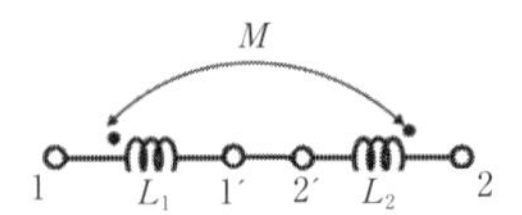

図5－8　相互誘導をもつインダクタの直列接続

このように，相互インダクタンスをもつ回路は2つのインダクタの接続方向によって，自己インダクタンスの概ね0～4倍の等価インダクタンスが得られるという興味深い性質がある。

確認問題 5.3　L_a，L_bの測定値が得られたとする。これらの値を用いて相互インダクタンスMを求める方法を得よ。

$M = (L_a - L_b)/4$

ＡＬ－１　式（5.9）と式（5.10）行列を使って表すと，式（5.22）となる。この式は入力と出力の電圧・電流間の関係を表しているので四端子網の行列表記とも言われている。さて，行列の性質を用いると，式（5.22）は式（5.23）のように［　］の中を2つの項に分解できる。各項のインダクタンスの関わる項は，インピーダンスを表しているので，式（5.23）の［　］の中の2つの項の和は，インピーダンスの直列接続を意味することが分かる。それぞれのインピーダンス行列がどのような四端子網を表しているか調べよ。次に，四端子網の直列接続は，各四端子をどのように接続するのかを調べよ。最後に，その四端子網の直列接続回路が上記で求めたT型等価回路（図5-5(b)）となることを確認せよ。

$$\begin{bmatrix} V_1 \\ V_2 \end{bmatrix} = \begin{bmatrix} j\omega L_1 & j\omega M \\ j\omega M & j\omega L_2 \end{bmatrix} \begin{bmatrix} I_1 \\ I_2 \end{bmatrix} \tag{5.22}$$

$$\begin{bmatrix} V_1 \\ V_2 \end{bmatrix} = \left\{ \begin{bmatrix} j\omega(L_1 - M) & 0 \\ 0 & j\omega(L_2 - M) \end{bmatrix} + \begin{bmatrix} j\omega M & j\omega M \\ j\omega M & j\omega M \end{bmatrix} \right\} \begin{bmatrix} I_1 \\ I_2 \end{bmatrix} \tag{5.23}$$

5.2.3　単巻変成器

図5-9(a)，図5-10(a)のような構成をもつ回路を**単巻変成器**という。単巻変成器は，二次側巻線を一次側巻線と共通化し，かつ取り出し位置を滑動的に変化させることによって，より少ない巻線量で0Vから一次側電圧より高い二次側電圧を連続的に得るものである。ここでは，前節のT型等価回路を用いて単巻変圧器の電圧比を求める。

図5-9(a)は一次側電圧$\dot{V}_1$より高い二次側電圧$\dot{V}_2$を得る場合の単巻変成器の回路である。図中，1，1'，2，2'は図5-7(a)に対応させた各巻線の端子番号である。これを図5-5(a)の変成器を用いて書き直すと図5-9(b)が得られる。図5-7(c)にならい，図5-9(b)をT型等価回路に変換すると同図(c)が描け，さらに書き直すと同図(d)が求まる。これより，単巻変成器の二次側を無負荷運転したとすると，二次側電圧$\dot{V}_2$は

$$\dot{V}_2 = \frac{L_1 + M}{-M + (L_1 + M)} \dot{V}_1 = \frac{L_1 + M}{L_1} \dot{V}_1 > \dot{V}_1 \tag{5.24}$$

となる。

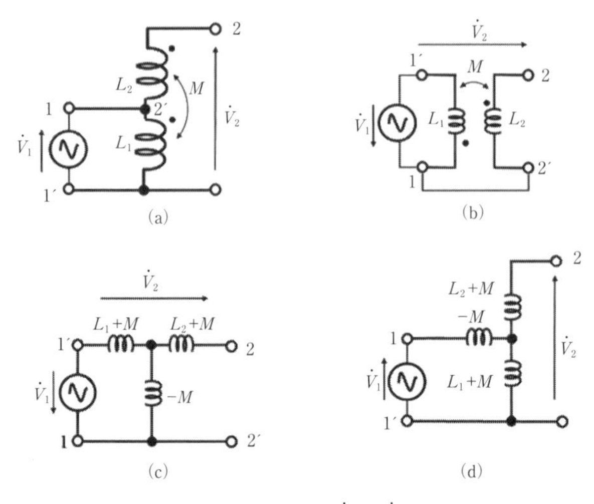

図5－9　単巻変成器（$\dot{V}_1<\dot{V}_2$の場合）

確認問題5.4　一次側電圧$\dot{V}_1$より低い二次側電圧$\dot{V}_2$を得る場合には図5－10(a)の回路となる。この回路における，無負荷運転時の二次側電圧$\dot{V}_2$を得よ。

前述と同様の手順を踏めば，変成器を用いて図5－10(b)が得られる。さらに，T型等価回路に変換すると同図(c)が描け，さらに書き直すと同図(d)が求まる。従って，二次側電圧$\dot{V}_2$は

$$\dot{V}_2=\frac{L_1+M}{(L_2+M)+(L_1+M)}\dot{V}_1=\frac{L_1+M}{L_1+L_2+2M}\dot{V}_1<\dot{V}_1 \qquad (5.25)$$

となる。

5.2.4　結合回路（共振型変成器回路）

結合回路（共振型変成器回路，複合共振回路）は，キャパシタと変成器によるインダクタによる共振現象を利用した周波数選択機能を有する回路であり，各種信号弁別回路として利用されている。特に，2007年以降，注目を浴びている非接触給電技術の磁気共鳴方式は本回路がその基本となっており，近年そ

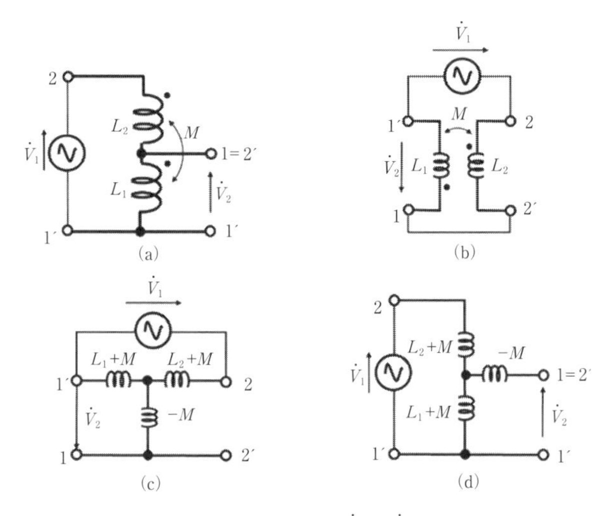

図 5-10　単巻変成器（$\dot{V}_1 > \dot{V}_2$の場合）

の重要度が増している。

図 5-11 は結合回路の一例である。キルヒホッフの法則より，

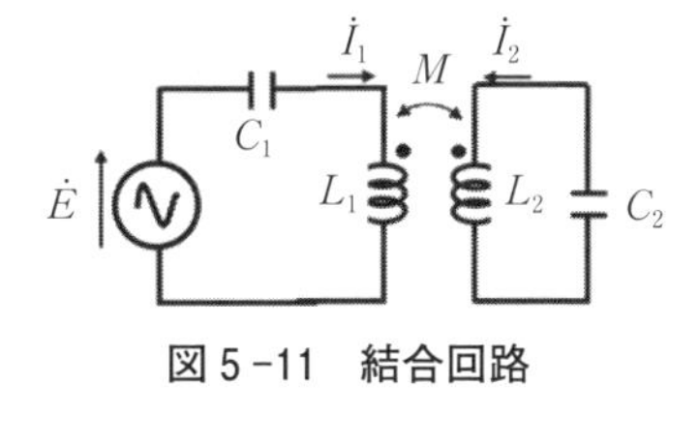

図 5-11　結合回路

$$\begin{cases} \dot{E} = \left(j\omega L_1 + \dfrac{1}{j\omega C_1}\right)\dot{I}_1 + j\omega M \dot{I}_2 \\ 0 = j\omega M \dot{I}_1 + \left(j\omega L_2 + \dfrac{1}{j\omega C_2}\right)\dot{I}_2 \end{cases} \tag{5.26}$$

が成り立つ。これを$\dot{I}_1$について解くと，次式が得られる。

$$\dot{I}_1 = \frac{\begin{vmatrix} \dot{E} & j\omega M \\ 0 & j\left(\omega L_2 - \dfrac{1}{\omega C_2}\right) \end{vmatrix}}{\begin{vmatrix} j\left(\omega L_1 - \dfrac{1}{\omega C_1}\right) & j\omega M \\ j\omega M & j\left(\omega L_2 - \dfrac{1}{\omega C_2}\right) \end{vmatrix}}$$

$$=-\frac{j\left(\omega L_2-\dfrac{1}{\omega C_2}\right)\dot{E}}{\left(\omega L_1-\dfrac{1}{\omega C_1}\right)\left(\omega L_2-\dfrac{1}{\omega C_2}\right)-(\omega M)^2}$$

$$=\frac{1}{j}\cdot\frac{\left(\omega L_2-\dfrac{1}{\omega C_2}\right)\dot{E}}{\omega^2(L_1L_2-M^2)-\left(\dfrac{L_2}{C_1}+\dfrac{L_1}{C_2}\right)+\dfrac{1}{\omega^2C_1C_2}}$$

$$=\frac{1}{jL_1L_2}\cdot\frac{\left(\omega L_2-\dfrac{1}{\omega C_2}\right)\dot{E}}{\omega^2\left(1-\dfrac{M^2}{L_1L_2}\right)-\left(\dfrac{1}{L_1C_1}+\dfrac{1}{L_2C_2}\right)+\dfrac{1}{\omega^2L_1L_2C_1C_2}} \tag{5.27}$$

上式より，$\omega=\omega_2=1/\sqrt{L_2C_2}$の時に反共振現象が生じ，$\dot{I}_1=0$となることがわかる。一方，$\dot{I}_1\to\infty$となる共振現象は上式の分母が0となる角周波数を求めればよい。分母をω^2倍すると

$$D(\omega^2)=\omega^4(1-k^2)-(\omega_1^2+\omega_2^2)\omega^2+\omega_1^2\omega_2^2=0 \tag{5.28}$$

が得られる。ただし，$\omega_1=1/\sqrt{L_1C_1}$である。これをω^2について解けば，

$$\omega^2=\frac{(\omega_1^2+\omega_2^2)\pm\sqrt{(\omega_1^2+\omega_2^2)^2-4\omega_1^2\omega_2^2(1-k^2)}}{2(1-k^2)}=\frac{(\omega_1^2+\omega_2^2)\pm\sqrt{(\omega_1^2-\omega_2^2)^2+4k^2\omega_1^2\omega_2^2}}{2(1-k^2)} \tag{5.29}$$

が得られる。この解を，ω_+，ω_-（複合同順）とする。式（5.27）はω^2に関する2次式であり図5-12のグラフが描けるが，$\omega=\omega_2$においては

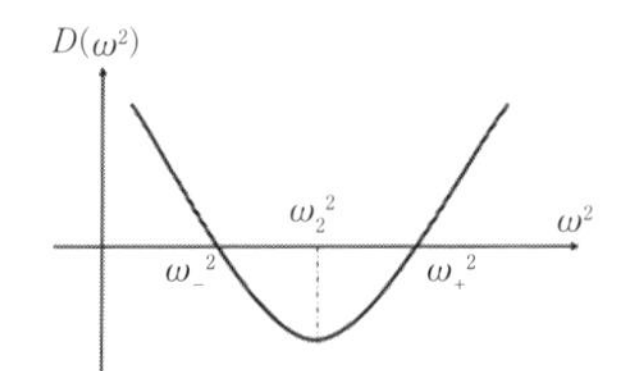

図5-12　結合回路のDのω二乗特性

$$D(\omega_2^2)=\omega_2^4(1-k^2)-(\omega_1^2+\omega_2^2)\omega_2^2+\omega_1^2\omega_2^2=-k^2\omega_2^4\leq 0 \tag{5.30}$$

であるから，図5-12より$\omega_-\leq\omega_2\leq\omega_+$の関係がわかる。従って，結合回路は周波数の増加に伴って順に共振$(\omega=\omega_-)$→反共振$(\omega=\omega_2)$→共振$(\omega=\omega_+)$の特性

を示す。実際には回路中の抵抗分を考慮すると電流実効値の上限が生じ，図5-13に示す**双峰特性**が表れる。なお，結合を疎にする$(k\to 0)$と共振周波数は

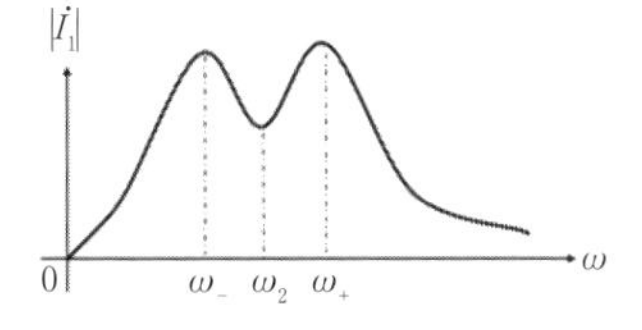

図5-13　双峰共振曲線

$$\omega=\sqrt{\frac{(\omega_1^2+\omega_2^2)\pm(\omega_1^2-\omega_2^2)}{2}}=\omega_1 \quad or \quad \omega_2 \tag{5.31}$$

となり，ω_-は　ω_1，ω_2の小さいほうへ，ω_+は大きいほうへ漸近する。結合を密にする$(|k|\to 1)$と　ω_+は限りなく大きくなる。

ω_-は　$\omega_1\omega_2/\sqrt{\omega_1^2+\omega_2^2}$に漸近する。

【例題5.3】　ω_-を得よ。

式（5.29）に$|k|\to 1$を代入して直接ω_-を求めることはできない。ロピタルの定理を適用すると，

$$\begin{aligned}\omega_-^2&=\lim_{k^2\to 1}\frac{(\omega_1^2+\omega_2^2)-\sqrt{(\omega_1^2-\omega_2^2)^2+4k^2\omega_1^2\omega_2^2}}{2(1-k^2)}\\&=\lim_{x\to 1}\frac{\left((\omega_1^2+\omega_2^2)-\sqrt{(\omega_1^2-\omega_2^2)^2+4x\omega_1^2\omega_2^2}\right)'}{2(1-x)'}\\&=-\frac{\lim_{x\to 1}\frac{1}{2}\left\{(\omega_1^2-\omega_2^2)^2+4x\omega_1^2\omega_2^2\right\}^{-1/2}\times 4\omega_1^2\omega_2^2}{-2}\\&=\frac{\omega_1^2\omega_2^2}{\sqrt{(\omega_1^2-\omega_2^2)^2+4\omega_1^2\omega_2^2}}=\frac{\omega_1^2\omega_2^2}{(\omega_1^2+\omega_2^2)}\end{aligned} \tag{5.32}$$

より，$\omega_-=\omega_1\omega_2/\sqrt{\omega_1^2+\omega_2^2}$に漸近する。

ＡＬ－２　以上の双峰共振曲線の方程式等は数式表現が極めて複雑であることが理解できたと思う。しかしながら，現在はMathcad等の数式処理ソフトが利用可能であり，簡単に$\dot{I}_1(\omega)$などをグラフ化することができる。定数部分を任意に指定し，双峰共振曲線をグラフに求めて見よ。［略］

5.3　理想変成器

5.3.1　理想変成器の定義と性質

次の2つの性質を持つ変成器を**理想変成器**と言い，図記号は図5-14で示される。ここで，n_1, n_2は一次側，二次側におけるコイル巻数である。

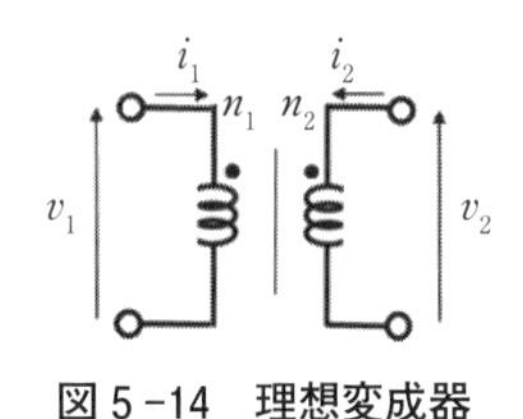

図5-14　理想変成器

(1)　一次巻線と二次巻線が**密結合**（$k=1, M^2=L_1L_2$）である。

(2)　二次巻線開放時の一次側電流（**励磁電流**と言う）は0Aである。

厳密に言えばこのような理想的な変成器は存在しないが，透磁率が十分大きく（励磁電流が十分小），鉄損が極めて小さい鉄心を用いた変成器がこれに相当する。以下では，理想変成器の性質を述べ，理想変成器を用いて一般変成器の等価回路を導出する。

式（5.17）より，二次側開放（$\dot{I}_2=0$）とすれば，

$$\dot{V}_1=\frac{L_1}{M}\dot{V}_2=\frac{n_1}{n_2}\dot{V}_2 \tag{5.33}$$

となり，式（5.13）より，二次側短絡時（$\dot{Z}=0$）において

$$\dot{I}_1=-\frac{L_2}{M}\dot{I}_2=-\frac{n_2}{n_1}\dot{I}_2 \tag{5.34}$$

となる。上式は$\dot{I}_2=0$の時には電圧比が巻数比に一致することを示している。同時に，一次側電流も$\dot{I}_1=0$となることから，上記条件(2)を満足する理想変圧器の条件を示している。なお，式（5.34）より

$$n_1\dot{I}_1+n_2\dot{I}_2=0 \tag{5.35}$$

なる式が得られる。すなわち，理想変成器は各巻線における起磁力の総和が0になるという重要な性質をもつ。式（5.33）はキルヒホッフの電圧則，式（5.35）はキルヒホッフの電流則を，理想変成器に対して表している。

5.3.2　理想変成器を用いた変成器の等価回路表現

密結合変成器（$k=1, M^2=L_1L_2$）の電圧方程式は以下で与えられる（式(5.9)，式（5.10）再掲）。

$$\dot{V}_1 = j\omega L_1 \dot{I}_1 + j\omega M \dot{I}_2$$

$$\dot{V}_2 = j\omega M \dot{I}_1 + j\omega L_2 \dot{I}_2$$

ここで，一次側電流$\dot{I}_1$を励磁電流$\dot{I}_0$と式（5.34）にならって二次側電流に比例する負荷電流$\dot{I}_1' = -\frac{n_2}{n_1}\dot{I}_2 = -\frac{M}{L_1}\dot{I}_2$との和で表現することを考える。すなわち，

$$\dot{I}_1 = \dot{I}_0 + \dot{I}_1' = \dot{I}_0 - \frac{M}{L_1}\dot{I}_2 \tag{5.36}$$

とおけば，一次側電圧方程式は

$$\dot{V}_1 = j\omega L_1\left(\dot{I}_0 - \frac{M}{L_1}\dot{I}_2\right) + j\omega M \dot{I}_2 = j\omega L_1 \dot{I}_0 + j\omega M\left(-\dot{I}_2 + \dot{I}_2\right) = j\omega L_1 \dot{I}_0 \tag{5.37}$$

となる。このとき，二次側電圧方程式については，密結合条件$L_2 = M^2/L_1$を用いれば

$$\dot{V}_2 = j\omega M\left(\dot{I}_0 - \frac{M}{L_1}\dot{I}_2\right) + j\omega L_2 \dot{I}_2 = j\omega M \dot{I}_0 + j\omega L_2\left(-\dot{I}_2 + \dot{I}_2\right)$$

$$= j\omega M \dot{I}_0 = \frac{j\omega M}{j\omega L_1}\dot{V}_1 = \frac{n_2}{n_1}\dot{V}_1 \tag{5.38}$$

となり，理想変圧器の条件である式（5.33）を満たす。以上から，$k=1$の密結合変成器は一次側電流$\dot{I}_1$から励磁電流$\dot{I}_0$を分割すれば理想変成器を用いて表すことができ，理想変成器表現に含まれない励磁回路要素を並列に付加した図 5-15 で示される。

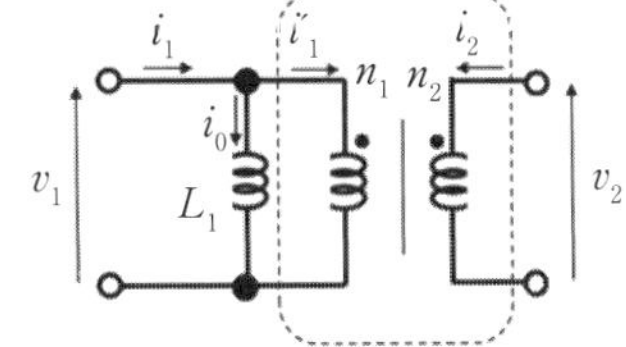

図 5-15　理想変成器を用いた密結合変成器の等価回路

次に，密結合でない変成器を，理想変成器を用いた等価回路で表現することを考える。先の説明では一次電流を分割したが，ここでは一次側電圧$\dot{V}_1$を，$\dot{V}_2$に比例する成分とそれ以外の

成分に分割する。しかるに

$$\dot{V}_1 = j\omega\left(L_1 - \frac{M^2}{L_2}\right)\dot{I}_1 + j\omega\frac{M^2}{L_2}\dot{I}_1 + j\omega M\dot{I}_2$$

$$= j\omega\left(L_1 - \frac{M^2}{L_2}\right)\dot{I}_1 + \frac{M}{L_2}\left(j\omega M\dot{I}_1 + j\omega L_2\dot{I}_2\right)$$

$$= j\omega L_t\dot{I}_1 + \frac{n_1}{n_2}\dot{V}_2 = j\omega L_t\dot{I}_1 + \dot{V}_1' \tag{5.39}$$

と変形すると，上式第2項$\dot{V}_1' = \frac{n_1}{n_2}\dot{V}_2$が二次側電圧に比例する成分として扱うことができる。ここで，$L_t = (1-k^2)L_1$は，一次側，二次側のそれぞれで生じる漏れ磁束をすべて一次側で発生しているとして換算した値となる。従って，変成器の一次側インダクタンスL_1がL_tと$L_1' = k^2L_1 = \frac{M^2}{L_2}$とに分割された形式となる。このとき，$M^2 = L_1'L_2$となることに注意すれば，一般の変成器は密結合変成器を用いた図5-16(a)に示す等価回路で表される。さらに，得られた密結合変成器を，理想変成器を用いて表現し直せば，密結合でない変成器を漏れインダクタンスL_tと励磁インダクタンスL_1とを別表現にした図5-16(b)の形式で表すことができる。

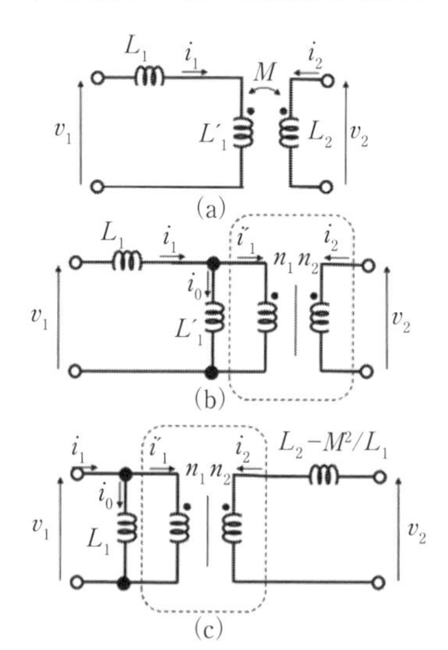

図5-16　理想変成器を用いた変成器の等価回路

確認問題5.5　密結合でない変成器を理想変成器を用いて表せ。ただし，励磁リアクタンスを一次側，漏れインダクタンスを二次側で表せ。

二次側電圧を一次側電圧に比例する成分とそれ以外の成分に分割すればよい。しかるに

$$\dot{V}_2 = j\omega M\dot{I}_1 + j\omega L_2\dot{I}_2 = \frac{M}{L_1}\left(j\omega L_1\dot{I}_1 + j\omega M\dot{I}_2\right) - \frac{j\omega M^2}{L_1}\dot{I}_2 + j\omega L_2\dot{I}_2$$

$$= \frac{M}{L_1}\dot{V}_1 + j\omega\left(L_2 - \frac{M^2}{L_1}\right)\dot{I}_2 \qquad (5.40)$$

と変形でき，上式第２項の係数が漏れインダクタンスの二次側換算値となる。さらに一次側で励磁インダクタンスL_1を考慮すると，等価回路は図５-16(c)となる。

5.3.3　理想変成器によるインピーダンス変換

図５-17のように，理想変成器の二次側にインピーダンス$\dot{Z}$が接続された回路を考える。この変成器において$n>1$とすると，一次側が低圧側（大電流），二次側が高圧側（小電流）となることから，変成器の設置によって電圧電流変換に伴うインピーダンス変換が行われることがわかる。ここでは，理想変圧器の一次側から見たインピーダンス値を考える。

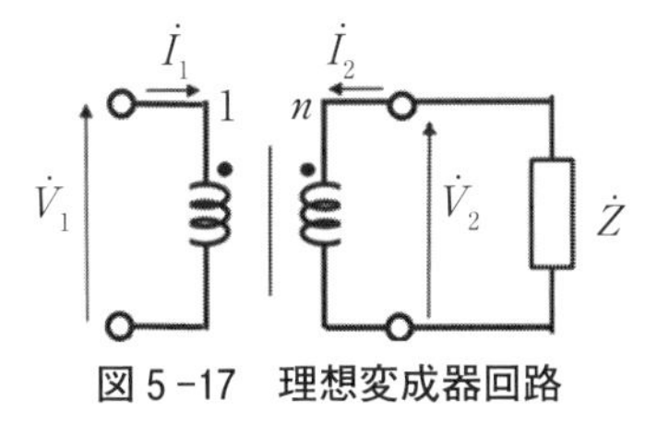

図５-17　理想変成器回路

理想変圧器の性質から，

$$\dot{V}_1 = \frac{1}{n}\dot{V}_2,\quad \dot{I}_1 = -n\dot{I}_2 \qquad (5.41)$$

である。しかるに，$\dot{V}_2 = -\dot{Z}\dot{I}_2$であることに注意すれば一次側から見た等価インピーダンスは

$$\dot{Z}_1 = \frac{\dot{V}_1}{\dot{I}_1} = \frac{\dot{V}_2/n}{-n\dot{I}_2} = -\frac{\dot{V}_2}{n^2\dot{I}_2} = \frac{\dot{Z}}{n^2} \qquad (5.42)$$

となる。このように，理想変成器はインピーダンス変換器としての機能を持っており，変換比は巻数比の２乗に依存することがわかる。このような特性は負荷に最大電力を供給するための必要条件（インピーダンス整合）を満たすため

にも用いられる。

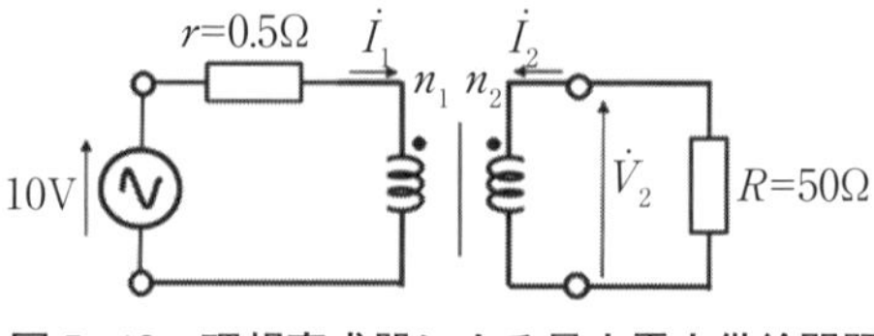

図5-18　理想変成器による最大電力供給問題

確認問題 5.6　図5-18の回路において負荷に供給する電力を最大化したい。必要なn_2/n_1を求めよ。また，負荷電圧，負荷電流，供給電力を求めよ。

$\dfrac{n_2}{n_1}=10$，負荷電圧50V，負荷電流1A，負荷への供給電力50W

5.3.4　理想変成器を用いた回路計算

ここでは，理想変成器を用いた回路の回路計算法を述べる。

【例題 5.4】　図5-19に示す理想変成器の巻線間にフィードバック抵抗をもつ回路の入力インピーダンスを求めよ。

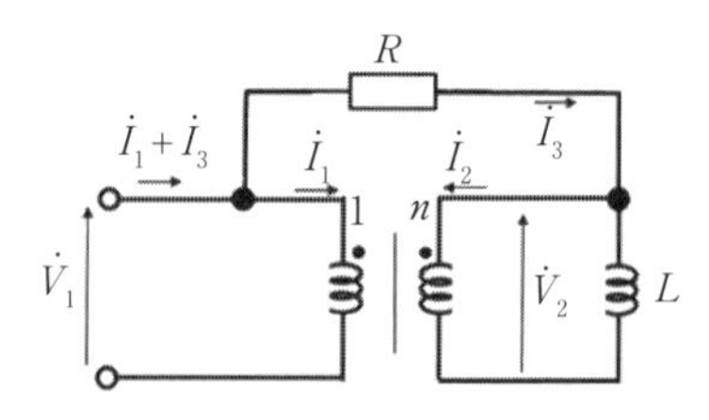

図5-19　フィードバック抵抗をもつ理想変成器回路

同図に示すように$\dot{V}_1$，$\dot{V}_2$，$\dot{I}_1$，$\dot{I}_2$，$\dot{I}_3$を定義する。同図より，抵抗Rに流れる電流$\dot{I}_3$は

$$\dot{I}_3=\frac{\dot{V}_1-\dot{V}_2}{R}=\frac{1-n}{R}\dot{V}_1 \tag{5.43}$$

となる。ここで，理想変成器の条件，$\dot{V}_1=\dot{V}_2/n$を用いた。また，$\dot{I}_3$は，

$$\dot{I}_3=\dot{I}_2+\frac{\dot{V}_2}{j\omega L}=\dot{I}_2+\frac{n\dot{V}_1}{j\omega L} \tag{5.44}$$

でもある。ここで，上記2式を連立し，理想変成器の条件，$\dot{I}_1=-n\dot{I}_2$を代入すると

$$\frac{1-n}{R}\dot{V}_1=-\frac{\dot{I}_1}{n}+\frac{n\dot{V}_1}{j\omega L}$$

$$\dot{I}_1=\left(\frac{n(n-1)}{R}+\frac{n^2}{j\omega L}\right)\dot{V}_1 \tag{5.45}$$

となる。しかるに，入力インピーダンスは

$$\frac{\dot{V}_1}{\dot{I}_1+\dot{I}_3}=\frac{\dot{V}_1}{\left(\frac{n(n-1)}{R}+\frac{n^2}{j\omega L}\right)\dot{V}_1+\frac{1-n}{R}\dot{V}_1}=\frac{1}{\frac{(n-1)^2}{R}+\frac{n^2}{j\omega L}} \tag{5.46}$$

となる。

【例題 5.5】 図 5-20 に示す多巻線理想変成器を用いた回路の入力インピーダンスを求めよ。

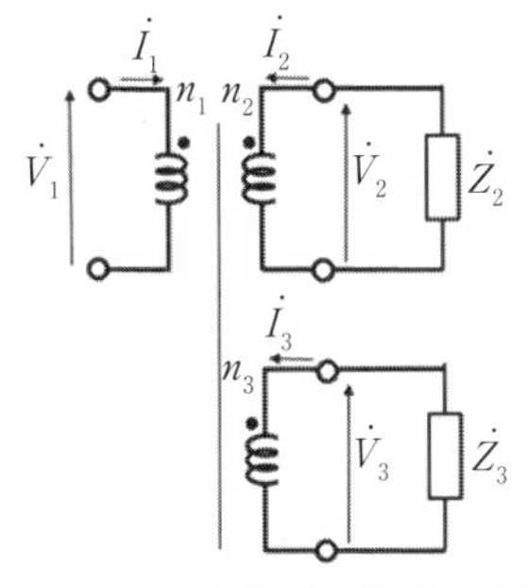

図 5-20　多巻線理想変成器

5.3.1 で述べたように，理想変成器における各巻線起磁力の総和は 0 となる性質がある。この性質は多巻線理想変成器でも同様であり，図 5-20 の三巻線理想変成器においては次式が成り立つ。

$$n_1\dot{I}_1+n_2\dot{I}_2+n_3\dot{I}_3=0 \tag{5.47}$$

従って，

$$\dot{I}_1=-\frac{n_2\dot{I}_2}{n_1}-\frac{n_3\dot{I}_3}{n_1} \tag{5.48}$$

に基づいて計算すればよい。一次側電流が二次側ならびに三次側電流の線形和で表現されることから，二次側，三次側回路は一次側回路に対して並列接続された形式として動作することがわかる。

さて，二次側，三次側回路においては，

$$\dot{V}_2=-\dot{Z}_2\dot{I}_2,\quad \dot{V}_3=-\dot{Z}_3\dot{I}_3$$

$$\dot{V}_2=\frac{n_2}{n_1}\dot{V}_1,\quad \dot{V}_3=\frac{n_3}{n_1}\dot{V}_1 \tag{5.49}$$

が成り立つので，上記 3 式より，

$$\dot{I}_1=\left(\frac{n_2}{n_1}\right)^2\frac{\dot{V}_1}{\dot{Z}_2}+\left(\frac{n_3}{n_1}\right)^2\frac{\dot{V}_1}{\dot{Z}_3} \tag{5.50}$$

が得られる。以上より，本回路の等価インピーダンスは，

$$\frac{\dot{V}_1}{\dot{I}_1}=\frac{1}{\left\{\left(\frac{n_2}{n_1}\right)^2\frac{1}{\dot{Z}_2}+\left(\frac{n_3}{n_1}\right)^2\frac{1}{\dot{Z}_3}\right\}} \tag{5.51}$$

と与えられる。

章末問題

問題 1　ある変成器の二次側を開放して一次側に 100 V を印加したところ，一次側電流が 0.4 A となった。次に，一次側を開放して二次側に 100 V を印加したところ，二次側電流が 0.3 A となった。結合係数を 0.8 として相互インダクタンスを求めよ。周波数は 60 Hz とする。

問題 2　ある漏れ磁束の多い変成器の二次側を開放して一次側に 100 V を印加したところ，一次側電流が 3 A となり，二次側電圧は 50 V となった。次に，一次側を開放して二次側に 100 V を印加したところ，一次側に 40 V の電圧が生じた。一次，二次側の自己インダクタンス，相互インダクタンス，結合係数を求めよ。周波数は 50 Hz とする。

問題 3　問題図 5 - 1 において，周波数 300 Hz における端子間インピーダンス $\dot{Z}$ を求めよ。結合係数を 0.8 とする。

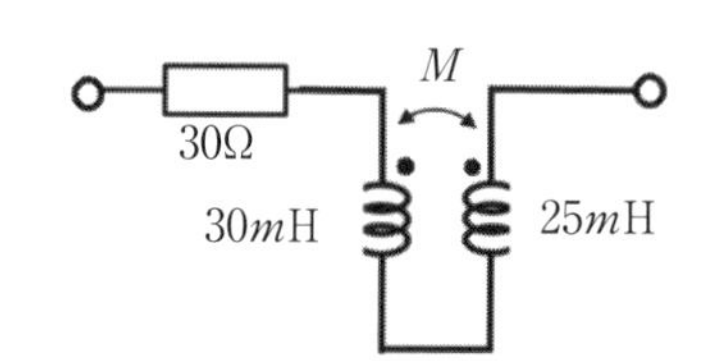

問題図 5 - 1　相互誘導のある回路

問題 4　問題図 5 - 2 の入力インピーダンスを求めよ。

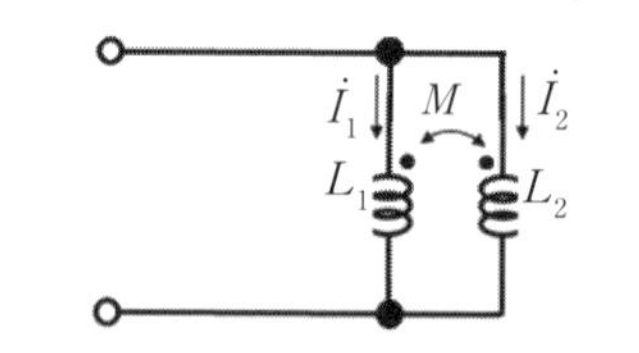

問題図 5 - 2　相互誘導のある回路

問題 5　問題図 5 - 3 の回路における R で消費される電力を求めよ。ただし，$\dot{E}=100$ V, $\omega L_1=\omega L_2=8\ \Omega$, $R=\omega M=6\ \Omega$ とする。

問題 6　問題図 5 - 4 において，電源電圧 $\dot{E}$ と $\dot{V}$ とが R に無関係に同相となる

条件を求めよ。

問題 7 理想変成器を用いて 16 Ωの抵抗を 1.2 k Ωに変換したい。適切な巻数比n_1:n_2を求めよ。

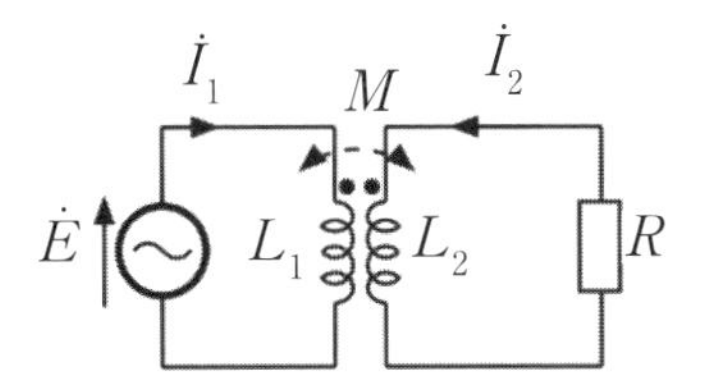

問題図 5 - 3 相互誘導のある回路

問題 8 問題図 5 - 5 において，$|\dot{V}_3|$をRの式で表せ。

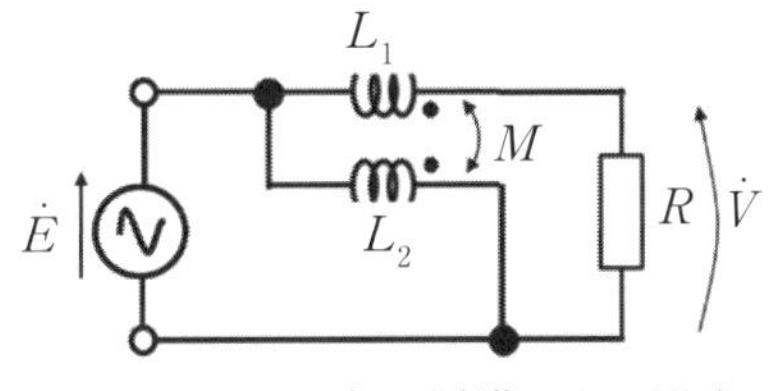

問題図 5 - 4 相互誘導のある回路

A L － 3 問題5において，式（5.16）を参考にして，電源から見た消費電力はI_1^2（二次側抵抗 R の一次側換算抵抗値）であり，これは二次側での消費電力I_2^2Rとも等しいはずである。これらを文字式で求めた後，数値を代入して確認せよ。

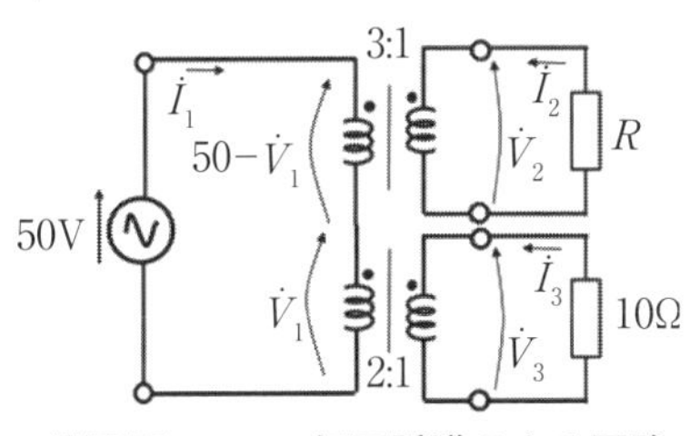

問題図 5 - 5 相互誘導のある回路

A L － 4 問題図 5 - 6 に示す結合回路（複合共振回路）を作成して，相互インダクタンスをもつ回路の共振特性とこれを利用した磁気共鳴式非接触電力伝送を体感せよ。電子部品の例を下記に示す。これらは通販等で購入できる。

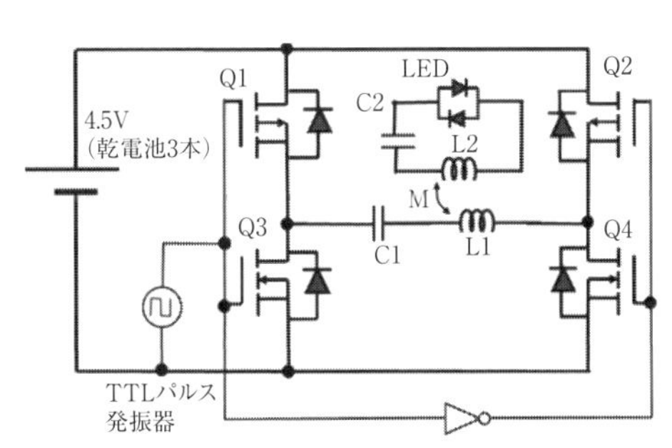

問題図 5 - 6 アクティブラーニング用課題回路

Ｑ１，Ｑ２：ｐチャネルＭＯＳＦＥＴ（例えば2SJ334）

Ｑ３，Ｑ４：ｎチャネルＭＯＳＦＥＴ（例えば2SK2232）

※Ｑ１とＱ３，Ｑ２とＱ４は互いにコンプリメンタリとみなせること。

Ｌ１，Ｌ２：空心コイル（例えば直径８cm，20Turns程度）

Ｃ１，Ｃ２：メタライズドポリエステルフィルムコンデンサ0.47μF程度

LED：高輝度発光ダイオード（赤）

第6章　三相交流

周波数を同一とし，異なる位相をもつ電源を2個以上用いて負荷に電力を供給する方式を**多相方式**といい，これらの交流を**多相交流**という。なかでも，電源を3個用いる**三相交流**は電力の発生，輸送，変換，利用の基盤的技術となっている。また，三相交流は交流電動機の駆動電源としても多用されており，昨今の省エネルギー化電力システムを構築するためには必須の技術である。

三相交流において，各相電源の実効値が等しく各相の位相差が互いに2 π/3であるとき対称三相交流と称し，これ以外を非対称三相交流と称する。また，各相の電力の総和が時間的に一定となる回路が構成された場合，平衡三相回路と称する。これに対し，前章までに学んだ交流は単相交流と称する。

本章では，三相交流回路の基本概念と結線方式，回路解法と電力測定，簡単な非対称回路などについて述べる。また，回転磁界の発生についても学ぶ。

6.1　三相交流の基礎

6.1.1　対称三相交流の定義

図6－1に同一のインピーダンス$\dot{Z}$を負荷とする，独立した3個の回路を示す。ここで，各回路の電源電圧が以下のように与えられているものとする。ただし，$\varphi=\angle\dot{Z}$である。

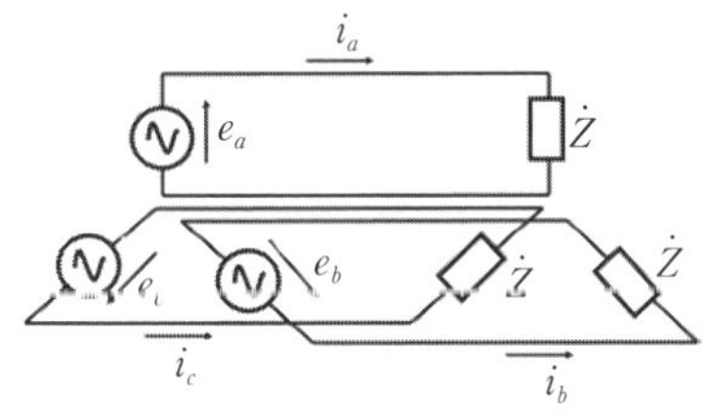

図6－1　同一のインピーダンスを負荷とする3個の交流回路

$$
\begin{aligned}
e_a&=\sqrt{2}|\dot{E}|\sin(\omega t+\varphi)\,(\mathrm{V})\\
e_b&=\sqrt{2}|\dot{E}|\sin(\omega t-2\pi/3+\varphi)\,(\mathrm{V})\\
e_c&=\sqrt{2}|\dot{E}|\sin(\omega t-4\pi/3+\varphi)\,(\mathrm{V})
\end{aligned}
\qquad(6.1)
$$

各回路（**相**と称する）における電源は，その角周波数 ω と電圧実効値 $|\dot{E}|$ が各相でそれぞれ等しく，各相間の位相差が $2\pi/3$ である。これらは**対称三相電圧**と呼ばれる。この回路に流れる電流は簡単な計算により

$$
\begin{aligned}
i_a &= \sqrt{2}|\dot{I}|\sin(\omega t)\,(\mathrm{A}) \\
i_b &= \sqrt{2}|\dot{I}|\sin(\omega t - 2\pi/3)\,(\mathrm{A}) \qquad (6.2) \\
i_c &= \sqrt{2}|\dot{I}|\sin(\omega t - 4\pi/3)\,(\mathrm{A})
\end{aligned}
$$

となる。ただし，$|\dot{I}| = |\dot{E}|/|\dot{Z}|$ である。この電流の瞬時波形は図6－2(a)のように，ベクトル図は図6.2(b)のように表される。

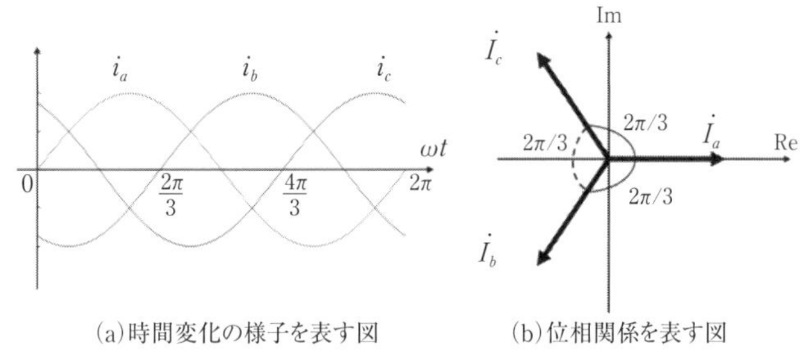

(a)時間変化の様子を表す図　　(b)位相関係を表す図

図6－2　3つの相の電流の様子

a-c の各相の電圧は対応する各相の電流より $\angle\dot{Z} = \varphi$ だけ進んでいることに注意が必要である。

ここで，図6－1に示した3つの電流が流れる往復線路のうち，各相における一方の線を共通にすることを考える。これにより，図6－3(a)のような回路図が得られる（**三相四線式**）。この共通線 O-O' に流れる電流は，$i_n = i_a + i_b + i_c$ であるが，図6－2(a)によりどの時刻においても各電流の総和は0Aとなる。従って，この共通線 O-O' に電流は流れず，この線を除去することができる。すなわち，図6－3(a)を図6－3(b)

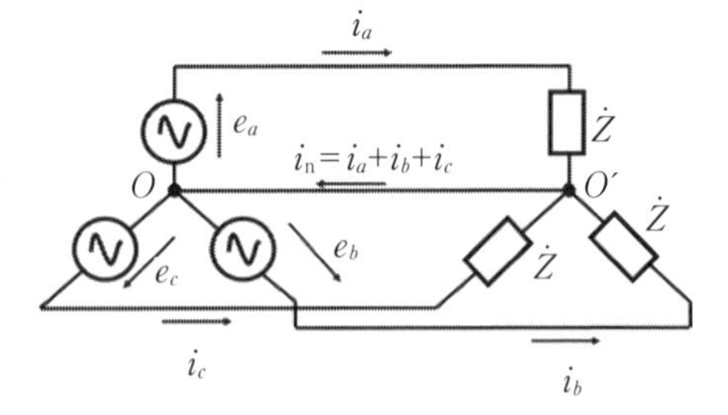

図6－3(a)　三相四線式結線の回路図

に省配線化（**三相三線式**）しても電流分布は変わらず，図 6 - 1 と同一の電力供給を行うことができる。これが特に電力システムで三相交流が多用される理由である。

なお，三相交流以外で実用される多相交流は，**六相交流**と**十二相交流等**である。

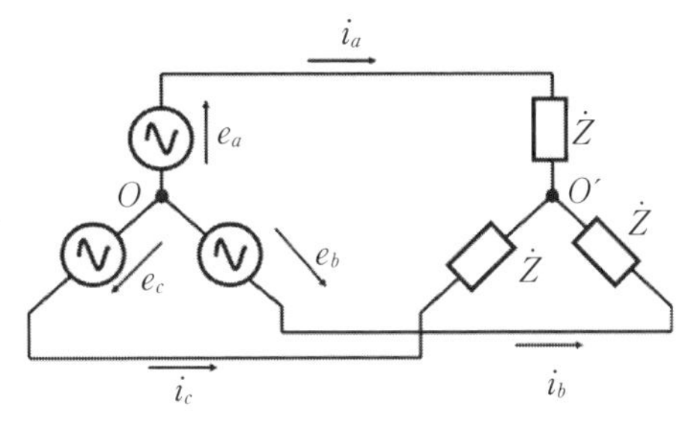

図 6 - 3 (b)　三相三線式結線の回路図

【例題 6.1】　対称三相電流 i_a, i_b, i_c の総和 i_{n} が 0 A になることを瞬時値表現のままの計算で示せ。

$$i_a+i_b+i_c=\sqrt{2}|\dot{I}|\sin(\omega t)+\sqrt{2}|\dot{I}|\sin\left(\omega t-\frac{2\pi}{3}\right)+\sqrt{2}|\dot{I}|\sin\left(\omega t-\frac{4\pi}{3}\right)$$

$$=\sqrt{2}|\dot{I}|\left\{\sin(\omega t)+\sin\left(\omega t-\frac{2\pi}{3}\right)+\sin\left(\omega t+\frac{2\pi}{3}\right)\right\}$$

$$=\sqrt{2}|\dot{I}|\left\{\sin(\omega t)+\sin(\omega t)\cos\left(-\frac{2\pi}{3}\right)+\cos(\omega t)\sin\left(-\frac{2\pi}{3}\right)\right.$$

$$\left.+\sin(\omega t)\cos\left(\frac{2\pi}{3}\right)+\cos(\omega t)\sin\left(\frac{2\pi}{3}\right)\right\}$$

$$=\sqrt{2}|\dot{I}|\left\{\sin(\omega t)+\sin(\omega t)\cos\left(\frac{2\pi}{3}\right)-\cos(\omega t)\sin\left(\frac{2\pi}{3}\right)\right.$$

$$\left.+\sin(\omega t)\cos\left(\frac{2\pi}{3}\right)+\cos(\omega t)\sin\left(\frac{2\pi}{3}\right)\right\}$$

$$=\sqrt{2}|\dot{I}|\left\{\sin(\omega t)+\sin(\omega t)\times\left(-\frac{1}{2}\right)\times 2\right\}=0 \tag{6.3}$$

確認問題 6.1　対称三相電流 i_a, i_b, i_c を複素ベクトル表現 $\dot{I}_a$, $\dot{I}_b$, $\dot{I}_c$ に変換し，その総和 $\dot{I}_{\mathrm{n}}$ が 0 A になることを示せ。［略］

6.1.2 三相回路の結線方式と用語

図6－4に三相回路の結線方式を示す。図6－4(a)のような結線方式は**星形結線**（星形接続）と呼ばれる。特に三相交流の場合は，その形がY字形となるので**Y結線**とも呼ばれる。各電源および個別線路を**相**と呼び，$\dot{E}_a$，$\dot{E}_b$，$\dot{E}_c$を**相電圧**，これに流れる電流I_a，I_b，I_c，を**相電流**，点Oを中性点という。また，線a，線b，線cの各間の電圧を**線間電圧**，各線に流れる電流を**線電流**という。Y結線においては，相電流と線電流とは等しく，中性点においてキルヒホッフの第1法則を適用すれば相電流の総和が0Aとなる。従って，線電流の総和が0Aにならなければならない。反対に，相電圧の総和に対しては，キルヒホッフの第2法則による回路上の拘束条件はない。ただし，対称交流とするために，相電圧の総和を0Vとするのが一般的である。

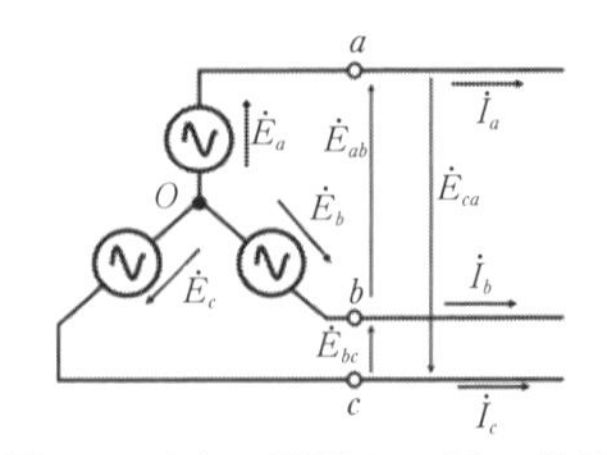

図6－4(a) 電源の三相Y結線

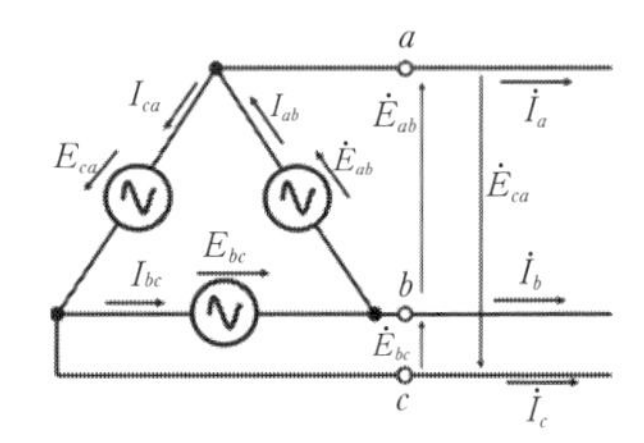

図6－4(b) 電源の三相Δ結線

一方，図6－4(b)のような結線方式は**環状結線**（環状接続）と呼ばれる。特に三相交流の場合は，その形がΔ字形となるので**Δ結線**または**三角結線**とも呼ばれる。各電源および個別線路を**相**と呼び，$\dot{E}_{ab}$，$\dot{E}_{bc}$，$\dot{E}_{ca}$を**相電圧**，これに流れる電流$\dot{I}_{ab}$，$\dot{I}_{bc}$，$\dot{I}_{ca}$を**相電流**という。また，線a，線b，線cの各間の電圧を**線間電圧**，各線に流れる電流を**線電流**という。Δ結線においては，相電圧と線間電圧とは等しく，キルヒホッフ第2法則を適用すれば相電圧の総和が0Vとなる。従って，線間電圧の総和が0Vにならなければならない。反対に，相電流の総和に対しては，キルヒホッフ第1法則による回路上の拘束条件はなく，0Aにならない場合には端子間に負荷を接続しなくてもΔ結線内に**循環電流**が流れることになる。ただし，対称交流とするために，相電流の総和を0Aとするのが一般的である。

6.1.3　Y 結線と電圧，電流の関係

図 6 - 4 (a)の Y 結線においては，相電流と線電流とは等しいことは前述した通りである。ここでは，相電圧と線間電圧の関係を述べる。

図 6 - 4 (a)より，各線間電圧は次式で表される。

$$\dot{E}_{ab}=\dot{E}_a-\dot{E}_b,\ \dot{E}_{bc}=\dot{E}_b-\dot{E}_c,\ \dot{E}_{ca}=\dot{E}_c-\dot{E}_a \tag{6.4}$$

$\dot{E}_a$, $\dot{E}_b$, $\dot{E}_c$ は対称三相交流電圧であり，各相電圧の実効値は互いに等しく，位相差は互いに 2 π /3 である。従って，$\dot{E}_a$を基準方向として，上式を考慮すると図 6 - 5 (a)のようなベクトル図が描ける。$\dot{E}_{ab}$, $\dot{E}_a$ の関係に着目すると，図 6 - 5 (b)のベクトル関係が得られ，

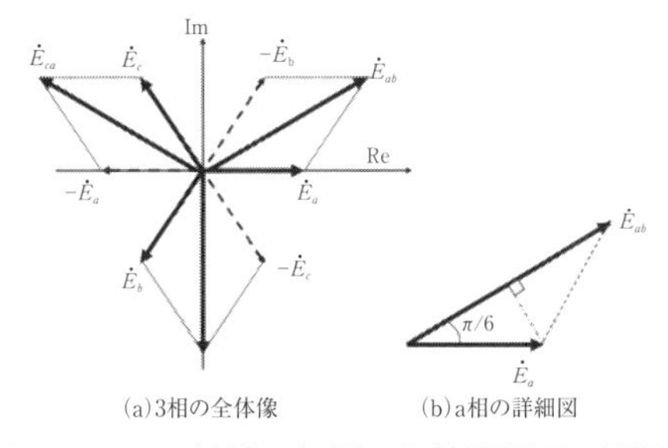

図 6 - 5　Y 結線の相電圧と線間電圧の関係

$$\left|\dot{E}_{ab}\right|=\left|\dot{E}_a\right|\cos(\pi/6)+\left|\dot{E}_b\right|\cos(\pi/6)=\sqrt{3}\left|\dot{E}_a\right| \tag{6.5}$$

より線間電圧 $\dot{E}_{ab}$ の実効値は相電圧実効値 $\left|\dot{E}_a\right|$ の $\sqrt{3}$ 倍となる。また，同図より，$\dot{E}_{ab}$ の位相は，$\dot{E}_a$より π /6 だけ進むことがわかる。

以上より，

・Y 結線における線間電圧は相電圧の$\sqrt{3}$ 倍の実効値をもち，相電圧より π /6 進んだ 対称三相電圧となる

・Y 結線における相電流は，線電流に等しい対称三相電流となる

という結論になる。

【例題 6.2】　上記の結論を電圧の瞬時値表現に基づく計算によって得よ。

$$e_{ab}=e_a-e_b=\sqrt{2}|\dot{E}|\left\{\sin(\omega t+\varphi)-\sin\left(\omega t+\varphi-\frac{2\pi}{3}\right)\right\}$$

$$=\sqrt{2}|\dot{E}|\left\{\sin(\omega t+\varphi)-\sin(\omega t+\varphi)\cos\left(-\frac{2\pi}{3}\right)\right.$$

$$-\cos(\omega t+\varphi)\sin\left(-\frac{2\pi}{3}\right)\}$$

$$=\sqrt{2}|\dot{E}|\left\{\frac{3}{2}\sin(\omega t+\varphi)+\frac{\sqrt{3}}{2}\cos(\omega t+\varphi)\right\}$$

$$=\sqrt{2}|\dot{E}|\times\sqrt{3}\{\frac{\sqrt{3}}{2}\sin(\omega t+\varphi)+\frac{1}{2}\cos(\omega t+\varphi)\}$$

$$=\sqrt{3}\times\sqrt{2}|\dot{E}|\{\cos(\frac{\pi}{6})\sin(\omega t+\varphi)+\sin(\frac{\pi}{6})\cos(\omega t+\varphi)\}$$

$$=\sqrt{3}\times\sqrt{2}|\dot{E}|\sin\left(\omega t+\varphi+\frac{\pi}{6}\right) \tag{6.6}$$

以上より，e_{ab}がe_aに対して実効値が$\sqrt{3}$倍であり，位相は$\pi/6$だけ進むことがわかる。

確認問題 6.2　Y 結線された対称三相電圧の 1 相の電圧が 200 V，電流が 17.3 A である。線間電圧実効値，線電流実効値を求めよ。[346.4 V，17.3 A]

6.1.4　Δ結線と電圧，電流の関係

図 6 - 4 (b)のΔ結線においては，相電圧と線間電圧とは互いに等しいことは前述した通りである。ここでは，相電流と線電流の関係を述べる。

図 6 - 4 (b)より，各線電流は次式で表される。

$$\dot{I}_a=\dot{I}_{ab}-\dot{I}_{ca},\ \ \dot{I}_b=\dot{I}_{bc}-\dot{I}_{ab},\ \dot{I}_c=\dot{I}_{ca}-\dot{I}_{bc} \tag{6.7}$$

$\dot{I}_{ab}$，$\dot{I}_{bc}$，$\dot{I}_{ca}$ は対称三相交流電流であり，各相電流の実効値は互いに等しく，位相差は互いに 2 π /3 である。ここで，a 相の情報を得るのに Y 結線時の計算とは対象となる相が異なることに注意されたい。$\dot{I}_{ab}$を基準方向として上式を考慮すると，図 6 - 6 (a)のようなベクトル図が描ける。$\dot{I}_a$，$\dot{I}_{ab}$の関係に着目すると，図 6 - 6 (b)のベクトル関係が得られ，

$$\left|\dot{I}_a\right|=\left|\dot{I}_{ab}\right|\cos(\pi/6)+\left|\dot{I}_{ca}\right|\cos(\pi/6)=\sqrt{3}\left|\dot{I}_{ab}\right| \tag{6.8}$$

より線電流$\dot{I}_a$ の実効値は相電流実効値$\left|\dot{I}_{ab}\right|$ の$\sqrt{3}$ 倍となる。また，同図より

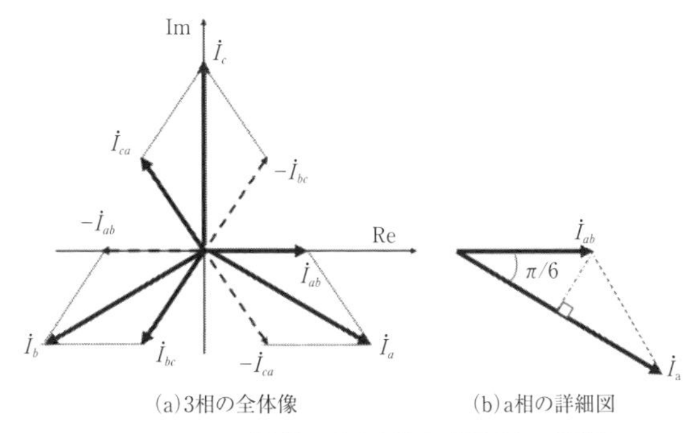

図 6 - 6　Δ 結線の相電流と線電流の関係

$\dot{I}_a$ の位相は，$\dot{I}_{ab}$ より $\pi/6$ だけ遅れることがわかる。

以上より，

- **Δ結線における相電圧は，線間電圧に等しい対称三相電圧となる**
- **Δ結線における線電流は相電流の $\sqrt{3}$ 倍の実効値をもち，相電流より $\pi/6$ 遅れた対称三相電流となる**

確認問題 6.3　Δ結線された対称三相電圧の 1 相の電圧が 200 V，電流が 17.3 A である。線間電圧実効値，線電流実効値を求めよ。[200 V，30 A]

6.2　平衡三相回路

前節では，三相交流の基本的事柄について学んだ。本節では前節をもとに平衡三相回路の回路計算法について述べる。**平衡回路**とは，各相電力の総和が時間的に一定となる回路が構成された場合の名称であるが，これについて次節で述べる。

6.2.1　Y − Y 回路

図 6 - 7 (a)に Y − Y 結線された平衡三相回路を示す。前節で述べたように，対称三相電圧が同一のインピーダンスで構成された対称三相負荷に印加された

場合には，各相の線電流の総和は0Aとなる。この原理に基づいて，三相三線式結線が成立するのであるが，回路計算においてはこの性質を逆に利用して一相分の等価回路を導出して計算を簡単化する。すなわち，図6-7(a)において，電源ならびに負荷の中性点間（O-O'間）に電流が流れない中性線を接続し，さらには各相に分割したa相回路のみを抽出する。これを図6-7(b)に示す。平衡三相回路においてはこの一相分等価回路に着目して，まず一相のみで回路計算を行い，後に2π/3の位相的対称性を利用して三相全体の回路計算に展開する。

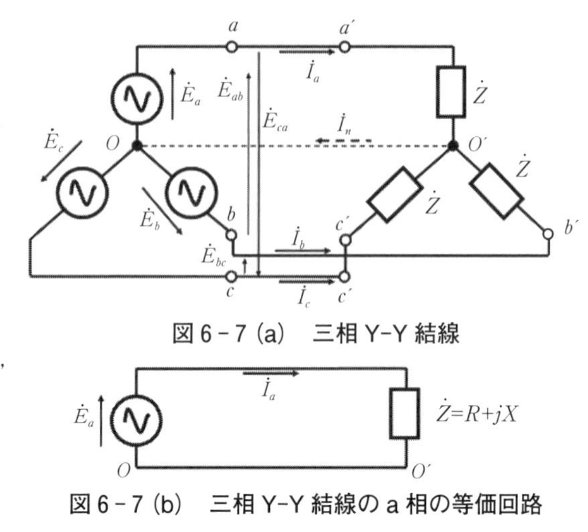

図6-7(a)　三相Y-Y結線

図6-7(b)　三相Y-Y結線のa相の等価回路

図6-7(b)において，a相の相電圧 $\dot{E}_a=\left|\dot{E}\right|\angle 0$を基準とすれば，線電流 $\dot{I}_a$ は

$$\dot{I}_a=\frac{\dot{E}_a}{\dot{Z}}=\frac{\left|\dot{E}\right|\angle 0}{\left|\dot{Z}\right|\angle\varphi}=\frac{\left|\dot{E}\right|}{\left|\dot{Z}\right|}\angle-\varphi \tag{6.9}$$

となる。ただし，$\dot{Z}=R+jX, \varphi=\tan^{-1}(X/R)$ である。$\dot{Z}$が誘導性負荷(X＞0)であるとすれば，線電流 $\dot{I}_a$ は相電圧 $\dot{E}_a$より φだけ遅れることになる。同様に，$\dot{E}_a$を基準とすればb相，c相の線電流は $\dot{I}_a$ から2π/3ずつ位相を遅らせればよく，

$$\dot{I}_b=\frac{\dot{E}_b}{\dot{Z}}=\frac{\left|\dot{E}\right|\angle(-2\pi/3)}{\left|\dot{Z}\right|\angle\varphi}=\frac{\left|\dot{E}\right|}{\left|\dot{Z}\right|}\angle(-\varphi-2\pi/3)$$

$$\dot{I}_c=\frac{\dot{E}_c}{\dot{Z}}=\frac{\left|\dot{E}\right|\angle(-4\pi/3)}{\left|\dot{Z}\right|\angle\varphi}=\frac{\left|\dot{E}\right|}{\left|\dot{Z}\right|}\angle(-\varphi-4\pi/3) \tag{6.10}$$

となり，各線電流は対応する相電圧の位相に対して同じφだけ遅れて流れる。以上より，図6－7(a)の回路における各諸量を表すベクトル図は図6－8となる。同図には線間電圧も示しているが，この線間電圧$\dot{E}_{ab}$を基準とすると各線電流は，

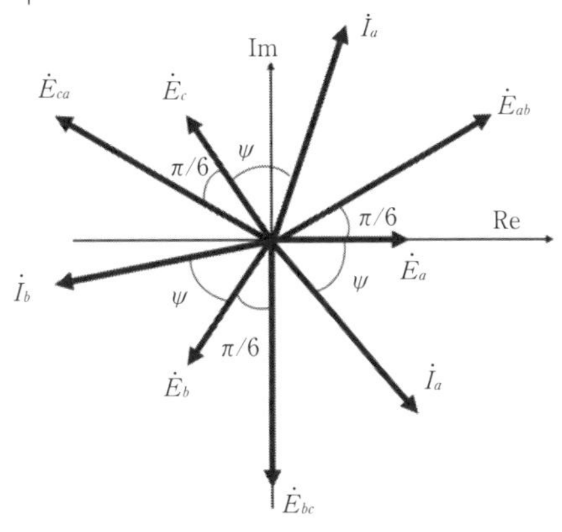

図6－8　三相Y-Y結線の電圧と電流の関係

$$\dot{I}_a=\frac{\left|\dot{E}_l\right|}{\sqrt{3}\left|\dot{Z}\right|}\angle(-\varphi-\pi/6)$$

$$\dot{I}_b=\frac{\left|\dot{E}_l\right|}{\sqrt{3}\left|\dot{Z}\right|}\angle(-\varphi-5\pi/6)$$

$$\dot{I}_c=\frac{\left|\dot{E}_l\right|}{\sqrt{3}\left|\dot{Z}\right|}\angle(-\varphi-3\pi/2) \tag{6.11}$$

と表される。ここで，$\left|\dot{E}_l\right|=\sqrt{3}\left|\dot{E}\right|$は線間電圧実効値である。

【例題6.3】　相電圧実効値が115.5 V $\left(=\frac{200}{\sqrt{3}}\right)$である対称三相電圧をY結線した電源を，$\dot{Z}=4+j3\,\Omega$をY結線した平衡三相負荷に印加した。線間電圧実効値，線電流実効値，その位相差を求めよ。

線間電圧実効値は

$$\left|\dot{E}_l\right|=\sqrt{3}\left|\dot{E}\right|=\sqrt{3}\times\frac{200}{\sqrt{3}}=200\text{V}$$

ただし，線間電圧は相電圧より30.0°進む。

次に線電流実効値を求める。Y 結線時には線電流ベクトル＝相電流ベクトルである。便宜上，相電圧を基準ベクトル（位相の基準）とすると，式（6.9）より，

$$\dot{I}_a = \frac{\dot{E}_a}{\dot{Z}} = \frac{200/\sqrt{3}}{4+j3} = \frac{200/\sqrt{3}}{5\angle 36.9^\circ} = 23.1\angle -36.9^\circ \mathrm{A}$$

となる。従って，線電流の実効値は23.1 Aであり，位相については線間電圧より 36.9°＋30.0°＝66.9°遅れる。

6.2.2　Δ－Δ回路

図6－9にΔ－Δ結線された平衡三相回路を示す。前項と同様，本回路の電流計算を一相分に分割して考え，後に三相全体に展開する。同図において，平衡三相負荷の各相インピーダンスに印加する電圧は線間電圧となる。ab 間のインピーダンスに着目すれば，線間電圧 $\dot{E}_{ab} = \left|\dot{E}_l\right|\angle 0$を基準とした場合の負荷相電流 $\dot{I}_{ab}$ は，

$$\dot{I}_{ab} = \frac{\dot{E}_{ab}}{\dot{Z}} = \frac{\left|\dot{E}_l\right|\angle 0}{\left|\dot{Z}\right|\angle\varphi} = \frac{\left|\dot{E}_l\right|}{\left|\dot{Z}\right|}\angle -\varphi \qquad (6.12)$$

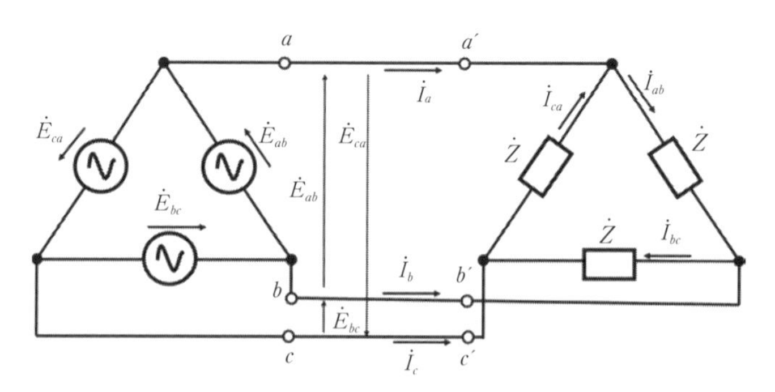

図6－9　三相 Δ-Δ 結線

となる。ただし，$\varphi=\tan^{-1}(X/R)$ である。$\dot{Z}$が誘導性負荷であるとすれば，負荷相電流 $\dot{I}_{ab}$ は線間電圧 $\dot{E}_{ab}$より φだけ遅れることになる。同様に，$2\pi/3$ずつ位相を遅らせれば残りの相の負荷相電流は，それぞれ

$$\dot{I}_{bc}=\frac{\dot{E}_{bc}}{\dot{Z}}=\frac{|\dot{E}_l|\angle(-2\pi/3)}{|\dot{Z}|\angle\varphi}=\frac{|\dot{E}_l|}{|\dot{Z}|}\angle(-\varphi-2\pi/3)$$

$$\dot{I}_{ca}=\frac{\dot{E}_{ca}}{\dot{Z}}=\frac{|\dot{E}_l|\angle(-4\pi/3)}{|\dot{Z}|\angle\varphi}=\frac{|\dot{E}_l|}{|\dot{Z}|}\angle(-\varphi-4\pi/3) \tag{6.13}$$

となる。各負荷相電流は対応する線間電圧の位相に対して同じφだけ遅れて流れる。

次に線電流を求める。Δ結線において線電流と相電流の関係は6.1.4で述べた通りであるから，各線電流は次式となる。

$$\dot{I}_a=\sqrt{3}\,\dot{I}_{ab}\angle-\pi/6=\frac{\sqrt{3}|\dot{E}_l|}{|\dot{Z}|}\angle(-\varphi-\pi/6)$$

$$\dot{I}_b=\sqrt{3}\,\dot{I}_{bc}\angle-\pi/6=\frac{\sqrt{3}|\dot{E}_l|}{|\dot{Z}|}\angle(-\varphi-5\pi/6)$$

$$\dot{I}_c=\sqrt{3}\,\dot{I}_{ca}\angle-\pi/6=\frac{\sqrt{3}|\dot{E}_l|}{|\dot{Z}|}\angle(-\varphi-3\pi/2) \tag{6.14}$$

以上より，図6-9の回路における各諸量を表すベクトル図は図6-10となる。

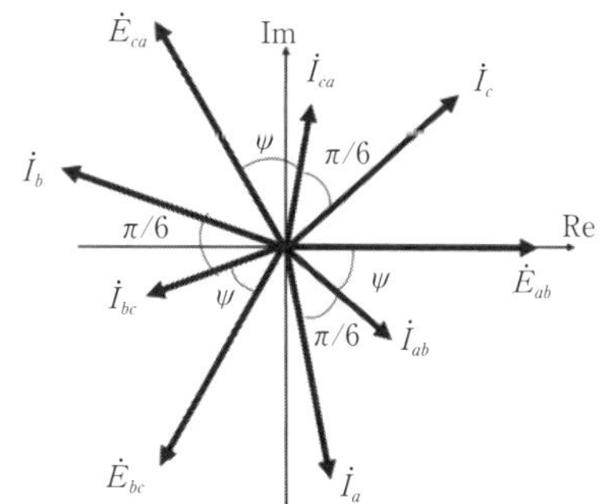

図6-10　三相Δ-Δ結線の電圧と電流の関係

確認問題6.4　Δ－Δ結線された平衡三相回路がある。相電圧が200 V，各相のインピーダンスが$\dot{Z}=4+j3\,(\Omega)$であるときの線間電

圧実効値，線電流実効値，負荷相電流実効値を求めよ。また，線間電圧と線電流との位相差を求めよ。

［線間電圧実効値 = 200 V，線電流実効値 = 69.3A，負荷相電流実効値 = 40 A 線電流は線間電圧より 66.9°遅れる］

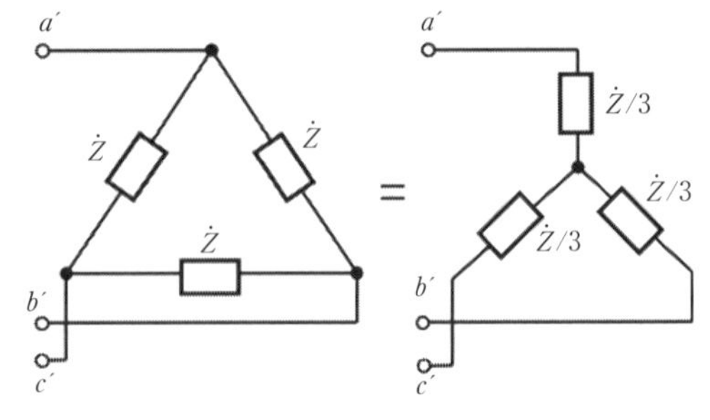

図 6 -11 負荷の Δ-Y 変換

確認問題 6.5 式（6.11）と式（6.14）の比較により，図 6 -11 に示す等価変換が成立することを説明せよ。これは 3.3 で示した Δ − Y 変換と同じである。

［略］

6.2.3 Y − Δ 回路

図 6 -12 に Y − Δ 結線された平衡三相回路を示す。電源側が Y 接続で，負荷側が Δ 接続である。同図において，平衡三相負荷の各相インピーダンスに印加される電圧は線間電圧となる。相電圧 $\dot{E}_a = \left|\dot{E}\right| \angle 0$ を基準とすれば，ab 間の線間電圧 $\dot{E}_{ab}$ は $\dot{E}_{ab} = \dot{E}_a - \dot{E}_b = \sqrt{3}\left|\dot{E}\right| \angle \pi/6$ であり，負荷相電流 $\dot{I}_{ab}$ は，

$$\dot{I}_{ab} = \frac{\dot{E}_{ab}}{\dot{Z}} = \frac{\sqrt{3}\left|\dot{E}\right| \angle \pi/6}{\left|\dot{Z}\right| \angle \varphi} = \frac{\sqrt{3}\left|\dot{E}\right|}{\left|\dot{Z}\right|} \angle(-\varphi + \pi/6) \tag{6.15}$$

となる。ただし，$\varphi = \tan^{-1}(X/R)$ である。しかるに，線電流 $\dot{I}_a$ は

$$\dot{I}_a = \sqrt{3}\,\dot{I}_{ab} \angle -\pi/6 = \frac{\left|\dot{E}\right|}{\left|\dot{Z}\right|/3} \angle -\varphi \tag{6.16}$$

となる。他相も同様であり，$2\pi/3$ ずつ位相を遅らせれば，

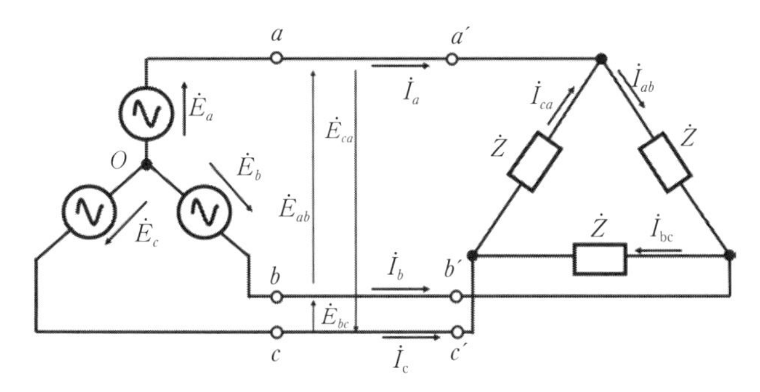

図 6 -12　三相 Y-Δ 結線回路

$$\dot{I}_b=\frac{\dot{E}_{bc}}{\dot{Z}}=\frac{\left|\dot{E}\right|}{\left|\dot{Z}\right|/3}\angle(-\varphi-2\pi/3)$$

$$\dot{I}_c=\frac{\dot{E}_{ca}}{\dot{Z}}=\frac{\left|\dot{E}\right|}{\left|\dot{Z}\right|/3}\angle(-\varphi-4\pi/3) \tag{6.17}$$

上式を式（6.9），式（6.10）と比較することにより，この結果からも図 6 -11 のインピーダンス変換が成立することがわかる。

6.2.4　Δ－Y 回路

図 6 -13 に Δ － Y 結線された平衡三相回路を示す。前項までに，電源の Δ － Y 相互変換，負荷の Δ － Y 相互変換を学んだ。従って，Δ － Y 回路の解法は，回路計算の都合に合わせて，等価な Y － Y 結線，あるいは Δ—Δ 結線に変換して行えばよい。

1）等価 Y － Y 結線に変換する方法

線間電圧 $\dot{E}_{ab}=\left|\dot{E}_l\right|\angle 0$ を基準とすれば，等価 Y 結線の相電圧 $\dot{E}_a$は

$\dot{E}_a=\left|\dot{E}_l\right|/\sqrt{3}\angle-\pi/6$ となる。従って，線電流 $\dot{I}_a$ は，

$$\dot{I}_a=\frac{\dot{E}_a}{\dot{Z}}=\frac{\left|\dot{E}_l\right|}{\sqrt{3}\left|\dot{Z}\right|}\angle(-\varphi-\pi/6) \tag{6.18}$$

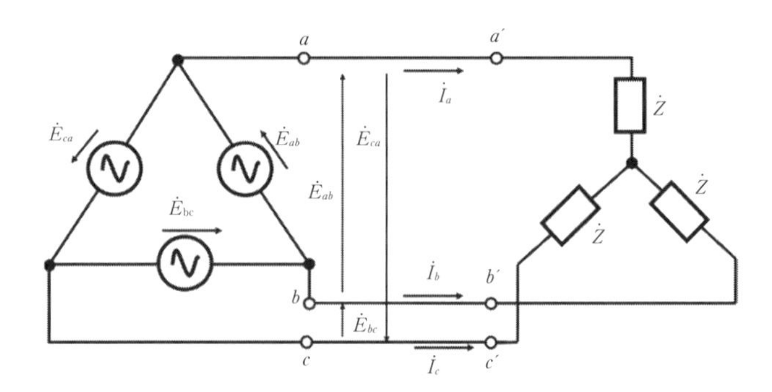

図6-13　三相Δ-Y結線回路

となる。他相も同様であり，$\dot{I}_a$ から$2\pi/3$ずつ位相を遅らせればよく，

$$\dot{I}_b=\frac{\dot{E}_b}{\dot{Z}}=\frac{|\dot{E}_1|}{\sqrt{3}|\dot{Z}|}\angle(-\varphi-5\pi/6)$$

$$\dot{I}_c=\frac{\dot{E}_c}{\dot{Z}}=\frac{|\dot{E}_1|}{\sqrt{3}|\dot{Z}|}\angle(-\varphi-3\pi/2) \tag{6.19}$$

となる。

2）等価Δ—Δ結線に変換する方法

図6-11に示したように，Y結線負荷は各相のインピーダンスを3倍したΔ結線負荷と等価である。従って，負荷側の変換により，等価Δ—Δ結線に変換することができる。しかるに，等価Δ結線負荷の相電流 $\dot{I}_{ab}$ は，

$$\dot{I}_{ab}=\frac{\dot{E}_{ab}}{3\dot{Z}}=\frac{|\dot{E}_1|}{3|\dot{Z}|}\angle-\varphi \tag{6.20}$$

となる。しかるに線電流 $\dot{I}_a$ は

$$\dot{I}_a=\sqrt{3}\,\dot{I}_{ab}\angle-\pi/6=\frac{|\dot{E}_1|}{\sqrt{3}|\dot{Z}|}\angle(-\varphi-\pi/6) \tag{6.21}$$

になる。他相も同様であり，各相ともに1）の方法と同じ解となる。

6.3　平衡三相回路における電力

6.3.1　平衡三相回路の各種電力

単相交流回路における有効電力 P は，印加する電圧 e，流れる正弦波電流 i の積を一周期で平均した次式で与えられる。

$$P=\frac{1}{2\pi}\int_0^{2\pi}eid\theta$$

ただし，$\theta=\omega t$ である。ここで，$e=\sqrt{2}\left|\dot{E}\right|\sin\theta$，$i=\sqrt{2}\left|\dot{I}\right|\sin(\theta-\varphi)$とすれば，4.1 で示したように，$P=\left|\dot{E}\right|\left|\dot{I}\right|\cos\varphi$ となる。この値は瞬時電力$p=ei$の 1 周期平均値であり，瞬時電力p自体は時間的に脈動する成分をもつことに注意されたい。

一方，平衡三相回路においては三相全体での瞬時電力は一定となり，その平均値を得る必要がない。この性質は工業的に非常に重要であり，電源回路におけるエネルギーバッファの小型化，交流電動機におけるトルクあるいは出力における脈動の低減などを実現している。以下では，このことに注意しながら，平衡三相回路の電力を述べていく。

1）有効電力

平衡三相 Y － Y 回路において，a 相の瞬時電力は次式で表される。

$$\begin{aligned}p_a=e_ai_a&=2\left|\dot{E}\right|\left|\dot{I}\right|\sin\theta\sin(\theta-\varphi)=2\left|\dot{E}\right|\left|\dot{I}\right|\{\sin\theta(\sin\theta\cos\varphi-\cos\theta\sin\varphi)\}\\&=2\left|\dot{E}\right|\left|\dot{I}\right|\{\sin^2\theta\cos\varphi-\sin\theta\cos\theta\sin\varphi\}\\&=\left|\dot{E}\right|\left|\dot{I}\right|(1-\cos 2\theta)\cos\varphi-\left|\dot{E}\right|\left|\dot{I}\right|\sin 2\theta\sin\varphi\end{aligned}\tag{6.22}$$

同様に，b 相，c 相の瞬時電力は，上式の θをそれぞれ $\theta-2\pi/3$，$\theta-4\pi/3$に置きかえればよく，

$$p_b = e_b i_b = |\dot{E}||\dot{I}|(1-\cos 2(\theta-2\pi/3)\cos\varphi - |\dot{E}||\dot{I}|\sin 2(\theta-2\pi/3)\sin\varphi$$

$$p_c = e_c i_c = |\dot{E}||\dot{I}|(1-\cos 2(\theta-4\pi/3)\cos\varphi - |\dot{E}||\dot{I}|\sin 2(\theta-4\pi/3)\sin\varphi \tag{6.23}$$

と表される。式（6.22），式（6.23）の3つの式を合算すると，$2\pi/3$ずつ位相の異なる余弦成分，正弦成分は相殺され，各式の一定値項のみが電力となる。従って，

$$P = p = p_a + p_b + p_c = 3|\dot{E}||\dot{I}|\cos\varphi = \sqrt{3}|\dot{E}_l||\dot{I}|\cos\varphi\,(\mathrm{W}) \tag{6.24}$$

であり，

有効電力＝$\sqrt{3}$×（線間電圧）×（線電流）×（負荷力率）

となる。すなわち，瞬時電力が一定値となり，一周期平均値を得ることなくその値が有効電力となる。各相の瞬時電力には脈動成分が存在するが，三相全体ではその脈動が各相で相殺されることが電力の観点で見た平衡三相回路の大きな特徴である。

この性質により，負荷回路に常に一定の電力を供給することができる。単相回路のように瞬時電力が常に変動する電源の場合，負荷に供給する電力を一定にするには，瞬時電力の変動を吸収あるいは放出するエネルギーバッファ素子が必要であり，この機能を実現するコンデンサ等が必要あるいは大型化する。一方，平衡三相回路では上式で計算したように瞬時電力が一定となる。従って，前述の電力変動補償用の素子が不要あるいは小型化できる。また，電動機駆動においても，有効電力を瞬時的に一定にできるためトルクあるいは出力を一定にすることができ，高度な制御が可能になる。このように平衡三相回路における有効電力が瞬時的に一定になるという性質は工業的に広く利用されている。

式（6.24）において，負荷力率を与える φ は負荷インピーダンスの位相角である。すなわち，Y－Y結線の場合は相電圧と線電流との位相差，Δ－Δ結線の場合は線間電圧と負荷相電流との位相差であり，**線間電圧と線電流との位相差ではない**ことに注意されたい。

2）無効電力

単相回路における無効電力にならい，平衡三相回路の無効電力は次式で与えられる。

$$Q=\sqrt{3}\left|\dot{E}_l\right|\left|\dot{I}\right|\sin\varphi\,(\mathrm{Var}) \qquad (6.25)$$

3）皮相電力

単相回路における皮相電力にならい，平衡三相回路の皮相電力は次式で与えられる。

$$S=\sqrt{3}\left|\dot{E}_l\right|\left|\dot{I}\right|=\sqrt{P^2+Q^2}\quad(\mathrm{VA}) \qquad (6.26)$$

確認問題 6.6 線間電圧 200 V である平衡三相回路において，皮相電力が 10 kVA，有効電力が 8 kW であるという。無効電力，力率，線電流実効値を求めよ。

［無効電力=6 kVar，力率=80 %，線電流実効値＝ 28.9 A］

6.3.2 平衡三相回路の電力測定

三相三線式の三相回路における電力は単相電力計を 2 個用いて測定することができる。図 6 -14 に**二電力計法**による有効電力の測定回路を示す。また，図 6 -15 に線間電圧および線電流，Y 結線電源を想定した相電圧のベクトル図を示す。

単相電力計は，これに印加される電圧と流れる電流との間の有効電力を指示する。従って，図 6 -14 に示す単相電力計 W_1，W_2 の指示 P_1，P_2 は

$P_1=$（$\dot{E}_{ac}$ と $\dot{I}_a$ との間で生じる有効電力）

$=\left|\dot{E}_l\right|\left|\dot{I}\right|\cos(\pi/6-\varphi)$

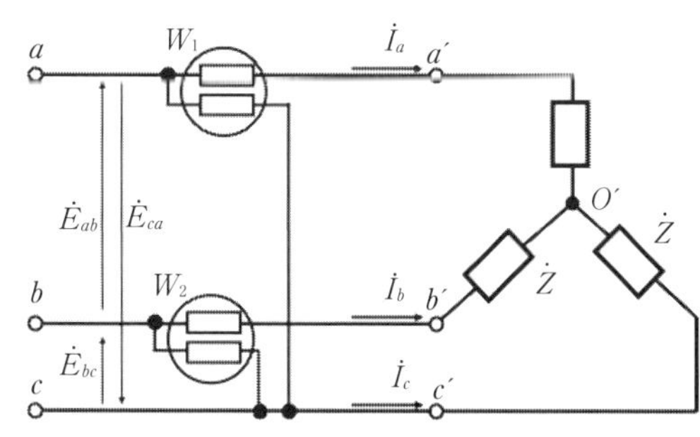

図 6 -14 三相有効電力の測定（二電力計法）

$$P_2=(\dot{E}_{bc}\text{と}\dot{I}_b\text{との間で生じる有効電力})\ =\left|\dot{E}_1\right|\left|\dot{I}\right|\cos(\pi/6+\varphi)$$

となる。ここで，P_1，P_2の指示の代数和を求めると，

P_1+P_2

$$=\left|\dot{E}_1\right|\left|\dot{I}\right|\left\{\cos\left(\frac{\pi}{6}\right)\cos\varphi+\sin\left(\frac{\pi}{6}\right)\sin\varphi\right\}+\left|\dot{E}_1\right|\left|\dot{I}\right|\left\{\cos\left(\frac{\pi}{6}\right)\cos\varphi-\sin\left(\frac{\pi}{6}\right)\sin\varphi\right\}$$

$$=\sqrt{3}\left|\dot{E}_1\right|\left|\dot{I}\right|\cos\varphi \tag{6.27}$$

になる。すなわち，図6-14の回路を構成して，単相電力計W_1，W_2の指示P_1，P_2を読み取るだけで，三相全体の有効電力を測定することができる。この方法は不平衡時の三相回路にも適用することができ，非常に簡便で有用な方法である。なお，n相回路の有効電力はn-1個の単相電力計を用いて測定できる。これを**ブロンデルの定理**という。

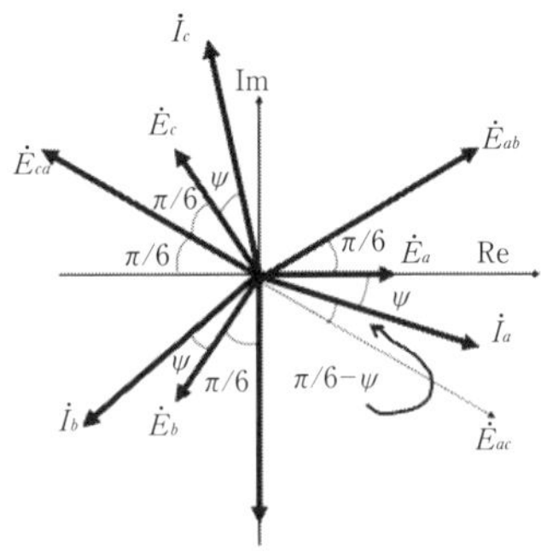

図6-15　三相電力測定時の各計測値のベクトル図

確認問題6.7　図6-14の二電力計法において，一方の電力計の指示が0Wであったという。取り得る負荷インピーダンスの位相，力率を答えよ。

一方の電力計の指示が0Wになるということは，$\cos(\pi/6-\varphi)$，$\cos(\pi/6+\varphi)$のいずれかが0であることを意味する。従って，負荷インピーダンスの位相φは$\varphi=\pm\pi/3$を取り得る。従って，負荷力率は$\cos(\varphi)=0.5=50\%$となる

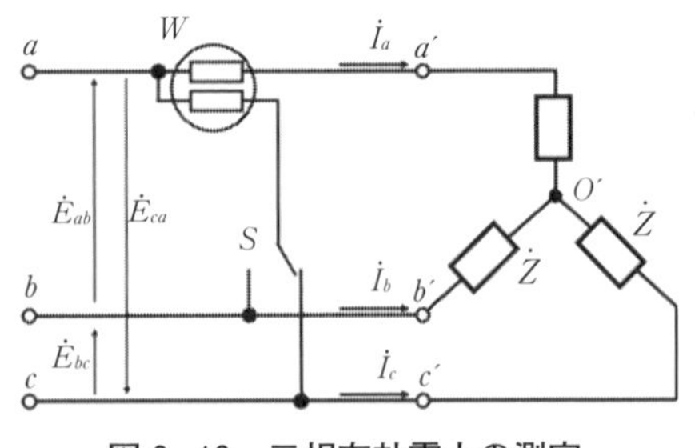

図6-16　三相有効電力の測定

【例題 6.4】 図 6 -16 の回路でスイッチSを切り替えて電力を測定することにより，同様に三相の有効電力が測定できることを示せ。

スイッチ S を左に倒した場合は$\dot{E}_{ab}$と$\dot{I}_a$との間で生じる有効電力が測定され，S を右に倒した場合は$\dot{E}_{ac}$と$\dot{I}_a$との間で生じる有効電力が測定される。図 6 -15 を用いれば，

$$(\dot{E}_{ab}\text{と}\dot{I}_a\text{との間で生じる有効電力}) = \left|\dot{E}_l\right|\left|\dot{I}\right|\cos(\pi/6+\varphi)$$

$$(\dot{E}_{ac}\text{と}\dot{I}_a\text{との間で生じる有効電力}) = \left|\dot{E}_l\right|\left|\dot{I}\right|\cos(\pi/6-\varphi)$$

であるので，両測定値の代数和を取れば，三相全体の有効電力$\sqrt{3}\left|\dot{E}_l\right|\left|\dot{I}\right|\cos\varphi$が得られる。

確認問題 6.8　図 6 -17 の回路において電力計の指示を$\sqrt{3}$倍すれば，三相無効電力が得られることを示せ。[略]

6.3.3　平衡三相回路の力率改善

前項で述べた通り，平衡三相回路の有効電力は，負荷力率$\cos\varphi$に比例する。従って，同一の有効電力を供給する際には負荷力率が高ければ流すべき電流を小さくすることができる。反対に，負荷力率が低い場合はより大きな電流を流す必要があり，送電路損失を大きくさせるとともに，電源設備に負担を強いることになる。このため，負荷設備の力率を大きく（**力率改善**）するために，誘導性負荷に対して力率を改善する進相コンデンサの設置が推奨されている。

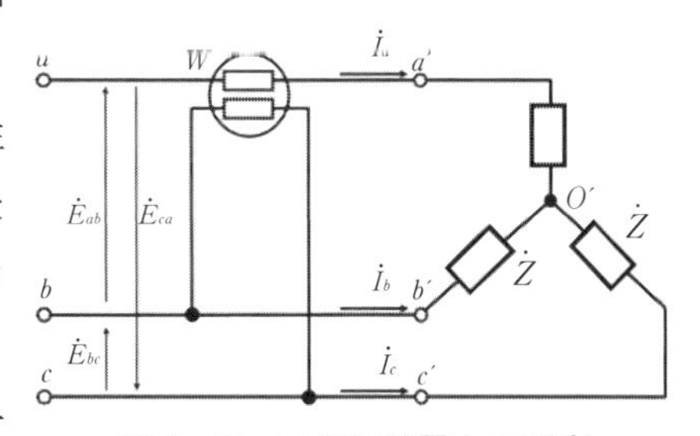

図 6 -17　三相無効電力の測定

図 6 -18(a)は Y 結線された誘導性平衡三相負荷に対して，電源からみた力率を 1 にするためにΔ結線されたコンデンサを並列接続した回路である。議論を簡単にするために，Y 結線一

相分等価回路を図6-18(b)に示す。Δ結線の各相の C は Δ－Y変換してインピーダンスが1/3となる $3C$ となっている。本回路の電源を $\dot{E}_a=|\dot{E}|\angle 0$ とすれば，流れる電源電流は，

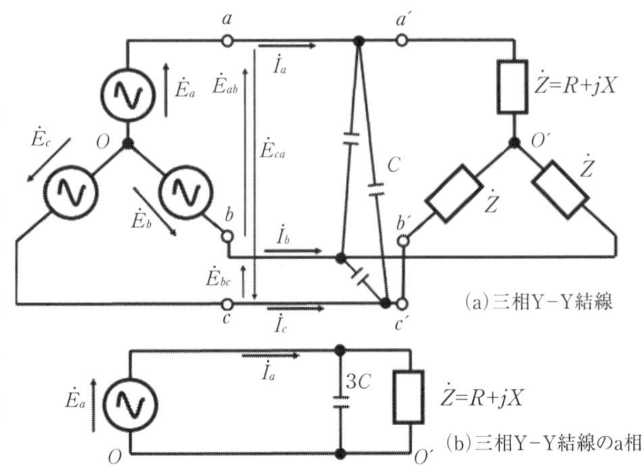

図6-18　平衡三相回路の調相コンデンサによる力率改善

$$\dot{I}_a=j3\omega C\dot{E}_a+\frac{\dot{E}_a}{R+j\omega L}=\frac{R|\dot{E}|}{R^2+(\omega L)^2}+j\left(3\omega C-\frac{\omega L}{R^2+(\omega L)^2}\right)|\dot{E}| \qquad (6.28)$$

となる。負荷力率を1にするには，$\dot{I}_a$ が $\dot{E}_a$ と同相となればよく，上式の虚部が0となればよい。従って，

$$C=\frac{L/3}{R^2+(\omega L)^2} \qquad (6.29)$$

なる容量をもつコンデンサを用いれば力率改善が可能となり，有効電力／電流実効値の最大化を図ることができる。

【例題6.5】　$R=4\,\Omega$，$\omega L=3\,\Omega$ が直列になったインピーダンスがY結線された平衡三相負荷がある。この回路に対してΔ結線の**調相コンデンサ**を並列接続し，力率を1に改善したい。接続すべきコンデンサ容量を求めよ。電源の線間電圧を200 V，周波数は60 Hzとする。

各値を式（6.29）に代入すれば，

$$C=\frac{(3/(2\pi\times 60))/3}{4^2+3^2}=106.1\,\mu\text{F}$$

となる。

［チェックポイント！］　Z_{Y} = 4 + j3 なので Z_{Δ} = 12 + j9 Ωであるが，調相用コンデンサのインピーダンスは－j9 Ωではないことに注意すること。(j25 Ωである)

確認問題 6.9　上記の回路において負荷に供給される無効電力と，調相コンデンサCが負担する無効電力（の絶対値）が一致することを確認せよ。

［適切な計算により，三相全体で負荷に供給される無効電力=調相コンデンサCが負担する無効電力＝4800Varとなり，両者が一致する。

この性質を用いれば，補償に要する無効電力から

$$3\times\omega C\left|\dot{V}_1\right|^2=4800$$

が成り立ち，これより調相コンデンサCを以下のように求めることができる］

$$C=\frac{4800}{3\times2\pi\times60\times200^2}=106.1\mu\mathrm{F}$$

確認問題 6.9 から，力率改善を行うことは電力の観点で見れば**無効電力補償**を行うことと同じである。すなわち，負荷リアクタンス（確認問題 6.9 ではωL）で発生する無効電力を，これと逆位相の無効電力を発生するリアクタンス（確認問題 6.9 では$1/\omega C$）を設置することによって回路全体としての無効電力が消滅したと説明できる。言いかえると，電源とLとの間で行われていたエネルギー授受を設置したCに代替させることによって，電源に帰還する（負の）瞬時電力をなくし，これにより電源電流実効値の最小化が図られたということになる。

6.4　V結線

6.4.1　V結線と電圧

Δ結線において，1相の電源を開放除去したものを**V結線**という。図6-19にV結線電源とY結線負荷の回路図を示す。ここで，

$\dot{E}_{ab}=\left|\dot{E}_1\right|\angle 0$,

$\dot{E}_{ca}=\left|\dot{E}_1\right|\angle -4\pi/3$

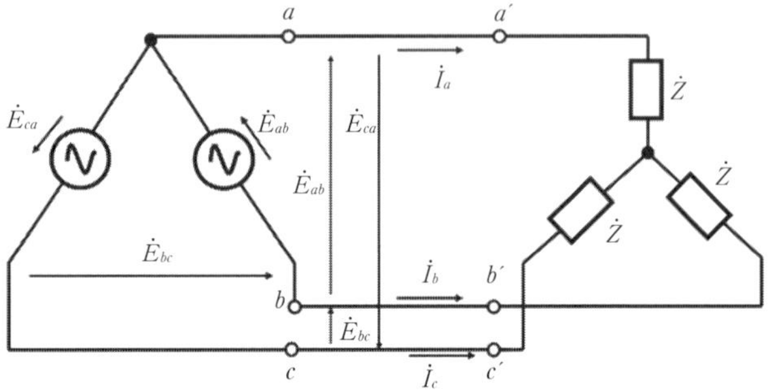

図6-19　V結線電源回路とY接続負荷

である。従って，欠損相の電圧$\dot{E}_{bc}$は

$$\dot{E}_{bc}=-\dot{E}_{ab}-\dot{E}_{ca}=\left|\dot{E}_1\right|\angle -2\pi/3 \qquad (6.30)$$

となることは回路図から明らかである。ゆえに，欠損相のないΔ結線と同じ$\left|\dot{E}_{ab}\right|=\left|\dot{E}_{bc}\right|=\left|\dot{E}_{ca}\right|$なる電圧が発生し，本回路を対称三相電圧源として利用することができる。V結線は配電用に単相変圧器を2個利用して三相電力を変圧する場合に広く用いられている。

6.4.2　V結線と電流

図6-20にV結線電源とΔ結線平衡三相負荷の回路図を示

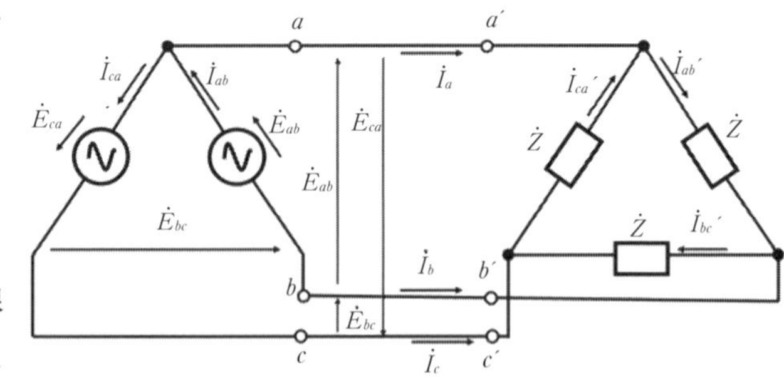

図6-20　V結線電源回路とΔ接続負荷

す。前項で述べたように，V 結線電源は対称三相電圧として機能する。$\dot{E}_{ab}=\left|\dot{E}_1\right|\angle 0$ を基準とすれば，負荷相電流は，$\angle\dot{Z}=\varphi$として，

$$\dot{I}'_{ab}=\dot{E}_{ab}/\dot{Z}=\left|\dot{E}_1\right|/\left|\dot{Z}\right|\angle-\varphi$$

$$\dot{I}'_{bc}=\dot{E}_{bc}/\dot{Z}=\left|\dot{E}_1\right|/\left|\dot{Z}\right|\angle(-\varphi-2\pi/3)$$

$$\dot{I}'_{ca}=\dot{E}_{ca}/\dot{Z}=\left|\dot{E}_1\right|/\left|\dot{Z}\right|\angle(-\varphi-4\pi/3) \tag{6.31}$$

なる対称三相電流となる。従って，線電流は

$$\dot{I}_a=\dot{I}'_{ab}-\dot{I}'_{ca}=\sqrt{3}\left|\dot{E}_1\right|/\left|\dot{Z}\right|\angle(-\varphi-\pi/6)$$

$$\dot{I}_b=\dot{I}'_{bc}-\dot{I}'_{ab}=\sqrt{3}\left|\dot{E}_1\right|/\left|\dot{Z}\right|\angle(-\varphi-5\pi/6)$$

$$\dot{I}_c=\dot{I}'_{ca}-\dot{I}'_{bc}=\sqrt{3}\left|\dot{E}_1\right|/\left|\dot{Z}\right|\angle(-\varphi-3\pi/2) \tag{6.32}$$

となり，対称三相電流となる。さらに，回路図から電源相電流が

$$\dot{I}_{ab}=-\dot{I}_b=\sqrt{3}\left|\dot{E}_1\right|/\left|\dot{Z}\right|\angle(-\varphi+\pi/6)$$

$$\dot{I}_{ca}=\dot{I}_c=\sqrt{3}\left|\dot{E}_1\right|/\left|\dot{Z}\right|\angle(-\varphi-3\pi/2) \tag{6.33}$$

である。以上から，図 6 -21 のベクトル図が描け，V 結線電源に流れる電流 $\dot{I}_{ab}$と$\dot{I}_{ca}$とは互いに実効値が等しく，$\pi/3$ の位相差をもつ。

6.4.3　V 結線電源の電力

図 6 -20 に示す V 結線電源が供給する有効電力 P は，図 6 -21 に示すベクトル図を用いれば，

$P_{ab}=$（$\dot{E}_{ab}$と$-\dot{I}_b$との間で生じる有効電力）$=\left|\dot{E}_l\right|\left|\dot{I}\right|\cos(\pi/6-\varphi)$

$P_{ca}=$（$\dot{E}_{ca}$と$\dot{I}_c$との間で生じる

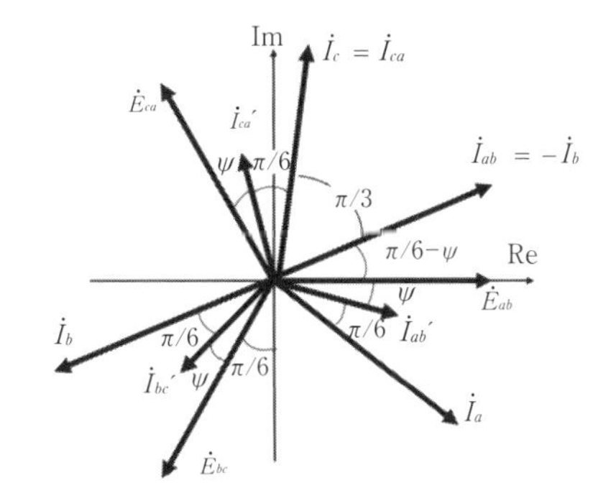

図 6 -21　V 結線電源-Y 接続負荷の各値のベクトル図

有効電力）$=\left|\dot{E}_l\right|\left|\dot{I}\right|\cos(\pi/6+\varphi)$

$$P=P_{ab}+P_{ca}=\sqrt{3}\left|\dot{E}_l\right|\left|\dot{I}\right|\cos\varphi \tag{6.34}$$

となり，欠損相のない対称三相電源と同一の結果となる。

6.4.4 V結線変圧器の利用率

前述のとおり，V結線電源は単相変圧器2個で三相電力の変圧を行いたい場合によく用いられ，変圧器の軽量化を可能としている。また，三相変圧器の一相故障時にこれを切り離し，残りの二相で運転する場合にも有用である。本節では，図6-22に示すV結線変圧器の利用率について述べる。

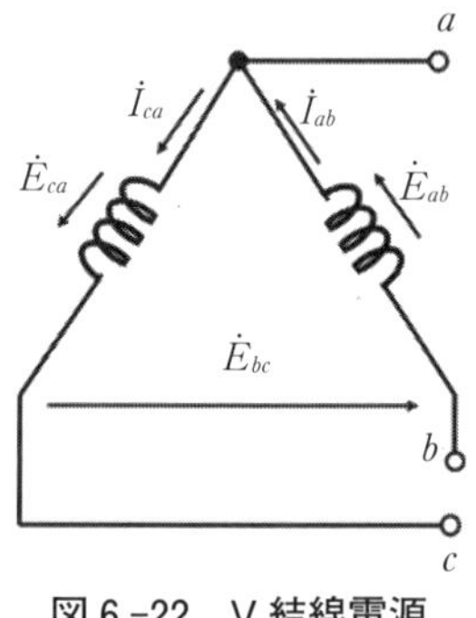

図6-22 V結線電源

V結線変圧器に流れる電流実効値は線電流実効値に等しい。従って，単相変圧器2個で供給される有効電力は $2\left|\dot{E}_l\right|\left|\dot{I}\right|\cos\varphi$ となる。前項で述べた通り，負荷に供給される有効電力は $P_V=\sqrt{3}\left|\dot{E}_l\right|\left|\dot{I}\right|\cos\varphi$ であるから，単相変圧器1個当たりの利用率U_{V}は

$$U_{\mathrm{V}}=\frac{\sqrt{3}\left|\dot{E}_l\right|\left|\dot{I}\right|\cos\varphi}{2\left|\dot{E}_l\right|\left|\dot{I}\right|\cos\varphi}=\frac{\sqrt{3}}{2}=0.866=86.6\% \tag{6.35}$$

となる。ここで，比較のためにΔ結線変圧器における利用率を考える。Δ結線時の線電流実効値は，相電流実効値の$\sqrt{3}$倍となる。従って，有効電力P_Δは

$$P_\Delta=\sqrt{3}\left|\dot{E}_l\right|\times\sqrt{3}\left|\dot{I}\right|\times\cos\varphi=3\left|\dot{E}_l\right|\left|\dot{I}\right|\cos\varphi \tag{6.36}$$

であり，3個の変圧器がもつ能力を100%利用していることがわかる。V結線に移行したことにより，出力できる有効電力は

$$\frac{P_{\mathrm{V}}}{P_\Delta}=\frac{\sqrt{3}\left|\dot{E}_l\right|\left|\dot{I}\right|\cos\varphi}{3\left|\dot{E}_l\right|\left|\dot{I}\right|\cos\varphi}=\frac{\sqrt{3}}{3}=0.577=57.7\% \tag{6.37}$$

に減少することがわかる。用いる単相変圧器が2個に減少することで有効電力が2/3 = 66.7 % になるにとどまらず，変圧器のもつ能力を100 % 利用できなくなることから66.7 % × 86.6 % = 57.7 % にまで出力が低下することに注意する必要がある。

6.5　不平衡三相回路

前節までに述べた回路はいずれも電圧，電流，負荷が対称となる平衡回路であったが，実際には負荷が対称でない場合もある。また，電源の対称性が失われることもある。このような回路は**不平衡回路**と呼ばれる。本節では，ごく簡単な不平衡回路を扱い，本書でこれまでに学んだ方法を利用した回路計算方法を述べる。なお，不平衡回路を扱う方法として**対称座標法**が特に送配電分野で広く用いられているが，本書では取り扱わない。

6.5.1　Δ―Δ形不平衡回路

図6-23にΔ－Δ形不平衡回路を示す。本回路においては電源電圧に対称性がないため，相電圧，線間電圧の変換は容易にはできない。ここでは，キルヒホッフの法則に基づいて線電流を求めていく。同図より，各負荷相電流は

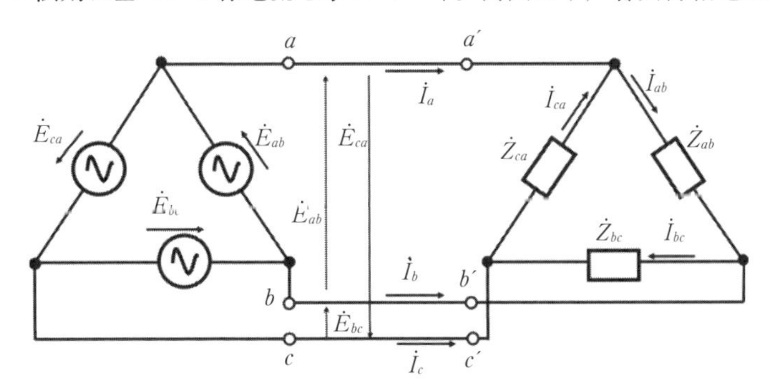

図6-23　不平衡Δ結線電源とΔ接続負荷

$$\dot{I}_{ab}=\frac{\dot{E}_{ab}}{\dot{Z}_{ab}},\quad \dot{I}_{bc}=\frac{\dot{E}_{bc}}{\dot{Z}_{bc}},\quad \dot{I}_{ca}=\frac{\dot{E}_{ca}}{\dot{Z}_{ca}} \tag{6.38}$$

従って，各線電流は，

$$\dot{I}_{a}=\dot{I}_{ab}-\dot{I}_{ca}=\frac{\dot{E}_{ab}}{\dot{Z}_{ab}}-\frac{\dot{E}_{ca}}{\dot{Z}_{ca}}$$

$$\dot{I}_{b}=\dot{I}_{bc}-\dot{I}_{ab}=\frac{\dot{E}_{bc}}{\dot{Z}_{bc}}-\frac{\dot{E}_{ab}}{\dot{Z}_{ab}}$$

$$\dot{I}_{c}=\dot{I}_{ca}-I_{bc}=\frac{\dot{E}_{ca}}{\dot{Z}_{ca}}-\frac{\dot{E}_{bc}}{\dot{Z}_{bc}} \tag{6.39}$$

として得られる。

6.5.2　Y—Y形不平衡回路

図6-24にY－Y形不平衡回路を示す。本回路においては電源電圧ならびに負荷の対称性がないため，電源側中性点と負荷側中性点とが同電位になるとは限らない。従って，中性線を結線して一相分等価回路を導出することができない。ここでは，キルヒホッフの法則に基づいて線電流を求めていく。同図より，各相線電流は次式で表される。

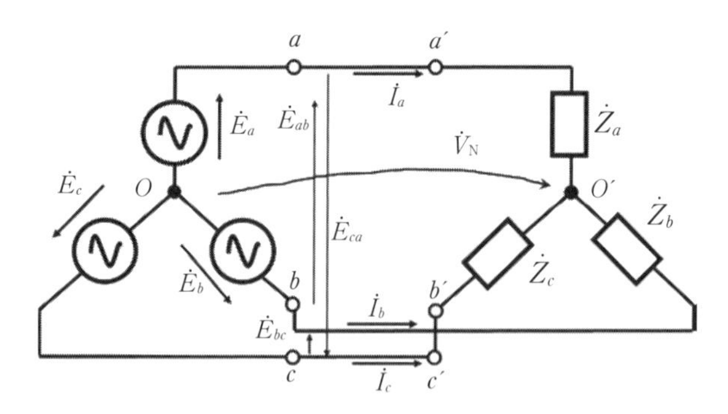

図6-24　不平衡Y接続負荷の結節点間の電位

$$\dot{I}_a=\frac{\dot{E}_a-\dot{V}_{\mathrm{N}}}{\dot{Z}_a},\quad \dot{I}_b=\frac{\dot{E}_b-\dot{V}_{\mathrm{N}}}{\dot{Z}_b},\quad \dot{I}_c=\frac{\dot{E}_c-\dot{V}_{\mathrm{N}}}{\dot{Z}_c} \tag{6.40}$$

ここで，$\dot{V}_{\mathrm{N}}$は電源中性点から見た負荷中性点電圧である。回路図より，線電流の総和は0 Aであるので，$\dot{I}_a+\dot{I}_b+\dot{I}_c=0$である。これより，負荷中性点電圧 $\dot{V}_{\mathrm{N}}$は，

$$\dot{V}_{\mathrm{N}}=\frac{\dfrac{\dot{E}_a}{\dot{Z}_a}+\dfrac{\dot{E}_b}{\dot{Z}_b}+\dfrac{\dot{E}_c}{\dot{Z}_c}}{\dfrac{1}{\dot{Z}_a}+\dfrac{1}{\dot{Z}_b}+\dfrac{1}{\dot{Z}_c}} \tag{6.41}$$

と与えられる（**ミルマンの定理**）。ゆえに，a相線電流は，

$$\dot{I}_a=\frac{1}{\dot{Z}_a}\left(\dot{E}_a-\frac{\dfrac{\dot{E}_a}{\dot{Z}_a}+\dfrac{\dot{E}_b}{\dot{Z}_b}+\dfrac{\dot{E}_c}{\dot{Z}_c}}{\dfrac{1}{\dot{Z}_a}+\dfrac{1}{\dot{Z}_b}+\dfrac{1}{\dot{Z}_c}}\right)=\frac{1}{\dot{Z}_a}\frac{\dfrac{\dot{E}_a}{\dot{Z}_b}+\dfrac{\dot{E}_a}{\dot{Z}_c}-\dfrac{\dot{E}_b}{\dot{Z}_b}-\dfrac{\dot{E}_c}{\dot{Z}_c}}{\dfrac{1}{\dot{Z}_a}+\dfrac{1}{\dot{Z}_b}+\dfrac{1}{\dot{Z}_c}}$$

$$=\frac{(\dot{Z}_{bc})\dot{E}_a-\dot{Z}_c\dot{E}_b-\dot{Z}_b\dot{E}_c}{\dot{Z}_a\dot{Z}_b+\dot{Z}_b\dot{Z}_c+\dot{Z}_c\dot{Z}_a}=\frac{\dot{Z}_c(\dot{E}_a-\dot{E}_b)-\dot{Z}_b(\dot{E}_c-\dot{E}_a)}{\dot{Z}_a\dot{Z}_b+\dot{Z}_b\dot{Z}_c+\dot{Z}_c\dot{Z}_a} \tag{6.42}$$

となる。同様に，b相，c相の線電流は，

$$\dot{I}_b=\frac{-\dot{Z}_c\dot{E}_a+(\dot{Z}_a+\dot{Z}_c)\dot{E}_b-\dot{Z}_a\dot{E}_c}{\dot{Z}_a\dot{Z}_b+\dot{Z}_b\dot{Z}_c+\dot{Z}_c\dot{Z}_a}=\frac{\dot{Z}_a(\dot{E}_b-\dot{E}_c)-\dot{Z}_c(\dot{E}_a-\dot{E}_b)}{\dot{Z}_a\dot{Z}_b+\dot{Z}_b\dot{Z}_c+\dot{Z}_c\dot{Z}_a} \tag{6.43}$$

$$\dot{I}_c=\frac{-\dot{Z}_b\dot{E}_a-\dot{Z}_a\dot{E}_b+(\dot{Z}_a+\dot{Z}_b)\dot{E}_c}{\dot{Z}_a\dot{Z}_b+\dot{Z}_b\dot{Z}_c+\dot{Z}_c\dot{Z}_a}=\frac{\dot{Z}_b(\dot{E}_c-\dot{E}_a)-\dot{Z}_a(\dot{E}_b-\dot{E}_c)}{\dot{Z}_a\dot{Z}_b+\dot{Z}_b\dot{Z}_c+\dot{Z}_c\dot{Z}_a} \tag{6.44}$$

となる。

確認問題6.10 式（6.39）と式（6.42）～（6.44）との比較により，図6-18と図6-19の回路が等価であるための条件を求めよ。

Δ—Y変換の式が導出される

6.5.3 不平衡回路の電力

6·3·2で述べた二電力計法による電力測定は不平衡回路においても成立する。以下では，この原理を瞬時値表現で説明する。

1）Δ—Δ回路の場合

負荷相電圧瞬時値を e_{ab}，e_{bc}，e_{ca}，負荷相電流瞬時値を i_{ab}，i_{bc}，i_{ca} とすれば，瞬時電力 p は次式となる。

$$p=e_{ab}i_{ab}+e_{bc}i_{bc}+e_{ca}i_{ca} \tag{6.45}$$

ここで，Δ結線の場合は$e_{ab}=-e_{bc}-e_{ca}$が成り立つことから，上式に代入すれば

$$p=(-e_{bc}-e_{ca})i_{ab}+e_{bc}i_{bc}+e_{ca}i_{ca}=(-e_{ca})(i_{ab}-i_{ca})+e_{bc}(i_{bc}-i_{ab})=e_{ac}i_{a}+e_{bc}i_{b} \tag{6.46}$$

となる。この p の一周期平均値が有効電力であるから，

$$P=\left|\dot{E}_{ac}\right|\left|\dot{I}_{a}\right|\cos\varphi_1+\left|\dot{E}_{bc}\right|\left|\dot{I}_{b}\right|\cos\varphi_2 \tag{6.47}$$

として得られる。ただし，φ_1は$\dot{E}_{ac}$と$\dot{I}_{a}$との位相差，φ_2は$\dot{E}_{bc}$と$\dot{I}_{b}$との位相差である。

2） Y－Y回路の場合

負荷相電圧瞬時値を e_a，e_b，e_c，負荷相電流瞬時値を i_a，i_b，i_c とすれば，瞬時電力 p は次式となる。

$$p=e_ai_a+e_bi_b+e_ci_c \tag{6.48}$$

ここで，Y結線の場合は $i_c=-i_a-i_b$ が成り立つことから，上式に代入すれば

$$p=e_ai_a+e_bi_b+e_c(-i_a-i_b)=(e_a-e_c)i_a+(e_b-e_c)i_b=e_{ac}i_a+e_{bc}i_b \tag{6.49}$$

となる。この p の一周期平均値が有効電力であるから，

$$P=\left|\dot{E}_{ac}\right|\left|\dot{I}_{a}\right|\cos\varphi_1+\left|\dot{E}_{bc}\right|\left|\dot{I}_{b}\right|\cos\varphi_2 \tag{6.50}$$

となり，当然ながらΔ—Δ回路と同一の結果となる。

6.6　回転磁界

1個のコイルに交流電流を流すとコイルの軸方向に磁界が生じ，流した電流に応じてその大きさと方向が変化する。このような磁界は**交番磁界**と呼ばれる。

これに対し，複数のコイルを空間的位相差をもつようにずらして配置し，これに時間的位相差をもつ交流電流を流すと，各コイルで発生する磁界のベクトル合成が回転する（**回転磁界**）。この性質は多相交流電動機の基本原理として広く用いられている。

6.6.1　三相交流電流による回転磁界の発生原理

図6-25(a)に，互いに $\frac{2\pi}{3}$ の空間的位相差をもつように配置した3個のコイル a-a', b-b', c-c' を示す。図中，・，×はコイルに流れる電流の向きの正方向を定義したものである。これに流す三相対称正弦波電流波形と各時刻で発生する磁界方向を図6-25(b)に示す。同図より，時間経過により位相が進む三相正弦波電流が流れると，各コイルに流れる電流の向きが変化する。例えば，$\omega t=\frac{\pi}{2}$時には，$i_a>0$，$i_b<0$，$i_c<0$となるので，コイルに流れる電流の向きは対応する図に示す通りであり，同図に示す方向に磁界が発生する。次に，$\omega t=\frac{7\pi}{6}$時には，$i_b>0$，$i_a<0$，$i_c<0$となることから，各コイルに流れる電流の向き，発生する磁界の方向が空間的に $\frac{2\pi}{3}$ だけ時計方向に回転する。

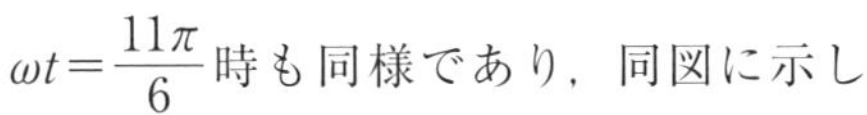

$\omega t=\frac{11\pi}{6}$時も同様であり，同図に示し

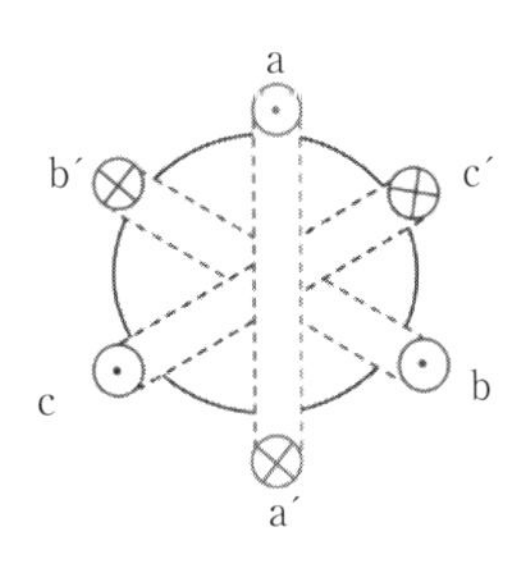

図6-25(a)　コイルの3相対称設置

たように発生する磁界方向がさらに$\dfrac{2\pi}{3}$だけ時計方向に回転する。このように，3個のコイルにより各々発生する磁界の合成が空間的に時計方向に回転していくことがわかる。これが**回転磁界**である。図6-25(b)から明らかなように，このコイル配置の場合には電流の周波数fと回転磁界の単位時間当たりの回転数が等しくなる。

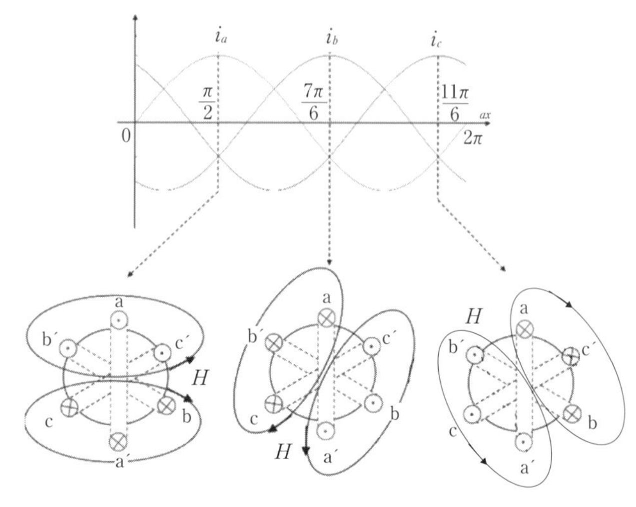

図6-25(b)　回転磁界発生の原理

確認問題6.11 図6-26に示すコイル配置に三相交流電流を流した。この際に発生する回転磁界の単位時間当たりの回転数と電流の周波数fとの関係を求めよ。

単位時間当たりの回転数＝$f/2$

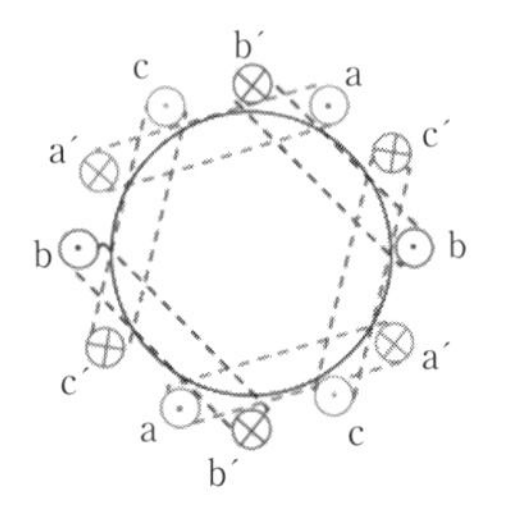

図6-26　3相コイル2組による回転磁界

6.6.2　回転磁界の定量的取り扱い

図6-27は各コイルにより発生する磁界成分を示すベクトル図である。対称三相正弦波電流により，各コイルの磁界h_u，h_v，h_wはその最大値をH_mとすると，

$$h_u = H_m \sin \omega t$$
$$h_v = H_m \sin(\omega t - 2\pi/3)$$
$$h_w = H_m \sin(\omega t - 4\pi/3) \quad (6.51)$$

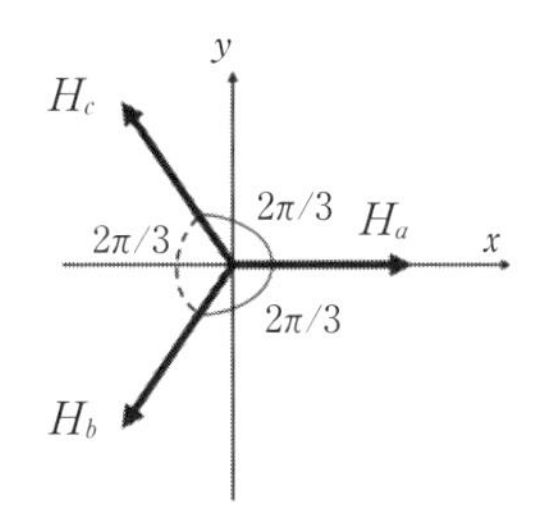

図6-27 対称3相設置コイルによる磁界

となる。ここで，x-y平面で回転する磁界のx成分，y成分をそれぞれ h_x, h_y とすれば，

$$h_x = h_u \cos 0 + h_v \cos\left(-\frac{2\pi}{3}\right) + h_w \cos\left(\frac{2\pi}{3}\right)$$
$$= H_m \sin \omega t + \frac{H_m \sin\left(\omega t - \frac{2\pi}{3}\right)}{2} + \frac{H_m \sin\left(\omega t - \frac{4\pi}{3}\right)}{2}$$
$$= H_m \sin \omega t + \frac{H_m}{2}\left\{\sin \omega t \cos\left(\frac{2\pi}{3}\right) - \cos \omega t \sin\left(\frac{2\pi}{3}\right)\right.$$
$$\left. + \sin \omega t \cos\left(\frac{4\pi}{3}\right) - \cos \omega t \sin\left(\frac{4\pi}{3}\right)\right\}$$
$$= H_m \sin \omega t + \frac{H_m}{2} \sin \omega t \left\{\cos\left(\frac{2\pi}{3}\right) + \cos\left(\frac{4\pi}{3}\right)\right\}$$
$$- \frac{H_m}{2} \cos \omega t \left\{\sin\left(\frac{2\pi}{3}\right) + \sin\left(\frac{4\pi}{3}\right)\right\}$$
$$= H_m \sin \omega t + \frac{H_m}{2} \sin \omega t = \frac{3}{2} H_m \sin \omega t \quad (6.52)$$

$$h_y = h_u \sin 0 + h_v \sin\left(-\frac{2\pi}{3}\right) + h_w \sin\left(\frac{2\pi}{3}\right)$$
$$= -\frac{\sqrt{3} H_m \sin\left(\omega t - \frac{2\pi}{3}\right)}{2} + \frac{\sqrt{3} H_m \sin\left(\omega t - \frac{4\pi}{3}\right)}{2}$$
$$= \frac{\sqrt{3} H_m}{2}\left\{-\sin \omega t \cos\left(\frac{2\pi}{3}\right) + \cos \omega t \sin\left(\frac{2\pi}{3}\right) + \sin \omega t \cos\left(\frac{4\pi}{3}\right)\right.$$
$$\left. - \cos \omega t \sin\left(\frac{4\pi}{3}\right)\right\}$$

$$=\frac{\sqrt{3}H_m}{2}\sin\omega t\left\{-\cos\left(\frac{2\pi}{3}\right)+\cos\left(\frac{4\pi}{3}\right)\right\}$$

$$+\frac{\sqrt{3}H_m}{2}\cos\omega t\left\{\sin\left(\frac{2\pi}{3}\right)-\sin\left(\frac{4\pi}{3}\right)\right\}$$

$$=\frac{\sqrt{3}H_m}{2}\sin\omega t\times 0+\frac{\sqrt{3}H_m}{2}\cos\omega t\times\sqrt{3}=\frac{3}{2}H_m\cos\omega t \quad (6.53)$$

従って，合成磁界の大きさ$\sqrt{h_x^2+h_y^2}$ は

$$\sqrt{h_x^2+h_y^2}=\sqrt{\left(\frac{3}{2}H_m\sin\omega t\right)^2+\left(\frac{3}{2}H_m\cos\omega t\right)^2}=\frac{3}{2}H_m \quad (6.54)$$

以上より，

・合成磁界の大きさは時間的に一定である

・合成磁界の方向は時間とともに変化し，角速度 ω で時計回転方向に回転する

となる。

【例題 6.6】 空間的に$\frac{\pi}{2}$の位相差をもって配置した2つのコイルに，時間的位相差のない電流 $i_x=i_y=I_m\sin\omega t$ を流した。発生磁界が回転しないことを示せ。

発生する磁界は x，y 方向にそれぞれ

$$h_x=H'_m\sin\omega t,\quad h_y=H'_m\sin\omega t,$$

となる。しかるに，$h_x=h_y$ であり，磁界は直線軌道を描く。すなわち，空間的に$\frac{\pi}{2}$の位相差をもって配置した2つのコイルのそれぞれに時間的位相差のない電流を流しても回転磁界は発生せず，**交番磁界**が発生するのみである。

確認問題 6.12 空間的に$\frac{\pi}{2}$の位相差をもって配置した2つのコイルに，時間的に$\frac{\pi}{2}$の位相差をもつ電流 $i_x=I_m\cos\omega t$，$i_y=I_m\sin\omega t$ を流した。角速度ωで反時計方向の回転磁界が発生することを示せ。[略]

章末問題

問題 1 問題図 6 - 1 において，線間電圧 200 V の三相対称電圧を印加した。線電流実効値と線間電圧に対する位相，負荷 $\dot{Z}$ で消費される電力を求めよ。ここで，$\dot{Z}=6+j20\,\Omega$，線路インピーダンスを $\dot{Z}_l=1+j4\,\Omega$ とする。解答にあたっては，等価結線を (1) Y - Y 回路に変換して，(2) Δ - Δ 回路 に変換して 2 種類の方法で解いてみよ。

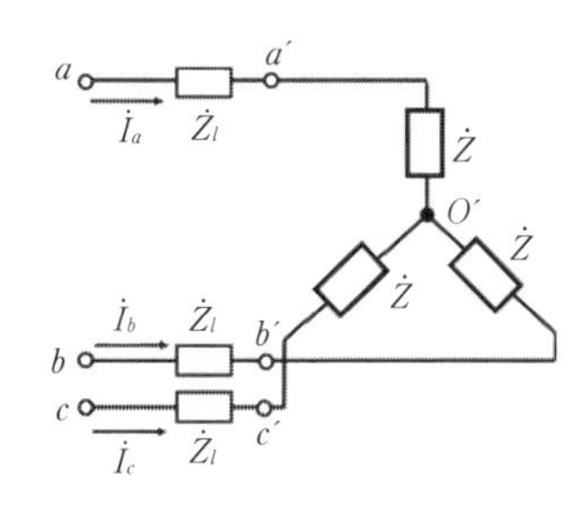

問題図 6 - 1　送電線インピーダンスと三相 Y 負荷

問題 2 問題図 6 - 2 において，線間電圧 200 V の三相対称電圧を印加した。線電流実効値と線間電圧に対する位相，負荷 $\dot{Z}$ で消費される電力を求めよ。ここで，$\dot{Z}=6+j6\,\Omega$，線路インピーダンスを $\dot{Z}_l=1+j1\,\Omega$ とする。

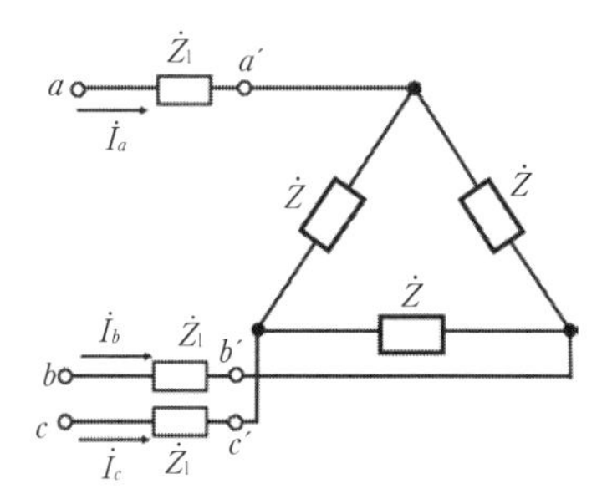

問題図 6 - 2　送電線インピーダンスと三相 Δ 負荷

問題 3 Y 結線された三相対称負荷に線間電圧 200 V の三相対称電圧を印加したところ，線電流実効値が 10 A，有効電力が 2 kW であった。負荷インピーダンスを求めよ。

問題 4 問題図 6 - 3 において，線間電圧 200 V の三相対称電圧を印加した。供給される有効電力，無効電力を求めよ。ここで，$\dot{Z}_{\mathrm{Y}}=20-j20\,\Omega$，$\dot{Z}_{\Delta}=60+j60\,\Omega$ とする。解答にあたっては，(1) 各負荷における電力を個別に求める，(2) 線電流を求めてから負荷全体の電力を一括して求めるの2種類の方法で解いてみよ。

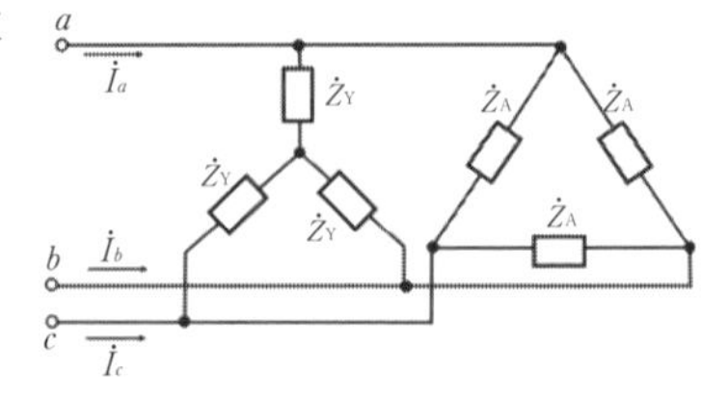

問題図 6－3 三相Y負荷と三相Δ負荷の同時接続

問題 5 Y結線された三相対称負荷の電力を二電力計法により測定したところ，一方の電力計は1.65 kW，他方は0.62 kWを指示した。負荷消費電力，負荷インピーダンスと負荷力率を求めよ。線間電圧は200 V，線電流は8 Aとする。

問題 6 三相対称負荷の電力を二電力計法により測定したところ，一方の電力計の指示が他方の2倍となった。負荷力率を求めよ。

問題 7 一相が$\dot{Z}=4+j4\ \Omega$のインピーダンスをΔ結線した三相対称負荷にΔ結線の進相コンデンサを並列接続して力率1で運転したい。適切なコンデンサ容量を求めよ。周波数は60 Hzとする。解答にあたっては，(1) 相電流が印加電圧と同相になるという条件，(2) 負荷と進相コンデンサで発生する無効電力の絶対値が等しいという条件の，それぞれから求めよ。

問題 8 問題図 6－4 の三相四線式回路において，負荷中性点電圧$\dot{V}_N$，中性線電流$\dot{I}_N$，線電流$\dot{I}_a$，$\dot{I}_b$，$\dot{I}_c$を求めよ。

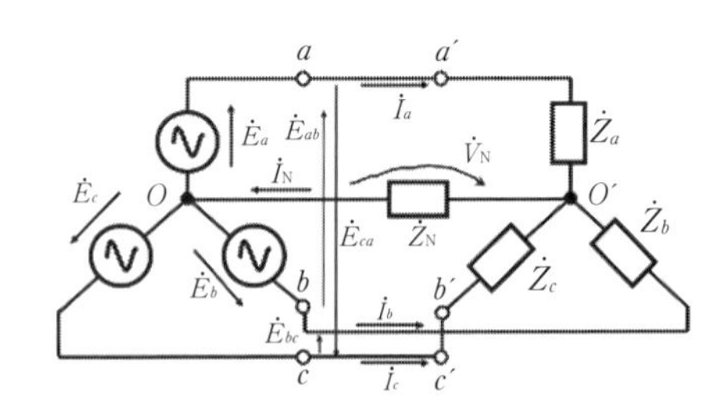

問題図 6－4 中性点間にインピーダンスがある場合の三相Y-Y接続回路

問題 9 問題図 6－5 の三相負荷に一相が電圧 100 V の

三相対称電圧をY結線にして印加した。線電流$\dot{I}_a$，$\dot{I}_b$，$\dot{I}_c$を求めよ。

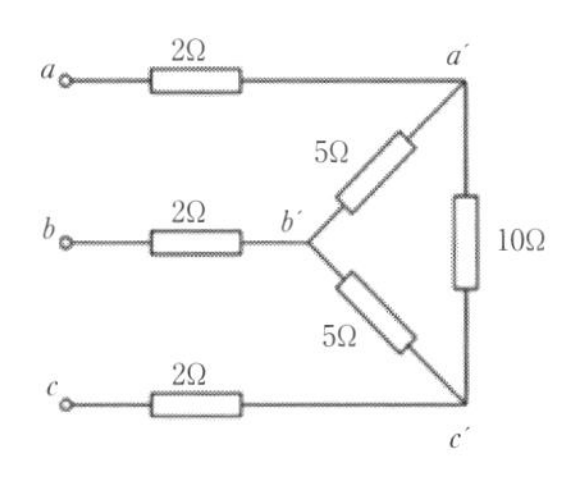

問題図 6－5　三相不平衡 Δ 負荷の Δ-Y 変換を用いた解法

AL－1　問題4の三相対称Y負荷をY-Δ変換し，$\dot{Z}_{Y\text{-}\Delta}=60-j60\ \Omega$とする。これとΔ負荷$\dot{Z}_{\Delta}=60+j60\ \Omega$の並列回路なので，両者をまとめて1つの対称三相Δ負荷と見なし，一相あたりの負荷$\dot{Z}_{\Delta}{}'$を求める。合成負荷の力率は1であり，虚部は2つの対称負荷で打ち消し合うため，実部の60 Ωの並列回路を考えると30 Ωとなる。そうすると三相電力は1相あたりの電力の3倍なので$3\times\dfrac{200^2}{30}=4000$ Wとなる。しかしながら問題4の解答は2000 Wが正しい。どこが間違っているか。

AL－2　問題6の2電力計法の負荷の位相角を－90度から＋90度まで変化する場合の両電力計の力率の変化をグラフに表せ。

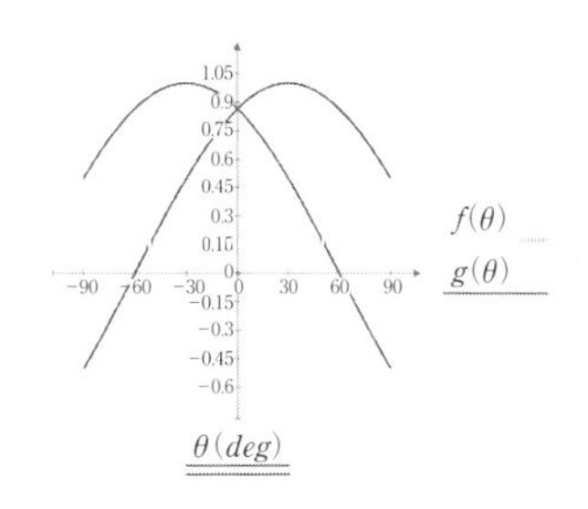

AL－3　問題9の非対称三相負荷を三相対称Y結線電源に接続した場合の各線電流を求める方法に対称座標法というものがある。1の3乗根のaを用いて，下記の行列演算によりMathcadなどの数式ソフトにより各相の線電流を求めてみよ。

$$a=e^{\frac{1i\cdot 2\cdot \pi}{3}} \quad =-0.5+0.866i \quad z=\begin{bmatrix}4.5\\3.25\\4.5\end{bmatrix}$$

$$\begin{bmatrix}Z_{a0}\\Z_{a1}\\Z_{a2}\end{bmatrix}=\frac{1}{3}\cdot\begin{bmatrix}1&1&1\\1&a&a^2\\1&a^2&a\end{bmatrix}\cdot Z=\begin{bmatrix}4.083\\0.208-0.361i\\0.208+0.361i\end{bmatrix}$$

$$I_{a0}=0$$

$$\begin{bmatrix}Z_{a0}&Z_{a2}&Z_{a1}\\Z_{a1}&Z_{a0}&Z_{a2}\\Z_{a2}&Z_{a1}&Z_{a0}\end{bmatrix}\cdot\begin{bmatrix}I_{a0}\\I_{a1}\\I_{a2}\end{bmatrix}=\begin{bmatrix}-V_N\\100\\0\end{bmatrix} \qquad \begin{bmatrix}I_a\\I_b\\I_c\end{bmatrix}=\begin{bmatrix}1&1&1\\1&a^2&a\\1&a&a^2\end{bmatrix}\cdot\begin{bmatrix}I_{a0}\\I_{a1}\\I_{a2}\end{bmatrix}$$

第 7 章　ひずみ波交流

前章までは直流および正弦波交流に対して学んだ。本章では周期 T をもつ，正弦波でない全ての波形（**ひずみ波交流**または非正弦波交流）について学ぶ。正弦波を合成することにより，任意のひずみ波が形成されること，三角波や方形波などの，ひずみ波の平均値や実効値，それらによる電力などについて述べる。**線形時不変回路**であれば基本的には，重ね合わせの理により，それぞれの正弦波交流の応答を足し合わせる事となる。また，次章の過渡現象とともに非周期波や非定常電源による応答波形への導入部分も加え，電気回路解析をより広範に可能とする。

7.1　ひずみ波交流とは

7.1.1　正弦波交流とひずみ波交流

それぞれ図 7 - 1 (a)と(c)に示す振幅 1，周期 T の方形波と三角波は，代表的なひずみ波である。また，図 7 - 1 (b)には振幅 1，周期 T の正弦波交流を示している。周期波が正弦波以外の形であるときに**ひずみ波**という。**基本波成分**（の正弦波）に加えて**高調波成分**（の正弦波）を含んでいる。余弦波など，正弦波の初期位相だけが変化しているものは，正弦波交流である。基本波成分に加えて，上記各高調波成分の大きさと初期位相は，ひずみ波の形状により決定される。

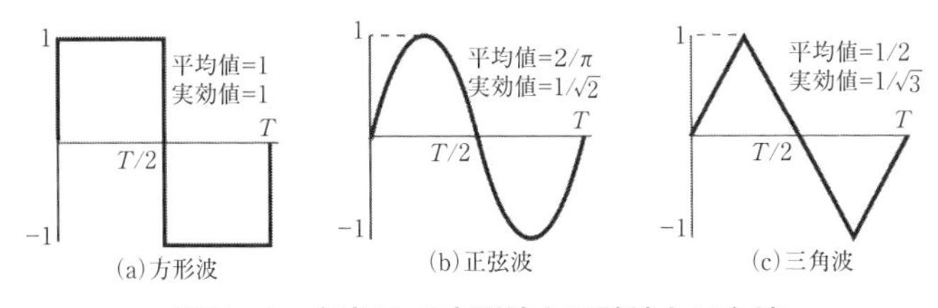

図 7 - 1　振幅 1 の方形波と正弦波と三角波

商用交流電圧波形は正弦波交流であるが，半波整流や全波整流した波形はひずみ波である。また，電気回路に用いる負荷の電流応答が非線形な場合には，正弦波交流電圧を印加しても，その負荷電流はひずみ波交流となる。代表的な非線形性として，飽和型の負荷であれば正弦波電圧に対する電流は方形波形状になり，拡張型の負荷であれば三角波状のひずみ波交流電流となる。後で述べるように，非線形応答の第三高調波の位相を調べれば，両者が区別できる。

[例題 7.1]　振幅1の正弦波電圧波形の実効値と平均値を求めよ。

[解]　正弦波およびひずみ波電圧波形の実効値は周期 T には依存せず次のように求められる。

$$E=\sqrt{\frac{1}{T}\int_0^T\{f(t)\}^2dt}\quad=\sqrt{\frac{1}{T}\int_0^T\{\sin\omega t\}^2\,dt}=\sqrt{\frac{1}{T}\int_0^T\frac{1-\cos 2\omega t}{2}dt}$$

$$=\sqrt{\frac{1}{T}\{\left[\frac{t}{2}\right]_0^T-\frac{1}{2}\left[\frac{\sin 2\omega t}{2\omega}\right]_0^T\}}=\sqrt{\frac{1}{T}\{(\frac{T}{2}-0)-\frac{1}{2}(\frac{\sin 2\omega\frac{2\pi}{\omega}}{2\omega}-\frac{\sin 0}{2\omega})\}}$$

$$=\sqrt{\frac{1}{T}\{(\frac{T}{2})-\frac{1}{2}(0-0)\}}=\sqrt{\frac{1}{2}}$$

絶対平均値は

$$E_{\mathrm{a}}=\frac{1}{T}\int_0^T|f(t)|dt\quad=\frac{2}{T}\int_0^{\frac{T}{2}}\sin\omega t dt=\frac{2}{T}\left[\frac{-\cos\omega t}{\omega}\right]_0^{\frac{T}{2}}$$

$$=\frac{2}{T}\{\frac{-\cos\omega\frac{\pi}{\omega}}{\omega}+\frac{\cos 0}{\omega}\}=\frac{2}{T}\{\frac{-(-1)}{\omega}+\frac{1}{\omega}\}=\frac{\omega}{\pi}\frac{2}{\omega}=\frac{2}{\pi},$$

$$T=\frac{2\pi}{\omega}$$

確認問題 7.1　図7-1は振幅1，周期 T の方形波と正弦波と三角波である。例題に習い，方形波と三角波の平均値と実効値を求めよ。［2章 AL-1参照］

確認問題 7.2　図7-1のひずみ波波形を半波整流した波形の平均値と実効値が，それぞれ全波波形の，平均値は半分の $\frac{1}{2}$，実効値は一定負荷での電力が半

分となる$\dfrac{1}{\sqrt{2}}$となることを確かめよ。[2章 AL-1参照]

7.1.2　正弦波の合成

周期Tの正弦波交流とその高調波成分を合成することにより，周期Tの任意のひずみ波交流波形を形成することができる。このことを代表的なひずみ波交流である方形波を題材として，表計算ソフト等を用いた正弦波の合成を試してみる。

$$
\begin{aligned}
y(t) &= \sin \omega t + \frac{1}{3}\sin 3\omega t + \frac{1}{5}\sin 5\omega t + \cdots \\
&= \sum_{n=1}^{\infty} \frac{1}{2n-1}\sin(2n-1)\omega t
\end{aligned}
\tag{7.1}
$$

確認問題 7.3　式（7.1）に示される，大きさが周期に反比例して小さくなる奇数次高調波成分正弦波の合成波形をn = 4までについて求めよ。次にn = 16について求め，方形波振幅の値がいくつに収束しそうか確認せよ。[略]

表計算ソフトにより求めた第7高調波までの正弦波の合成結果を図7-2に示す。nが大きくなるにつれてだんだん方形波に近づいていくことが確認できる。また，nを大きくしていくと，正および負の立ち上がり部分にパルス状のピークが現れ，**ギブスの現象**が確認できる。合成した方形波の振幅は基本波正弦波の振幅1より小さい事に注意しよう。

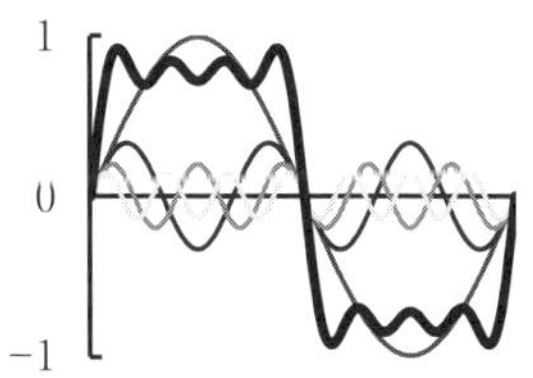

図7-2　第7高調波までの正弦波の合成による方形波（基本波の振幅が1の場合）

次に，図7-3では，ひずみ波交流に含まれる各周波数成分の振幅は，基本波が1で第3高調波が1/3であり，(a)と(b)とも同じである。両波形をひずみ波交流印加電圧波形とすると，後で述べるように，その実効値や抵抗負荷で消費される電力は等しい。従って，ひずみ波をエネルギーとして捉える場合と，波形伝送（ひずみ波の形状が同じ形での伝送）を考える場合とでは，取り扱いが異なることに注意する必要がある。前者はひずみ波の各高調波成分の大きさのみが，後者では大きさに加えて各高調波成分の位相も関係してくる。

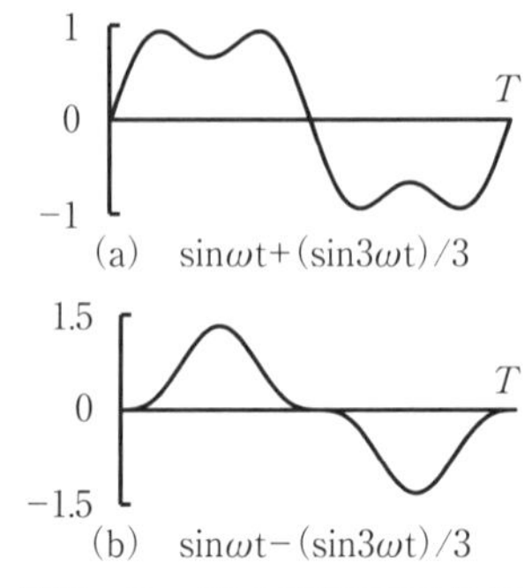

図7－3　第3高調波の位相が正の場合と負の場合の正弦波の合成（基本波の振幅が1の場合）

ＡＬ－１　式（7.1）に示される，大きさが周期に反比例して小さくなる奇数次高調波成分正弦波の合成波形を n ＝ 64 について求め，ギブスの現象を確認せよ。Mathcad などの数学ソフトを用いて，n ＝∞まで合成した方形波の振幅はいくつとなるか予想せよ。[$\pi/4$]

7.1.3　ひずみ波交流の分解

周期 T の任意の繰り返し波形（周期波）は，周期 T の正弦波とその高調波成分の正弦波に分解することができる。この合成の逆問題を解く手法が次節のフーリエ級数展開である[*1]。従って，任意のひずみ波交流波形は次のように表すことができる。

＊1注）時間関数が区分的になめらかで，かつ連続な場合，フーリエ展開式は項別微分可能である。また，区分的に連続であるため常に項別積分可能である。のこぎり波や方形波など，不連続点が存在する区分的に連続な波形は，単位階段関数や δ 関数を用いると，項別微分可能として取り扱うことができる。また不連続点でのフーリエ級数の合計値は両点の平均値となる。例えば±1の方形波では0となる。式（7.2）で数学の教科書では a_0 を（1/2）a_0 と表記し，後に示す式（7.19）との整合性を取ることが多い。ここでは電気学会の電気回路の教科書表記に準じて a_0 は直流成分を表している。第n高調波の $n\omega t$ の n が0であれば $0\omega t$ となり，cos0 ＝ 1であるので直流分は式（7.2）の表記となる。

$$\begin{aligned} y(t) = {} & a_0 + a_1\cos\omega t + a_2\cos 2\omega t + a_3\cos 3\omega t + \cdots \\ & + a_n\cos n\omega t + \cdots \\ & + b_1\sin\omega t + b_2\sin 2\omega t + b_3\sin 3\omega t + \cdots \\ & + b_n\sin n\omega t + \cdots \end{aligned} \tag{7.2}$$

$$\begin{aligned} = {} & A_0 + A_1\sin(\omega t + \theta_1) + A_2\sin(2\omega t + \theta_2) + \cdots \\ & + A_n\sin(n\omega t + \theta_n) + \cdots \end{aligned} \tag{7.2a}$$

$$y(t) = A_0 + \sum_{n=1}^{\infty} A_n\sin(n\omega t + \theta_n) \tag{7.2b}$$

a_0は直流成分，a_1は基本波交流余弦成分，a_2からa_nは第２から第ｎ高調波交流余弦成分，b_1は基本波交流正弦成分，b_2からb_nは第２から第ｎ高調波交流正弦成分である。正弦波と余弦波の直交性を用いて，任意の位相の基本波およびその高調波成分を表すことができる。大文字で書いたA_0は直流成分でありa_0と等しいが，各成分の振幅A_nと位相θ_nは小文字の成分と次のとおり相互に変換できる。図７－４に両者の関係を示している。

$$\omega=\frac{2\pi}{T},\quad A_n=\sqrt{a_n{}^2+b_n{}^2},\quad \theta_n=\tan^{-1}\frac{a_n}{b_n} \tag{7.3a}$$

$$a_n=A_n\sin\theta_n,\quad b_n=A_n\cos\theta_n \tag{7.3b}$$

式（7.3a）は，それぞれ基本波成分の角周波数，第ｎ高調波成分の大きさ，および，その初期位相を表している。また，a_nおよびb_nは第ｎ高調波の余弦波成分および正弦波成分の振幅（最大値）である。余弦波成分と正弦波成分の各高調波成分に対する係数a_n，b_n，およびA_n，θ_nが第ｎ高調波のフーリエ係数である。

［チェックポイント！］　２章で学んだフェーザ表記では大きさは実効値であり，初期位相が角度であったが，ひずみ波交流の振幅の大きさは波高値であることを意識しておく必要がある。また，正弦波成分と余弦波成分への分解は，前者が図７－４の横軸成分に，後者が縦軸成分に対応することを意識すると良い。

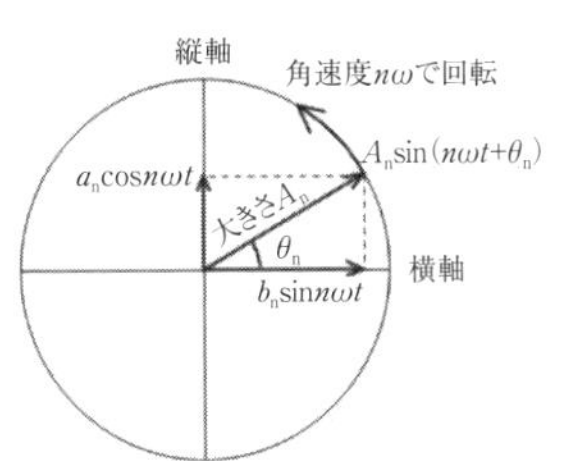

図７－４　第ｎ高調波成分の正弦成分と余弦成分への分解

確認問題7.4　式（7.2）と式（7.3）に示される直交座標系と極座標系の相互変換を複素数の取扱と共に復習し，$\sqrt{2}\times100\sin(\omega t+\frac{\pi}{6})$で表される30度進んだ実効値100 Vの電圧波形を正弦波と余弦波に分解せよ。

［$a_1=\sqrt{2}\times50$，$b_1=\sqrt{6}\times50$］

7.2 フーリエ級数

7.2.1 フーリエ級数展開

式（7.2）はひずみ波交流のフーリエ級数展開式である。その基本波成分や各高調波成分の振幅や位相を求める方法を簡単にまとめると次の通りである。

前節で異なる周波数の正弦波を重ね合わせた波形をひずみ波ということを述べた。また，周期 T の任意の周期波は逆に，この周期 T の基本波正弦波とその高調波である正弦波の合成からなることを説明した。この各々の基本波および高調波成分の大きさと位相をフーリエ係数と言い，ひずみ波をこの基本波と高調波成分からなるフーリエ級数に分解することがフーリエ級数展開である。

例えば，振幅１，周期 T の正弦波は基本波成分のみであり，振幅１，周期 T の方形波は高調波成分を含むひずみ波である。この方形波をフーリエ級数展開すると式（7.4）となる。

$$\begin{aligned} y(t) &= \frac{4}{\pi}\left(\sin \omega t + \frac{1}{3}\sin 3\omega t + \frac{1}{5}\sin 5\omega t + \cdots\right) \\ &= \frac{4}{\pi}\sum_{\mathrm{n}=1}^{\infty} \frac{1}{2n-1}\sin (2n-1)\omega t \end{aligned} \tag{7.4}$$

これらのフーリエ係数は，次式のように，周期波形 $y(t)$ の１周期分の波形と各周波数の正弦高調波とのかけ算の積分操作によって，その基本波の１周期 T に対する平均値として求めることができる。

$$b_{\mathrm{n}} = \frac{2}{T}\int_{0}^{\mathrm{T}} y(t)\sin n\omega t\mathrm{dt} \tag{7.5}$$

ここで，b_{n}は第ｎ高調波の正弦成分の振幅（波高値）であり，波形によってはこの他にa_{n}として，フーリエ級数の第ｎ高調波の余弦成分もあることは，式（7.2）で示したとおりである。

さて，第ｎ高調波のフーリエ係数の正弦成分を求める式（7.5）を詳しく見ると，$y(t)$ と第ｎ正弦高調波をかけたものの，基本波１周期 T 分の平均値を求め２倍したものとなっている。この２倍する理由を，$y(t)$が振幅１の基本波正弦波 sin ωt の場合について考えてみる。フーリエ級数展開の考え方から，この場合のフーリエ係数は基本波正弦成分の $b_1 = 1$ となるが，式(7.5) において $\sin^2 \omega t$ の基本波 1 周期 T の間の平均値を求めるだけだと，その値は 1/2 となる（図 7－5 参照）。従って 2 倍することで基本波成分のフーリエ級数が 1 となる。

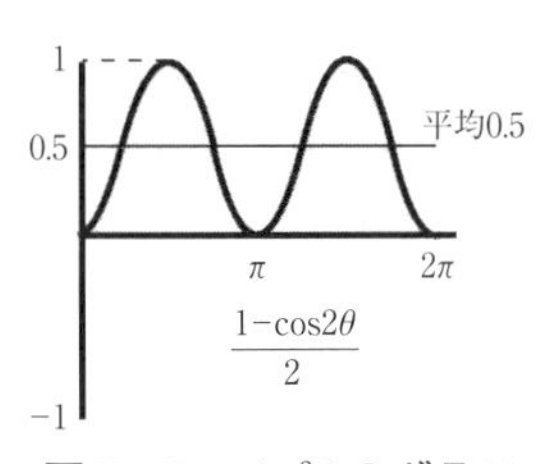

図 7－5　$\sin^2\theta$ のグラフ

[例題 7.2]　振幅 1 の方形波電圧波形のフーリエ級数を求めよ。

[解]　方形波として図 7－1 のような正弦波位相の上下対称方形波を考える。その直流分は $a_0 = 0$ である。余弦成分は，

$$a_n = \frac{2}{T}\int_0^T y(t)\cos n\omega t\,dt = \frac{4}{T}\int_0^{\frac{T}{2}} 1\times\cos n\omega t\,dt = \frac{4}{T}\left[\frac{\sin n\omega t}{n\omega}\right]_0^{\frac{T}{2}}$$

$$= \frac{4}{T}\left\{\frac{\sin(n\omega\frac{\pi}{\omega})}{n\omega} - \frac{\sin 0}{n\omega}\right\} = \frac{4}{T}\{0-0\} = 0$$

正弦成分は，

$$b_n = \frac{2}{T}\int_0^T y(t)\sin n\omega t\,dt = \frac{4}{T}\int_0^{\frac{T}{2}} 1\times\sin n\omega t\,dt$$

$$= \frac{4}{T}\left[-\frac{\cos n\omega t}{n\omega}\right]_0^{\frac{T}{2}} = \frac{4}{T}\left\{\frac{-\cos(n\omega\frac{\pi}{\omega})}{n\omega} - \frac{-\cos 0}{n\omega}\right\}$$

これは n が奇数のときは

$$= \frac{4}{T}\left\{\frac{-(-1)}{n\omega} - \frac{-1}{n\omega}\right\} = \frac{2\omega}{\pi}\left\{\frac{1}{n\omega} + \frac{1}{n\omega}\right\} = \frac{4}{n\pi},$$

n が偶数の時は

$$= \frac{4}{T}\left\{\frac{-(+1)}{n\omega} - \frac{-1}{n\omega}\right\} = \frac{2\omega}{\pi}\left\{\frac{-1}{n\omega} + \frac{1}{n\omega}\right\} = 0$$

である。

確認問題7.5　式（7.4）で示される方形波で，$y(t)$を－1倍した場合のフーリエ級数展開が次式となる事を求めよ。［略］

$$y(t)=\frac{-4}{\pi}\left(\sin\omega t+\frac{1}{3}\sin 3\omega t+\frac{1}{5}\sin 5\omega t+\frac{1}{7}\sin 7\omega t+\cdots\right) \qquad \text{(Q-1)}$$

確認問題7.6　式（7.5）で，$y(t)$を振幅1の正弦波として，b_1とb_nを求めよ。また，$\sin^2\omega t$の1周期Tの平均値が1/2となることを求めよ。

［$b_1=1$，$b_n=0$，略］

フーリエ級数を求めるには式（7.5）のように，$y(t)$と正弦高調波をかけたものの基本波1周期Tの間の平均値を求めて2倍する必要があった。さて，一般の周期Tの任意の周期波$y(t)$を，フーリエ級数を用いて，フーリエ展開して表すと式（7.2）となる。ここで，各フーリエ係数は，対象とする波形1周期分の各周波数の正弦高調波とのかけ算の積分操作によって，式（7.6）を用いて求めることができる。従って，フーリエ級数は，対象とする波形に基本波正弦波とその高調波成分が，それぞれどの程度含まれているか，どの程度似ているかを表すものである。

$$a_0=\frac{1}{T}\int_0^T y(t)\mathrm{d}t \qquad (7.6)$$

$$a_n=\frac{2}{T}\int_0^T y(t)\cos n\omega t\mathrm{d}t \qquad (7.6a)$$

$$b_n=\frac{2}{T}\int_0^T y(t)\sin n\omega t\mathrm{d}t \qquad (7.6b)$$

ここで，振幅A_nのフェーザの縦軸への投影が余弦成分，横軸への投影が正弦成分の，それぞれの成分の瞬時値を表す図7－4を考えると，それぞれ余弦波成分と正弦波成分の大きさを表すa_nとb_nは，余弦成分が$a_n=A_n\sin\theta_n$で，正弦成分が$b_n=A_n\cos\theta_n$である。この2つの成分の合成が，振幅A_nで初期位相θ_nの正弦波となる。

ひずみ波交流の定常状態においては，ある線形回路にひずみ波交流電圧を印加すると，それに含まれる各調波の電圧は同じ周波数の電流のみを生ずるが，電圧と電流の位相差については一般に回路のインピーダンスが周波数により変化するため，各周波数それぞれについて求める必要がある。各々の周波数成分に対しての取り扱いは，前章までの正弦波交流による定常解問題となる。

確認問題 7.7　周期 T の上下の波形が等しい対称ひずみ波は奇数次の項からのみなる。$y(t) = -y(t + T/2) = -y(t + \pi/\omega)$ として表される対称ひずみ波の，直流分 $a_0 = 0$，偶数次高調波の余弦成分と正弦成分も 0 となる事を確認せよ。[略]

確認問題 7.8　周期 T ではなく，0−2 π（rad）の位相としてフーリエ級数を求める式（7.6）の表記を示せ。ただし，ひずみ波を表す関数を $f(x)$ とする。また，基本波は $x=0$ から 2 π までの正弦波である。[略]

7.2.2　奇関数波形のフーリエ級数展開

式(7.6)のフーリエ係数を求める式において，奇関数および偶関数や対称波に対する定積分の性質を利用すると，フーリエ級数の項が限定され，式(7.2)が簡略化される。例えば関数 $f(t)$ が $f(t) = -f(-t)$ の性質を持つとき，すなわち原点に対して点対称な波形であるとき $f(t)$ を奇関数といい，正弦波は代表的な奇関数波形である。また，関数 $f(t)$ が $f(t) = f(-t)$ の性質を持つとき，すなわち y 軸に対して線対称な波形であるとき $f(t)$ を偶関数といい，余弦波は代表的な偶関数波形である。

奇関数の場合は偶関数である余弦成分は存在しないので，式(7.6)は次のように簡略化される。直流分も y 軸に線対称であり偶関数となるので，奇関数波形には存在しない。奇関数波形のフーリエ正弦級数展開とも呼ばれる。

$$a_0 = 0 \tag{7.7}$$

$$a_n = 0 \tag{7.7a}$$

$$b_n = \frac{4}{T}\int_0^{\frac{T}{2}} y(t)\sin n\omega t dt \tag{7.7b}$$

確認問題 7.9　図 7－1（c）に示す，振幅 1 の三角波のフーリエ級数展開が次式となることを求めよ。[略]

$$y(t)=\frac{8}{\pi^2}\left(\sin\omega t-\frac{1}{3^2}\sin 3\omega t+\frac{1}{5^2}\sin 5\omega t-\frac{1}{7^2}\sin 7\omega t+\cdots\right) \quad \text{(Q-2)}$$

確認問題7.10 t = − $T/2$ から t = $T/2$ において $y(\mathrm{t}) = t$ の形の，のこぎり波の振幅が I_m である時，このこぎり波のフーリエ級数展開が次式となることを求めよ。[略]

$$y(t)=\frac{2I_m}{\pi}\left(\sin\omega t-\frac{1}{2}\sin 2\omega t+\frac{1}{3}\sin 3\omega t-\frac{1}{4}\sin 4\omega t+\cdots\right) \quad \text{(Q-3)}$$

7.2.3 偶関数波形のフーリエ級数展開

偶関数 $f(t) = f(-t)$ とは余弦波など，縦軸に線対称な波形である。このような波形の場合，奇関数である正弦成分は存在しないので，式（7.6）は次のように簡略化される。直流分も縦軸に対称であり偶関数であるので存在する可能性がある。偶関数波形のフーリエ余弦級数展開とも呼ばれる。

$$a_0=\frac{2}{T}\int_0^{\frac{T}{2}}y(t)dt \quad (7.8)$$

$$a_n=\frac{4}{T}\int_0^{\frac{T}{2}}y(t)\cos n\omega t dt \quad (7.8a)$$

$$b_n=0 \quad (7.8b)$$

確認問題7.11 図7-1(a)に示す振幅1の方形波が，90度($T/4$)進んだ偶関数となった場合のフーリエ級数展開が次式となることを求めよ。波形伝送の位相条件（第n高調波成分の位相差は基本波の位相差のn倍となる）が成り立っていることが確認できる。[略]

[チェックポイント！] 基本波で90度($T/4$)進むとsinはcosと成るが，第3高調波は270度進むので−cos，第5高調波は450度= 90度進んだcos波形と成る。

$$y(t)=\frac{4}{\pi}\left(\cos\omega t-\frac{1}{3}\cos 3\omega t+\frac{1}{5}\cos 5\omega t-\frac{1}{7}\cos 7\omega t+\cdots\right) \quad \text{(Q-4)}$$

確認問題 7.12 図 7 - 1 (c)に示す，振幅 1 の三角波が 90 度($T/4$)進んだ偶関数となった場合のフーリエ級数展開が次式となることを求めよ。波形伝送の位相関係の条件が成り立っていることが確認できる。[略]

$$y(t)=\frac{8}{\pi^2}(\cos\omega t+\frac{1}{3^2}\cos 3\omega t+\frac{1}{5^2}\cos 5\omega t+\cdots) \quad \text{(Q-5)}$$

7.2.4　対称波のフーリエ級数展開

図 7 - 1 に示したような，半周期後の波形が前半と正負逆転する，$f(t + T/2) = -f(t)$ となる波形を対称波という。このような波形の場合，奇数次の調波成分のみでフーリエ級数展開できる。直流分も存在しないが，式(Q-5) のように偶関数や，余弦成分と正弦成分の両方を含む波形も対称波となりうる。

$$a_0=a_{2n}=b_{2n}=0 \quad (7.9)$$

$$a_{2n+1}=\frac{4}{T}\int_0^{\frac{T}{2}}y(t)\cos(2n+1)\omega t dt \quad (7.9a)$$

$$b_{2n+1}=\frac{4}{T}\int_0^{\frac{T}{2}}y(t)\sin(2n+1)\omega t dt \quad (7.9b)$$

確認問題 7.13 $y(t) = \sin(2n + 1)\omega t$ として，正弦波の奇数高調波が対称波であることを確認せよ。

$$\begin{aligned}y(t+\frac{T}{2})&=\sin\{(2n+1)\omega(t+\frac{T}{2})\}=\sin\{(2n+1)\omega t+(2n+1)\pi\} \\ &=-\sin(2n+1)\omega t\}=-y(t)\end{aligned} \quad \text{(Q-6)}$$

確認問題 7.14 余弦成分と正弦成分の両方を有する対称波のフーリエ級数を仮定し，正弦波の合成手法によりその波形を求め対称波の関係を確かめよ。[略]

7.3　ひずみ波交流の実効値と電力

7.3.1　ひずみ波交流の実効値

交流電圧または交流電流波形の実効値 E および I は，その基本波1周期 T にわたる各瞬時値の2乗平均の平方根（RMS：Root Mean Square）であり，瞬時値をそれぞれ e，i とする場合，次の式（7.9）のように表される。この式は周期 T の繰り返し波形であるひずみ波に対しても適用される。

$$E=\sqrt{\frac{1}{T}\int_0^T e^2dt},\quad I=\sqrt{\frac{1}{T}\int_0^T i^2dt} \tag{7.9}$$

これらの瞬時値として式（7.2）に示したような各高調波成分の和からなるひずみ波を考える場合，周波数の異なる正弦波の積の基本波1周期にわたる平均は必ず0となることから，周波数の等しい各高調波成分の2乗の平均のみが平方根の中に残り式（7.10）のようになる。この E や I をそれぞれひずみ波電圧の実効値，およびひずみ波電流の実効値と言う。

$$\begin{aligned}E&=\sqrt{\frac{1}{T}\int_0^T e^2dt}\\&=\sqrt{\frac{1}{T}\int_0^T (e_0+e_1+e_2+\cdots+e_n+\cdots)^2dt}\\&=\sqrt{E_0{}^2+E_1{}^2+E_2{}^2+\cdots+E_n{}^2+\cdots}\end{aligned} \tag{7.10a}$$

$$I=\sqrt{I_0{}^2+I_1{}^2+I_2{}^2+\cdots+I_n{}^2+\cdots} \tag{7.10b}$$

従って電圧・電流とも，**直流分と基本波および各高調波成分実効値の2乗和の平方根が，ひずみ波交流の実効値**となり，**各高調波成分の初期位相には依存しない**。

ひずみ波交流の基本波正弦波成分に対して，どの程度高調波成分が含まれているかを表す係数として**ひずみ率** k がある。奇数高調波のみから成る対称波形の場合は次の通りである。

$$k=\frac{\text{高調波の実効値}}{\text{基本波の実効値}}=\frac{\sqrt{E_3{}^2+E_5{}^2+\cdots}}{E_1} \tag{7.11}$$

[例題 7.3]　振幅 1 の方形波電圧のひずみ波実効値を求めよ。

[解] 方形波のフーリエ級数展開式は式（7.4）であった。これらの基本波および各高調波成分の大きさは波高値であることに注意が必要である。従って，正弦波の実効値は波高値を$\sqrt{2}$で割れば良いので，式（7.10a）により，奇数高調波成分だけを考えて，また，奇数の 2 乗分の 1 の和は$\dfrac{\pi^2}{8}$であることを利用して，次のように求めることができる。

$$
\begin{aligned}
E &= \sqrt{E_1{}^2 + E_3{}^2 + \cdots + E_{2n-1}{}^2 + \cdots} \\
&= \sqrt{\left(\frac{4}{\sqrt{2}\pi}\right)^2 + \left(\frac{4}{\sqrt{2}\pi\times 3}\right)^2 + \left(\frac{4}{\sqrt{2}\pi\times 5}\right)^2 \cdots + \left(\frac{4}{\sqrt{2}\pi\times(2n-1)}\right)^2 + \cdots} \\
&= \sqrt{\left(\frac{8}{\pi^2}\right)\left\{\frac{1}{1} + \left(\frac{1}{3}\right)^2 + \left(\frac{1}{5}\right)^2 \cdots + \left(\frac{1}{(2n-1)}\right)^2 + \cdots\right\}} = \sqrt{\left(\frac{8}{\pi^2}\right)\left\{\frac{\pi^2}{8}\right\}} = 1
\end{aligned}
$$

ＡＬ－２　図 7 - 1 に示す，振幅 1 の方形波，正弦波，および三角波のフーリエ級数展開式のフーリエ級数から，各々の波形の実効値が図中に示した値となることを求めよ。［略］

ヒント：フーリエ級数は正弦波の波高値である。なお，式（Q-7）は三角波の平均値で利用する。また，

$$\left(\frac{1}{1^2} + \frac{1}{3^2} + \frac{1}{5^2} + \cdots + \frac{1}{(2n-1)^2} + \cdots\right) = \frac{\pi^2}{8} \tag{Q-6}$$

である（章末問題 4 参照）。下記も示しておく。

$$\left(\frac{1}{1^3} - \frac{1}{3^3} + \frac{1}{5^3} - \frac{1}{7^3} + \cdots\right) = \sum_{n=1}^{\infty} \frac{-(-1)^n}{(2n-1)^3} = \frac{\pi^3}{32} \tag{Q-7}$$

$$\left(\frac{1}{1^4} + \frac{1}{3^4} + \frac{1}{5^4} + \cdots\right) = \sum_{n=1}^{\infty} \frac{1}{(2n-1)^4} = \frac{\pi^4}{96} \tag{Q-8}$$

確認問題 7.15　方形波のひずみ率が，約 0.483 となることを確かめよ。［略］

7.3.2　ひずみ波交流の電力

電圧波形，電流波形共にひずみ波である場合の電力は，交流電圧および電流波形の瞬時値 e と i の積の，基本波1周期 T にわたる平均値である。周波数の異なる正弦波電圧と正弦波電流間の基本波1周期にわたる平均電力は0であるので，電圧・電流の各高調波成分の同次の高調波の間の電力を求め加えればよい（重ね合わせの理）。従って，**ひずみ波の平均電力 *P*** は直流分と基本波成分および高調波成分からなり，

$$P = E_0 I_0 + E_1 I_1 \cos\theta_1 + E_2 I_2 \cos\theta_2 + \cdots + E_n I_n \cos\theta_n + \cdots \qquad (7.12)$$

となる。ここで，θ_nは第 n 高調波電圧と電流の間の位相差である。また，ひずみ波の皮相電力 EI および力率は次のようになる。なお，以下については簡単のため対称波形の式を示している。

$$\text{皮相電力}EI = \sqrt{E_1{}^2 + E_3{}^2 + E_5{}^2 + \cdots} \times \sqrt{I_1{}^2 + I_3{}^2 + I_5{}^2 + \cdots} \quad (\mathrm{VA}) \qquad (7.13)$$

$$\text{力率} = \frac{P}{EI} = \frac{E_1 I_1 \cos\theta_1 + E_3 I_3 \cos\theta_3 + E_5 I_5 \cos\theta_5 + \cdots}{\sqrt{E_1{}^2 + E_3{}^2 + E_5{}^2 + \cdots} \times \sqrt{I_1{}^2 + I_3{}^2 + I_5{}^2 + \cdots}} \qquad (7.14)$$

確認問題 7.16　抵抗1Ωに振幅1Vの方形波を印加したときの電流も式（7.4）となる。この振幅1の方形波電圧と電流による瞬時電力は常に1Wであり，当然平均電力も1Wである。このひずみ波電圧・電流間の平均電力も1Wであることを，式（7.12）により，フーリエ級数を用いて確かめよ。**ヒント**：負荷は抵抗のみなので，各周波数成分の力率はすべて1である。［略］

確認問題 7.17　共に奇関数となる振幅 E_mの方形波電圧と振幅 I_mの三角波電流の間の瞬時電力を求め図示せよ。次にその平均電力を図より求めよ。また，ひずみ波交流電圧の実効値と，ひずみ波交流電流の実効値から，ひずみ波電圧電流間の皮相電力を求めよ。［略］

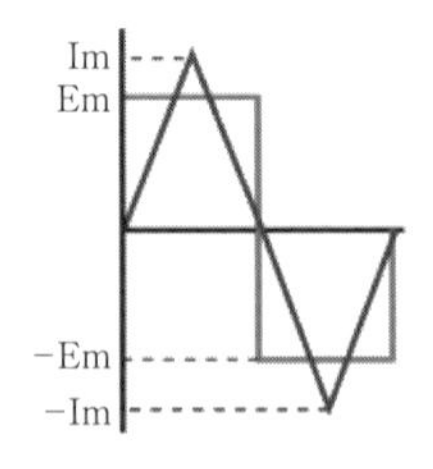

方形波電圧と三角波電流による電力

7.3.3 ひずみ波交流の平均値

ひずみ波交流波形の平均値について考える。横軸を位相θで表した振幅1の正弦波半周期の面積は

$$\int_0^{\pi}\sin\theta d\theta=[-\cos\theta]_0^{\pi}=-((-1)-1)=2 \tag{7.15}$$

となり2であるため，その0からπまでの平均が$2/\pi$となり，これが正弦波の平均値であった。1周期に対して積分すると，後ろ半周期の面積が－2であるため0となってしまうので，交流回路で扱う正弦波では便宜上，基本波成分の波形が正である半周期の平均値（または瞬時値の絶対値の平均値）をその平均値としている。このことはひずみ波についても適用される。従って，実効値と違い，すべての高調波成分がその一周期の整数倍含まれないことに注意が必要である。例えば，第2高調波は基本波半周期に1周期分含まれるため，そのひずみ波平均値への寄与は0である。また，第3高調波は基本波半周期に1.5周期分含まれるため，そのひずみ波平均値への寄与は半周期分のみである。更には，この半周期分は図7-3に示したように，第3高調波の位相により変化することに注意する必要がある。

確認問題7.18 振幅1の方形波の平均値は1である。このことを方形波のフーリエ級数を用いて確かめよ。これにより，任意の高調波成分までの平均値が求められることとなる。[略]

確認問題7.19 振幅1の三角波とのこぎり波の平均値は1/2である。このことをそれぞれのフーリエ級数を用いて確かめよ。式（Q-2）と（Q-3）を参照のこと。[略]

7.4 等価正弦波

正弦波の皮相電力に対応して，ひずみ波の実効値電圧と実効値電流の積をひずみ波の皮相電力，その有効電力Pとの比を**実効力率**という。また，このひ

ずみ波の実効値電圧と実効値電流を$\sqrt{2}$倍した波高値を基本波正弦波成分の大きさとして扱い，これらの基本波正弦波成分間に上記の実効力率の位相差θがあるとするのが，ひずみ波の**等価正弦波**としての扱いである（式（7.16）参照）。次の問題に示すように，位相差のない方形波電圧と三角波電流を等価正弦波として取り扱うと，等価正弦波としては位相差を評価できることになる。

$$e_0(t)=\sqrt{2}E\sin\omega t$$
$$i_0(t)=\sqrt{2}I\sin(\omega t-\theta)$$
$$\theta=\cos^{-1}\frac{P}{EI},\quad E=\sqrt{E_1{}^2+E_3{}^2+E_5{}^2+\cdots},\quad I=\sqrt{I_1{}^2+I_3{}^2+I_5{}^2+\cdots}$$
$$P=E_1I_1\cos\theta_1+E_3I_3\cos\theta_3+E_5I_5\cos\theta_5+\cdots \tag{7.16}$$

[例題 7.4]　振幅1の方形波電圧と振幅1の三角波電流による電力を求め，等価正弦波としての力率を求めよ。

[解]　振幅1の方形波実効値は1Vである。また，振幅1の三角波電流の実効値は$\frac{1}{\sqrt{3}}$Aである。この両者の瞬時値による瞬時電力は三角波の正の前半部分の繰り返しとなる。従って，その最大値は1W，平均電力は0.5Wである。従って，この場合の等価正弦波としての力率は式（7.16）により次のように求まる。

$$\cos\theta=\frac{P}{EI}=\frac{\frac{1}{2}}{1\times\frac{1}{\sqrt{3}}}=\frac{\sqrt{3}}{2}$$

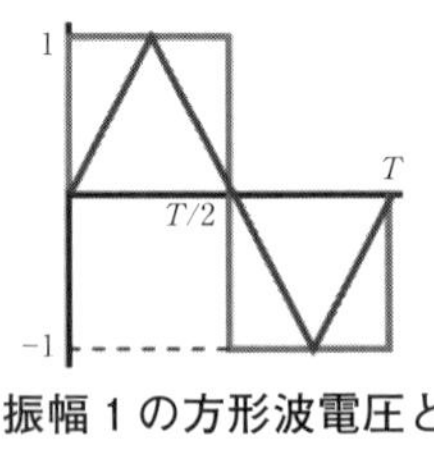

振幅1の方形波電圧と三角波電流のグラフ

確認問題 7.20　振幅1の方形波と三角波を等価正弦波として表現せよ。その等価正弦波としての位相差θが$\pi/6$となることを求めよ。［略］

AL－3　上記例題7.4を方形波と三角波のフーリエ級数展開式を用いて解いてみよ。すなわち，電力を各高調波成分による電力の和により求めて見よ。これにより，任意の周波数成分までの時の等価正弦波問題が解けることとなる。
［略］

7.5　対称三相回路のひずみ波交流

7.5.1　対称三相ひずみ波交流起電力

第6章で学んだ対称三相回路に交流電圧を与えた場合のひずみ波交流の取扱について考える。単相交流の場合は電圧波形と同相の電流応答を与える抵抗性負荷に対して，90度進んだ応答を与える容量性負荷と，逆に90度遅れた応答を与える誘導性負荷が加わった。ひずみ波交流では，複数の周波数を考えることとなるので，上記位相の違いに加えて，大きさが角周波数に比例する誘導性負荷と反比例する容量性負荷，および角周波数には依存しない抵抗性負荷による電流の大きさの変化も考慮する必要がある。

以上について三相交流の各相の振る舞いを考慮していくこととなるが，以下では三相の対称なひずみ波電圧印加の場合について考える。

三相起電力e_a，e_b，e_cが対称なひずみ波で，基本波成分の位相差は$T/3$で等しく，ひずみ波形状も同じ対称波形であるとする。

$$e_a=\sqrt{2}E_1\sin\omega t+\sqrt{2}E_3\sin(3\omega t+\phi_3)+\sqrt{2}E_5\sin(5\omega t+\phi_5)+\cdots$$

$$\begin{aligned}e_b&=\sqrt{2}E_1\sin\left(\omega t-\frac{2\pi}{3}\right)+\sqrt{2}E_3\sin\left(3\omega t+\phi_3-3\times\frac{2\pi}{3}\right)\\&\quad+\sqrt{2}E_5\sin\left(5\omega t+\phi_5-5\times\frac{2\pi}{3}\right)+\cdots\\&=\sqrt{2}E_1\sin\left(\omega t-\frac{2\pi}{3}\right)+\sqrt{2}E_3\sin(3\omega t+\phi_3)\\&\quad+\sqrt{2}E_5\sin\left(5\omega t+\phi_5-\frac{4\pi}{3}\right)+\cdots\end{aligned}\tag{7.17}$$

$$\begin{aligned}e_c&=\sqrt{2}E_1\sin\left(\omega t-\frac{4\pi}{3}\right)+\sqrt{2}E_3\sin\left(3\omega t+\phi_3-3\times\frac{4\pi}{3}\right)\\&\quad+\sqrt{2}E_5\sin\left(5\omega t+\phi_5-5\times\frac{4\pi}{3}\right)+\cdots\end{aligned}$$

$$=\sqrt{2}E_1\sin\left(\omega t-\frac{4\pi}{3}\right)+\sqrt{2}E_3\sin(3\omega t+\phi_3)$$

$$+\sqrt{2}E_5\sin\left(5\omega t+\phi_5-\frac{2\pi}{3}\right)+\cdots$$

式（7.17）より，a，b，c の三相ひずみ波交流電圧の第1項は対称三相起電力である。第2項の第3高調波は，波形伝送の位相条件から各相の大きさは等しく，かつ同相となる。第3項の第5高調波は，相回転の方向が基本波とは逆となる対称三相起電力である。

7.5.2　三角結線と星形結線

式（7.17）に示した対称三相ひずみ波交流電源を三角結線すると，基本波と第5高調波の和は零となるため**循環電流**は流れない。これに対して第3高調波は，3相とも同相となるため循環電流が流れてしまう。従って，三相交流電源に第3高調波またはその整数倍の高調波が含まれる場合には三角結線は採用されないのが普通である。

次に，対称三相ひずみ波交流電源を星形結線し，**中性線**を設けない場合には，各相において同相となる零相電流は高調波成分を含めて流れない。また，星形結線の場合の線間電圧を求めてみると，

$$e_{\mathrm{ab}}=e_{\mathrm{a}}-e_{\mathrm{b}}$$

$$=\sqrt{2}E_1\sin\omega t+\sqrt{2}E_3\sin(3\omega t+\phi_3)+\sqrt{2}E_5\sin(5\omega t+\phi_5)+\cdots$$

$$-\{\sqrt{2}E_1\sin\left(\omega t-\frac{2\pi}{3}\right)+\sqrt{2}E_3\sin(3\omega t+\phi_3)$$

$$+\sqrt{2}E_5\sin\left(5\omega t+\phi_5-\frac{4\pi}{3}\right)+\cdots\}$$

$$=\sqrt{3}\left\{\sqrt{2}E_1\sin\left(\omega t+\frac{\pi}{6}\right)+\sqrt{2}E_5\sin\left(5\omega t+\phi_5-\frac{\pi}{6}\right)+\cdots\right\} \tag{7.18}$$

同様に

$$e_{\mathrm{bc}}=e_{\mathrm{b}}-e_{\mathrm{c}}$$

$$=\sqrt{3}\left\{\sqrt{2}E_1\sin\left(\omega t-\frac{\pi}{2}\right)+\sqrt{2}E_5\sin\left(5\omega t+\phi_5+\frac{\pi}{2}\right)+\cdots\right\}$$

$$e_{\mathrm{ca}}=e_{\mathrm{c}}-e_{\mathrm{a}}$$
$$=\sqrt{3}\left\{\sqrt{2}E_1\sin\left(\omega t+\frac{5\pi}{6}\right)+\sqrt{2}E_5\sin\left(5\omega t+\phi_5-\frac{5\pi}{6}\right)+\cdots\right\}$$

となり，第3高調波成分は表れない。

確認問題 7.21 図7－3(a)のひずみ波交流電源が対称三相電源として星形接続されているとき線間電圧を求め，第3高調波成分は表れないことを確認せよ。

$$e_{\mathrm{ab}}=e_{\mathrm{a}}-e_{\mathrm{b}}$$
$$=\sqrt{2}\frac{1}{\sqrt{2}}\sin\omega t+\sqrt{2}\frac{1}{3\sqrt{2}}\sin 3\omega t-\{\sqrt{2}\frac{1}{\sqrt{2}}\sin\left(\omega t-\frac{2\pi}{3}\right)$$
$$+\sqrt{2}\frac{1}{3\sqrt{2}}\sin 3\omega t\}$$
$$=\sqrt{3}\left\{\sqrt{2}\frac{1}{\sqrt{2}}\sin\left(\omega t+\frac{\pi}{6}\right)\right\}=\sqrt{3}\sin\left(\omega t+\frac{\pi}{6}\right) \tag{Q-9}$$

同様に

$$e_{\mathrm{bc}}=e_{\mathrm{b}}-e_{\mathrm{c}}=\sqrt{3}\sin\left(\omega t-\frac{\pi}{2}\right)$$

$$e_{\mathrm{ca}}=e_{\mathrm{c}}-e_{\mathrm{a}}=\sqrt{3}\sin\left(\omega t+\frac{5\pi}{6}\right)$$

7.6　複素フーリエ級数

7.6.1　複素フーリエ級数の求め方

式（7.2）を，オイラーの公式を用いて複素数を用いた極座標表現により表せば，次の複素フーリエ級数展開の式（7.19）となる。係数C_{n}は複素数の値をとる複素フーリエ係数である。2倍の係数がないことに注意が必要である。C_{n}の絶対値を振幅スペクトルといい，C_{n}の偏角を位相スペクトルという。これらは各高調波成分のフェーザの大きさと位相に対応している。また，nがプラスの場合は反時計回りの，マイナスの場合は時計回りのフェーザを表している。

$$c_{\mathrm{n}}=\frac{1}{T}\int_{-\frac{T}{2}}^{+\frac{T}{2}}y(t)e^{-jn\omega t}dt,\quad y(t)=\sum_{\mathrm{n}=-\infty}^{+\infty}c_{\mathrm{n}}e^{jn\omega t} \tag{7.19}$$

複素フーリエ級数は，EXCEL などの表計算ソフトでも扱うことができる。時間領域データを実部とする場合スペクトルの実数部が余弦波成分，負の虚数部が正弦波成分であることに注意が必要である。このことを図7-6にて補足説明している。

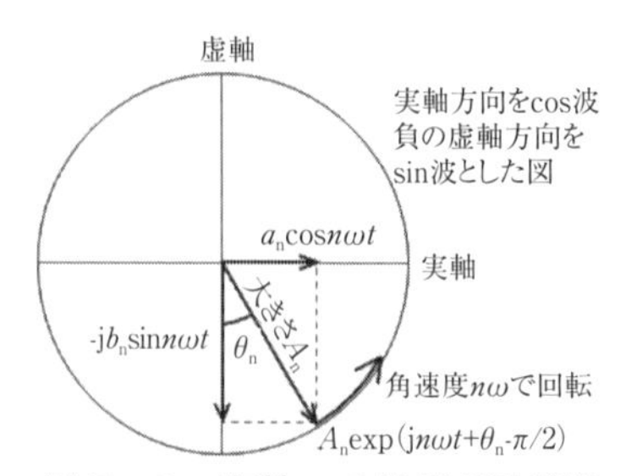

図7-6　実軸への投影が時間波形となる複素数表示のフェーザ

図7-4では，横軸を基準とした場合の大きさ A_n，初期位相角 θ_nのフェーザベクトルの，縦軸方向の成分は $A_n\sin\theta_n$，横軸方向の成分が $A_n\cos\theta_n$である。それらの値を波高値とし角速度 $n\omega$ で反時計方向に回転するフェーザは，横軸正方向が $\sin n\omega t$ で縦軸正方向が $\cos n\omega t$ であり，各フェーザの**縦軸への投影がその時間変化のグラフ**である。

これに対して，フェーザを複素数表示したときの，**実軸への投影をその時間変化のグラフ**とする場合は，図7-4を90度遅らせた形の図7-6となる。この場合もフェーザは反時計方向に角速度 $n\omega$ で回転しており，その実軸への投影が時間波形となる。このことはオイラーの公式

$$e^{j\theta}=\cos\theta+j\sin\theta \qquad (7.20)$$

により，正弦成分は右辺を j で割れば実部として求められることを表している。また，j で割ることは，大きさはそのままで90度時計方向に回転させることを意味しており，$\pi/2$ rad 遅らせることを意味している。従って，複素数表示の実数成分が余弦波成分，負の虚数成分が正弦波成分となる。

また，複素スペクトルの式から，周期関数 $y(t)$ が無限個の正および負の角周波数成分の和として表現できることがわかる。ここで導入した負の角周波数は，正の角周波数を反時計方向の回転，負の角周波数を時計方向の回転に対応させたとき，物理的にも理解しやすい。もちろん $n=0$ の項は直流分を表すこととなる。

式（7.2）と式（7.19）の関係は次の通りである。

$$c_{\mathrm{n}}=\frac{a_{\mathrm{n}}-jb_{\mathrm{n}}}{2},\quad c_{-\mathrm{n}}=\frac{a_{\mathrm{n}}+jb_{\mathrm{n}}}{2},\quad c_0=a_0 \tag{7.21}$$

確認問題 7.22 式 7.21 の関係を，式(7.2) に $\cos\omega t=\dfrac{e^{j\omega t}+e^{-j\omega t}}{2}$ と $\sin\omega t=\dfrac{e^{j\omega t}-e^{-j\omega t}}{2j}$ を代入し整理することで求めてみよ。[略]

7.6.2　表計算ソフトによるフーリエ解析

2 の n 乗個（n は 12 まで）の時間サンプルデータに関して，EXCEL の「データメニュー」の「データ分析」にある分析ツールの「フーリエ解析」を用いて複素フーリエ解析を行うことができる。メニューに出てこない場合は分析ツールのアドインを有効にする必要がある。

図 7-7 は A 列の 128 点のデータを基本波 1 周期として，B 列に位相 θ を 0〜2 π まで，C 列に振幅 1 の sin(θ)を計算しグラフ化したものである。次に C 列の正弦波のデータに対してフーリエ解析を行い，結果を D 列に保存している。D 列の複素フーリエ級数は「実部＋虚部 i」の形式の文字形データで出力されている。その実部のみと虚部のみを E 列と F 列に，IMREAL 関数と IMAGINARY 関数を用いて数値として取り出している。E 列の最初のデータが直流分であり，もちろん 0 である。F 列の虚部の 2 つ目のデータが-64 となっており，正弦波のスペクトルは負の虚数成分であるという図 7-6 の関係を示している。これは正弦波のデータ点数 128 点の半分の値となっている。残りの半分は，F 列 128 番目の虚部のスペクトルデータ 64 として解析されている。

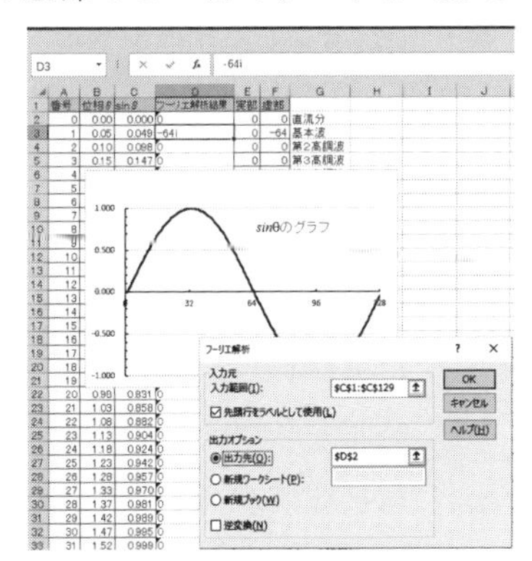

図 7-7　EXCEL によるフーリエ解析の一例

ところで，図 7-7 の正弦波はフーリエ逆変換を行っても得ることができる。例えば 3 行目の基本波成分を-128i として，他のスペクトルデータは全て0としてEXCELの「分析ツール」の「フーリエ解析」の「逆変換」を用いると，解析結果に振幅1の正弦波を得ることができる。この場合基本波正弦波のデータを2番目と128番目に-64iと+64iと2つにするのでなく，ひとつにまとめても振幅1の正弦波の時間データを逆変換結果の「実部に得る」ことができる。この両者の違いを考察すると複素スペクトルが理解できる。また，EXCELのフーリエ解析を用いることにより，128点のデータでは，スペクトルは直流分から第63高調波までの複素スペクトルを計算することができることも理解できる（**標本化定理**）。

[例題7.5]　振幅1の正弦波波形と振幅1の方形波波形を128点のデータで表し，EXCEL等のフーリエ解析機能を用いて複素フーリエスペクトルを求めて見よ。

[解]　EXCELで実施する場合には，フーリエ解析のアドインを有効にすること。また，EXCELによる複素数の取扱についても理解しておくこと。フーリエ解析結果は文字列として返されるが，基本的にはIMREALとIMAGINARY関数を用いれば，それぞれ余弦成分a_nと正弦成分b_nが求められる。正弦成分は負の虚軸方向が基準となることに注意すること（下記では虚部の-64がb_1に対応している。また，64は128点で一周期である，振幅1の正弦波であることを表している）。

ＡＬ－４　図7－7に示す基本波を128点データで表すフーリエ解析について，次のデータのフーリエ解析または逆変換結果を求め考察せよ。

1）時間波形のリアルパートとして振幅1の正弦波を表現し，そのフーリエ解析結果が，スペクトルデータの基本波部分に－64i，最期の128番目に+64iとなることを確かめよ。

2）時間波形のリアルパートとして振幅1の余弦波を表現し，そのフーリエ解析結果が，スペクトルデータの基本波部分に64，最期の128番目にも64となることを確かめよ。

3）時間波形のリアルパートとして振幅1の方形波を表現し，そのフーリエ解析結果の基本波スペクトルデータが約－81.4i となることを確かめよ。この値は 4／π の約何倍であるか確認せよ。

4）スペクトルデータの基本波部分に－128i のみを与え，他はすべて 0 としたときのフーリエ逆変換を実部と虚部それぞれ図示すると，振幅 1 の正弦波が実部に表れる。虚部の波形について考察せよ。

5）スペクトルデータの基本波部分に 128 のみを与え，他はすべて 0 としたときのフーリエ逆変換を実部と虚部それぞれ図示すると，振幅 1 の正弦波が虚部に表れる。実部の波形について考察せよ。

6）フーリエ逆変換を行うことにより第 7 高調波までの方形波を合成せよ。

7）上記方形波を実部スペクトルのみで作成し，フーリエ逆変換を行うことにより，時間領域の虚部データとして作成せよ。[略]

7.6.3　複素フーリエ変換

以上ではひずみ波を周期 T の周期関数として取り扱ってきた。この周期 T を無限大に拡張し，非周期波形のフーリエ級数を求めるのが複素フーリエ変換であり次式で示される。

$$F(\omega)=\int_{-\infty}^{\infty} f(t)e^{-j\omega t}\mathrm{dt} \tag{7.22}$$

$$f(t)=\frac{1}{2\pi}\int_{-\infty}^{\infty} F(\omega)e^{j\omega t}\mathrm{d}\omega \tag{7.23}$$

この $F(\omega)$ を求めることを複素フーリエ変換といい，$F(\omega)$ は連続スペクトルとなる。これに対して前節までの複素フーリエ級数は離散スペクトルと呼ばれる。式（7.23）に示すフーリエ逆変換により，周波数領域の関数は時間領域の関数に変換される。

確認問題 7.23 図7－8(a)の偶関数矩形パルス波形は繰り返し周期 T である。この離散フーリエスペクトルを求め，次式を確認せよ。[略]

$$\therefore f(t)=\frac{1}{T}+\frac{1}{\pi r}\sin\omega r\cos\omega t+\frac{1}{2\pi r}\sin 2\omega r\cos 2\omega t+\frac{1}{3\pi r}\sin 3\omega r\cos 3\omega t+\cdots \quad \text{(Q-10)}$$

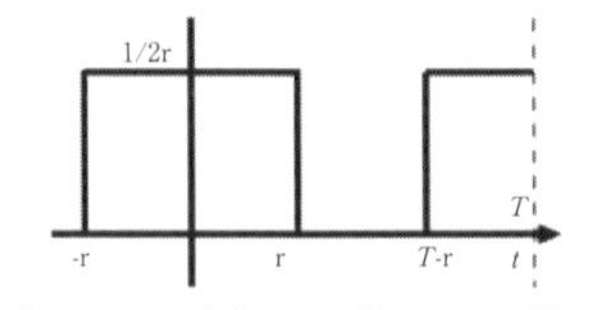

図7－8(a) 面積1、周期 T の矩形波パルス列

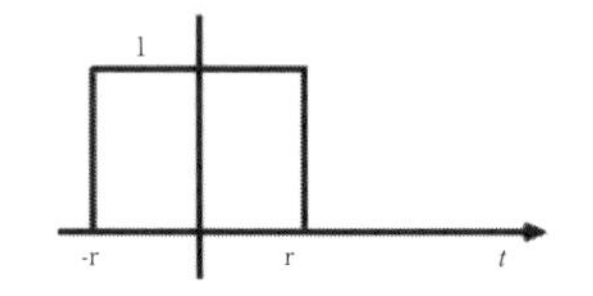

図7－8(b) 振幅1、幅2rの矩形波パルス

確認問題 7.24 図7－8(b)の偶関数矩形パルス波形が単独で存在している。この連続フーリエスペクトルを求め，次式を確認せよ。[略]

$$F(\omega)=\frac{2\sin\omega r}{\omega} \quad \text{(Q-11)}$$

章末問題

問題1 振幅1の正弦波の全波整流波形のフーリエ級数展開を求めよ。

問題2 振幅1の正弦波の半波整流波形のフーリエ級数展開を求めよ。これが振幅1/2の正弦波と，その全波整流波形の和であることを確認せよ。

問題3 上記の半波整流波形のフーリエ級数の関係を図7－1の三角波について確認せよ。

問題4 $y=|x|, -\frac{T}{2}\leq x\leq\frac{T}{2}$ で表される三角波のフーリエ級数を求めよ。次に，余弦成分 $a_n\cos n\omega t$ が $t=0$ にて a_n となることを用いて，式(Q-1)を証明せよ。

問題5 方形波の積分が三角波となることをそのフーリエ級数スペクトルの積分から示せ。

問題6 振幅1の方形波の半波整流波形のフーリエ級数を求めよ。その実効値が $\sqrt{1/2}$ となることをひずみ波交流の実効値の式(7.10a)により求めよ。

問題 7　正弦波電源による負荷電流に次のような第 3 高調波成分が含まれていた。これらを等価正弦波の関係で示すと，等価的な力率の位相差 θ が $\pi/6$ となることを示せ。

$e(t)=V_{\mathrm{m}}\sin\omega t$

$i(t)=I_{\mathrm{m}}(\sin\omega t+\dfrac{1}{\sqrt{3}}\sin 3\omega t)$

問題 8　幅 τ，振幅 E，周期 T のパルス列の複素フーリエ級数 C_n を求めよ。(標本化関数)

問題 9　振幅が 60 度ごとに 0.5，1.0，0.5 となる階段状の奇関数対称波の平均値と実効値とフーリエ級数展開式を求めよ。そのフーリエ級数から実効値を求めて見よ。

問題 10　表計算ソフトを用いて 90 度の初期位相を有する振幅 1 の方形波（余弦波位相の方形波）を逆フーリエ変換により作成せよ（波形伝送問題）

ラーニングコモンズ掲示板　Mathcad© で半波正弦波と半波三角波と半波方形波をフーリエ級数展開により合成し，それらの和を波形にしてみました。曲線だけからなる正弦波の繰り返し波形を合成することで，下記のようないろいろな波形を合成することができます。是非自分でも合成してみて下さい。

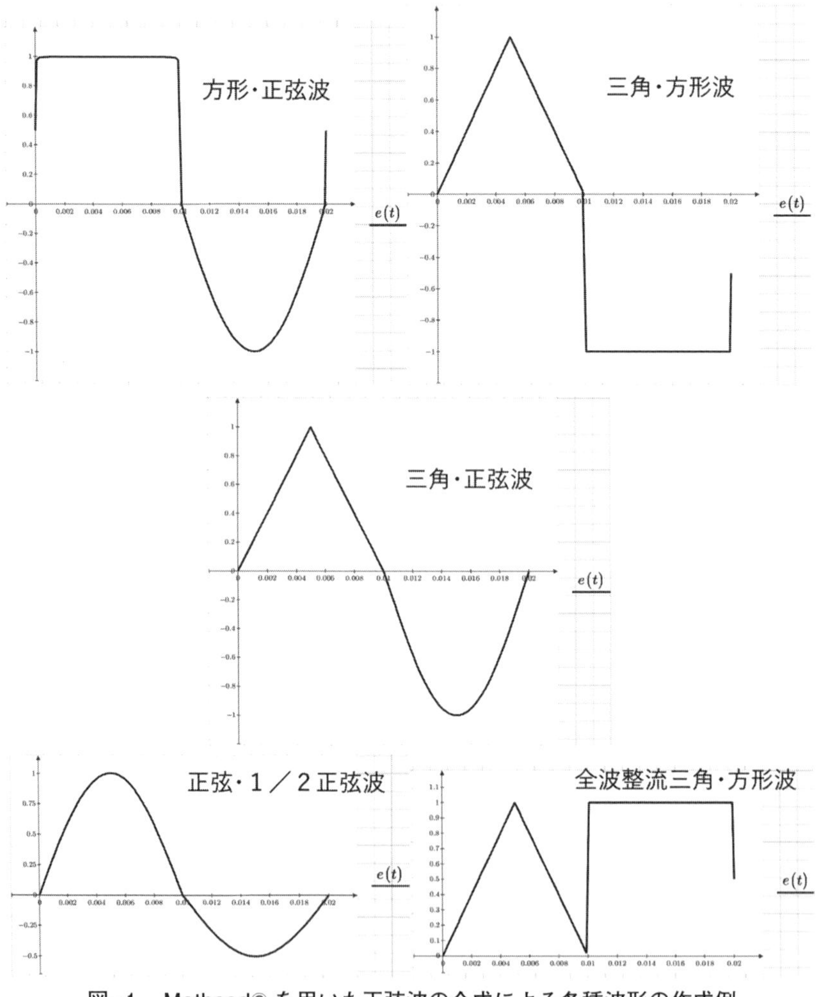

図-1　Mathcad© を用いた正弦波の合成による各種波形の作成例

第 8 章　過渡現象

電気回路において，一定時間に消費される電力（一般には基本波一周期の平均電力 P）が一定である定常状態から，別の定常状態に移る間が過渡期であり，その間の現象を過渡現象という。一般に交流回路の定常状態では jω を用いることにより，積分および微分要素であるコンデンサやコイルを含む交流回路の計算が簡単な代数演算になった。また，ひずみ波交流についても，フーリエ級数に展開することにより正弦波応答の重ね合わせとして表すことができた。

過渡現象では，回路にスイッチを含め，スイッチを on にしたり off にしたりする場合の，定常状態に到るまでの過渡的過程を取り扱う。従って，積分および微分要素であるコンデンサやコイルと線形要素である抵抗が，直流または交流電圧印加に対してどのように応答し，回路電流が決定されるかを学ぶ。過渡現象は一般に微分方程式で表されることになり，その過渡解と定常解を初期条件により求めることになる。この過渡状態から定常状態に移る速さを時定数という指標により表現する。

過渡現象は微分方程式を解くことにより一般的には解が得られるが，ラプラス変換を用いた代数的演算による解法についても学ぶ。ラプラス変換では定常解と過渡解を一度に求めることが可能である。本書では特に指定しない限り，時間 $t=0$ から過渡応答が発生し，それまでコンデンサは充電されておらず（q(t=0)=0），コイルに電流は流れていない（i(t=0)=0）ものとする。また，電圧源はスイッチ on で起電力を発生し，スイッチ off で起電力を 0 とし，電圧源部分の回路は短絡される。そして，電流源はスイッチ on で電流を流し，スイッチ off で電流を 0 とし，その部分の回路は開放されるものとする。

8.1 RL 直列回路

8.1.1 直流電圧印加時の過渡応答

[例題 8.1] 図 8－1 に示す RL 回路の直流過渡応答を求めよ。

[解] 図 8－1 に示すように，RL 直列回路に時間 $t=0$ において，直流電圧 E（V）を印加した場合の回路電流 $i(\mathrm{t})$（A）の過渡応答を考える。L（H）と R（Ω）の電圧降下をそれぞれ $e_{\mathrm{L}}(\mathrm{t})$（V）および $e_{\mathrm{R}}(\mathrm{t})$（V）とすれば，キルヒホッフの第2法則により，

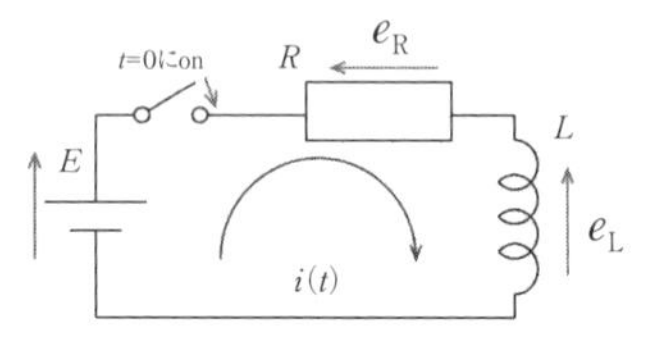

図 8－1 RL 直列回路の直流過渡応答（t ＝ 0 にてスイッチオンの場合）

$$E=e_{\mathrm{R}}+e_{\mathrm{L}}=Ri(t)+L\frac{di(t)}{dt} \quad \text{(V)} \tag{8.1}$$

初期条件は $t=0$ まではスイッチが off であるため，$i(0)=0$ である。この線形一次微分方程式の特解（定常解）$i_s(t)$（A）は，時間変化 d/dt の項が零であるので，

$$\begin{aligned} &E=e_{\mathrm{R}}+e_{\mathrm{L}}=Ri_{\mathrm{s}}(t) \quad \text{(V)} \\ &\therefore\ i_{\mathrm{s}}(t)=\frac{E}{R} \quad \text{(A)} \end{aligned} \tag{8.2}$$

また，原式において $E=0$ とおいた一般解（過渡解）$i_{\mathrm{t}}(\mathrm{t})$（A）は，

$$0=e_{\mathrm{R}}+e_{\mathrm{L}}=Ri_{\mathrm{t}}(t)+L\frac{di_{\mathrm{t}}(t)}{dt} \quad \text{(V)}$$

$$\therefore\ L\frac{di_{\mathrm{t}}(t)}{dt}=-Ri_{\mathrm{t}}(t)$$

$$\frac{1}{i_{\mathrm{t}}(t)}di_{\mathrm{t}}(t)=-\frac{R}{L}dt \tag{8.3}$$

$$\int\frac{1}{i_{\mathrm{t}}(t)}di_{\mathrm{t}}(t)=\int-\frac{R}{L}dt$$

$$\ln i_{\mathrm{t}}(t)=-\frac{R}{L}t+C_1$$

$$\therefore i_t(t)=e^{-\frac{R}{L}t+C_1}=Ae^{-\frac{R}{L}t}$$

ここで，C_1および A は積分定数（以下同様）で，回路の初期条件により決定される。この回路の過渡電流は定常解と過渡解の和で表されるので，

$$i(t)=i_S(t)+i_t(t)=\frac{E}{R}+Ae^{-\frac{R}{L}t}$$

ここで初期条件の$t=0$で$i=0$により，

$$i(0)=\frac{E}{R}+Ae^{-\frac{R}{L}\times 0}=\frac{E}{R}+A\times 1=0 \tag{8.4}$$

$$\therefore A=-\frac{E}{R}$$

$$\therefore i(t)=\frac{E}{R}(1-e^{-\frac{R}{L}t})$$

となる。この電流の過渡応答が R と L に流れるので，各々の素子の電圧降下は次のようになる。図 8－2 はそれらの過渡応答をグラフにしたものである。図中の式で τ とあるのは時定数と呼ばれ，時間の単位を有する物理量であり電気回路の過渡現象の変化の速さを表すものである。その詳細については 8.3 で述べている。R と L の電圧降下も過渡的に変化するが，それらの合計は E で一定となる。

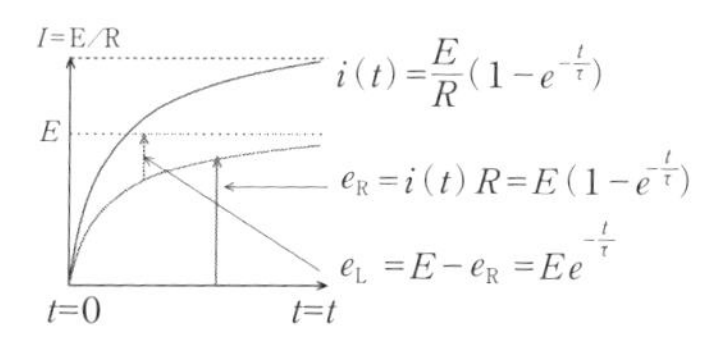

図 8－2　RL 直列回路の直流過渡応答（t ＝ 0 にてスイッチオンの場合）

$$e_R=Ri(t)=E(1-e^{-\frac{R}{L}t})$$

$$e_L-L\frac{di(t)}{dt}-L\times(-\frac{E}{R})\times(-\frac{R}{L})e^{-\frac{R}{L}t}=Ee^{-\frac{R}{L}t} \tag{8.5}$$

$$\therefore e_R+e_L=E(1-e^{-\frac{R}{L}t})+Ee^{-\frac{R}{L}t}=E$$

例題 8.1 において，キルヒホッフの第 2 法則は任意の時間で成り立っていることが分かる。電流の定常値 I（A）は E/R である。回路素子に蓄えられる（または消費される）電力を求めると，

$$p_R(t)=e_R(t)\times i(t)=Ri(t)\times i(t)=i^2(t)R=RI^2(1-e^{-\frac{R}{L}t})^2 \quad \text{(W)}$$

$$p_L(t)=e_L(t)\times i(t)=Ee^{-\frac{R}{L}t}\times I(1-e^{-\frac{R}{L}t})=RI^2(1-e^{-\frac{R}{L}t})e^{-\frac{R}{L}t} \quad \text{(W)} \tag{8.6}$$

となる。従って，時刻 t における全電力と，時刻 t までの全電力量は，

$$\begin{aligned} p(t)&=p_R(t)+p_L(t)\\ &=RI^2(1-e^{-\frac{R}{L}t})^2+RI^2(1-e^{-\frac{R}{L}t})e^{-\frac{R}{L}t}\\ &=RI^2(1-e^{-\frac{R}{L}t}) \quad \text{(W)}\end{aligned}$$

$$W_L(t)=\int_0^t p_L(t)dt=\frac{1}{2}LI^2(1-e^{-\frac{R}{L}t})^2 \quad \text{(Ws)}$$

$$W_R(t)=\int_0^t p_R(t)dt=RI^2t-LI^2(1-e^{-\frac{R}{L}t})-\frac{1}{2}LI^2(1-e^{-\frac{R}{L}t})^2 \quad \text{(Ws)}$$

全体の電力量は

$$W(t)=W_L(t)+W_R(t)=RI^2t-LI^2(1-e^{-\frac{R}{L}t}) \quad \text{(Ws)} \tag{8.7}$$

確認問題 8.1 式（8.7）の電力量を求めて見よ。W_Rは電源が供給した全電力量 W から W_Lを引くと簡単に求められ，全電力量は全電力の積分により求められる。[略]

8.1.2 直流電圧除去時の過渡応答

[例題 8.2] 図 8 - 3 に示す RL 回路の直流電源除去時の過渡応答を求めよ。

[解] RL 直列回路において直流電源 E（V）の起電力を $t=0$ にて零とした場合の過渡現象を考える。それまでは，電源印加時の定常解である $I=E/R$（A）が流れている。この場合の $t=\infty$ における定常解は，電源を除去しているため当然$i_s(\infty)=0$ である。過渡解は前問と同じなので，

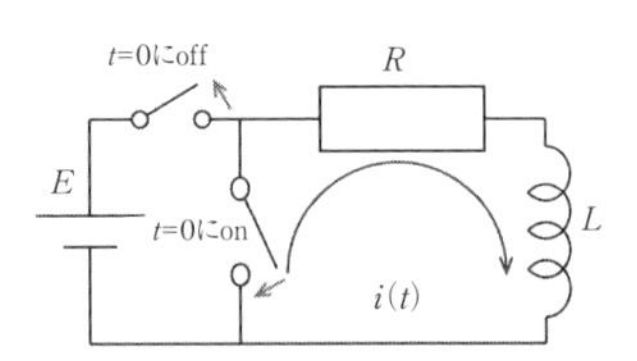

図 8 - 3 RL 直列回路の直流過渡応答（t = 0 にて電源除去の場合）

$$i(t)=i_S(t)+i_t(t)=0+Ae^{-\frac{R}{L}t}$$

ここで初期条件の$t=0$でi(0)$=\dfrac{E}{R}$により，

$$i(0)=Ae^{-\frac{R}{L}\times 0}=\frac{E}{R}$$

$$\therefore A=\frac{E}{R}$$

$$\therefore i(t)=\frac{E}{R}e^{-\frac{R}{L}t} \tag{8.8}$$

となる。これを図示すると図 8 - 4 となる。これは，L にエネルギーが蓄えられており，$t=0$ よりそのエネルギーが R で消費されていく過渡現象を表している。電源除去時の各素子の電圧降下と瞬時電力，および電力量は次の通りである。$p=W=0$ となるのは，回路に電源が含まれない状態の過渡応答を表しているからである。$t=\infty$ までに，L に蓄えられていた全電磁エネルギーが R により熱として消費されることになる。

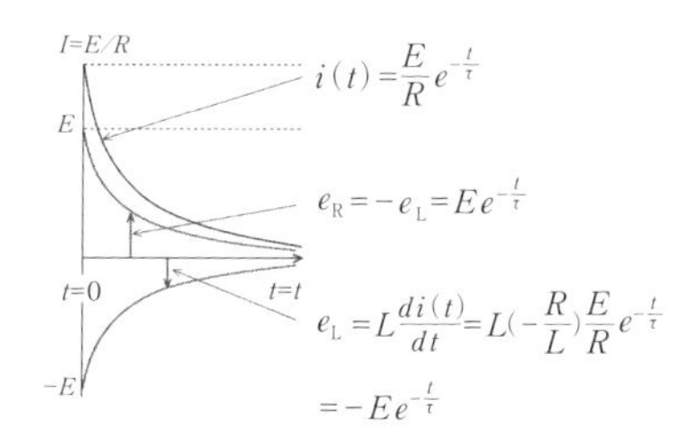

図 8 - 4　RL 直列回路の直流過渡応答（t ＝ 0 にて電源除去の場合）

$$e_R=Ri(t)=Ee^{-\frac{R}{L}t}$$

$$e_L=L\frac{di(t)}{dt}=L\times\left(\frac{E}{R}\right)\times\left(-\frac{R}{L}\right)e^{-\frac{R}{L}t}=-Ee^{-\frac{R}{L}t} \tag{8.9}$$

$$\therefore e_R+e_L=0$$

$$p_R(t)=e_R(t)\times i(t)=Ri(t)\times i(t)=i^2(t)R=RI^2e^{-\frac{2R}{L}t} \quad \text{(W)}$$

$$p_L(t)=e_L(t)\times i(t)=-Ee^{-\frac{R}{L}t}\times Ie^{-\frac{R}{L}t}=-RI^2e^{-\frac{2R}{L}t} \quad \text{(W)} \tag{8.10}$$

$$\therefore p(t)=p_R(t)+p_L(t)=0$$

$$W_L(t)=\int_0^t p_L(t)dt=-\frac{1}{2}LI^2\left(1-e^{-\frac{2R}{L}t}\right) \quad \text{(Ws)}$$

$$W_R(t)=\int_0^t p_R(t)dt=\frac{1}{2}LI^2\left(1-e^{-\frac{2R}{L}t}\right) \quad \text{(Ws)} \tag{8.11}$$

全体の電力量は

$$W(t)=W_L(t)+W_R(t)=0 \qquad \text{(Ws)}$$

確認問題 8.2　式（8.11）の電力量を式（8.10）の積分により求めて見よ。

［略］

8.1.3　交流電圧印加時の過渡応答

［例題 8.3］　RL 直列回路において，交流電圧 $e=E_m\sin(\omega t+\theta)$ を $t=0$ にて印加する場合の過渡応答を求めよ。

［解］　この場合の回路応答をキルヒホッフの第2法則の形で示すと次のようになる。

$$E_m\sin(\omega t+\theta)=e_R+e_L=Ri(t)+L\frac{di(t)}{dt} \quad \text{(V)} \tag{8.12}$$

この微分方程式の定常解 $i_s(t)$ は，RL 直列回路の定常電流なので，回路のインピーダンスで印加電圧を割れば良い。従ってインピーダンスの角度 ϕ も考慮して，

$$i_s(t)=\frac{E_m}{\sqrt{R^2+(\omega L)^2}}\sin(\omega t+\theta-\phi) \qquad \text{(A)}, \quad \phi=\tan^{-1}\frac{\omega L}{R} \tag{8.13}$$

過渡解 $i_t(\mathrm{t})$ は今までと同じなので，交流電圧印加時の過渡電流は次のように求められる。

$$i(t)=i_S(t)+i_t(t)=I_m\sin(\omega t+\theta-\phi)+Ae^{-\frac{R}{L}t},$$

$$I_m=\frac{E_m}{\sqrt{R^2+(\omega L)^2}}$$

ここで初期条件の $t=0$ で $i(0)=0$ により，

$$i(0)=I_m\sin(\theta-\phi)+Ae^{-\frac{R}{L}\times 0}=0$$

$$\therefore A=-I_m\sin(\theta-\phi)$$

$$\therefore i(t)=I_m\sin(\omega t+\theta-\phi)-I_m\sin(\theta-\phi)\times e^{-\frac{R}{L}t} \tag{8.14}$$

$i(\mathrm{t})$ の右辺第二項が過渡項である。従って，交流印加電圧波形の初期位相 θ の値によって過渡項の大きさが変化することになる。この過渡項の大きさを最

小にする条件と最大にする条件は次の通りである。

$$
\begin{aligned}
&\text{最小にする条件：}\sin(\theta-\phi)=0, \therefore \theta=\phi \\
&\text{最大にする条件：}\sin(\theta-\phi)=\pm 1, \therefore \theta=\phi\pm\frac{\pi}{2}
\end{aligned} \tag{8.15}
$$

確認問題 8.3　$R=3\,\Omega$，$\omega L=4\,\Omega$ の RL 直列回路に交流電圧を印加した。過渡応答を最小とするためには，交流印加電圧の初期位相 θ をいくらとすれば良いか。

$$\theta=\phi=\tan^{-1}\frac{\omega L}{R}=\tan^{-1}\frac{4}{3}$$

8.2　RC 直列回路

8.2.1　直流電圧印加時の過渡応答

[例題 8.4]　図 8 - 5 に示す RC 回路の直流過渡応答を求めよ。

[解]　図 8 - 5 に示すように，RC 直列回路に時間 $t=0$ において，直流電圧 E（V）を印加した場合の回路電流 $i(\mathrm{t})$ (A)の過渡応答を考える。C（F）と R（Ω）の電圧降下をそれぞれ $e_C(\mathrm{t})$ (V)および $e_R(\mathrm{t})$ (V)とすれば，キルヒホッフの第 2 法則により，

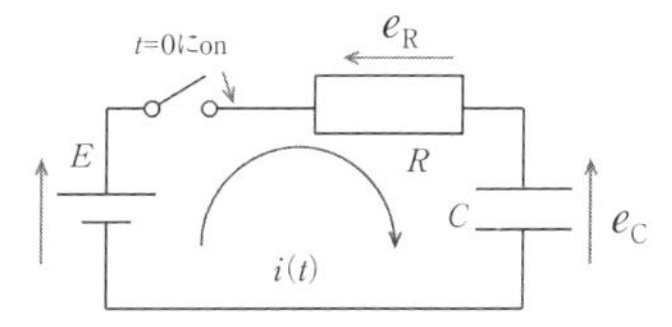

図 8 - 5　RC 直列回路の直流過渡応答（t = 0 にて直流電圧印加の場合）

$$E=e_R+e_C=Ri(t)+\frac{1}{C}\int_0^t i(t)dt \qquad (\mathrm{V}) \tag{8.16}$$

初期条件は $t=0$ まではスイッチが off であるため，$i(0)-0$ である。コンデンサ C（F）に蓄えられている電荷量を $q(\mathrm{t})$ (C)とすれば，

$$i(t)=\frac{dq(t)}{dt}=\frac{dCe_C(t)}{dt}=C\frac{de_C(t)}{dt} \qquad (\mathrm{A}) \tag{8.17}$$

である，よって，この過渡応答回路のキルヒホッフの第 2 法則は，

$$E=e_R+e_C=RC\frac{de_C(t)}{dt}+e_C(t) \qquad (\mathrm{V}) \tag{8.18}$$

である。この定常解は$e_{Cs}(\infty)=E$である。また，原式において$E=0$とおいた過渡解$e_{Ct}(t)$は，

$$
\begin{aligned}
&0=RC\frac{de_{ct}}{dt}+e_{ct}\qquad(\mathrm{V})\\
&\therefore RC\frac{de_{ct}}{dt}=-e_{ct}\\
&\frac{1}{e_{ct}}de_{ct}=-\frac{1}{RC}dt\\
&\int\frac{1}{e_{ct}}de_{ct}=\int-\frac{1}{RC}dt\\
&\ln e_{ct}=-\frac{1}{RC}t+C_1\\
&\therefore e_{ct}=e^{-\frac{1}{RC}t+C_1}=Ae^{-\frac{1}{RC}t},\\
&A=e^{C_1}\text{は積分定数}C_1\text{による未知定数}
\end{aligned}
\tag{8.19}
$$

よって，この回路のコンデンサの分担電圧は，定常解と過渡解の和で表されるので，

$$e_C(t)=e_{C_S}(t)+e_{C_t}(t)=E+Ae^{-\frac{1}{RC}t}$$

ここで初期条件の$t=0$で$e_C(0)=0$により，

$$e_C(0)=E+Ae^{-\frac{1}{RC}\times 0}=E+A\times 1=0$$

$$\therefore A=-E$$

$$\therefore e_C(t)=E(1-e^{-\frac{1}{RC}t})\qquad(\mathrm{V})\tag{8.20}$$

$$e_R(t)=E-e_C(t)=Ee^{-\frac{1}{RC}t}\qquad(\mathrm{V})$$

$$i(t)=\frac{e_R(t)}{R}=\frac{E}{R}e^{-\frac{1}{RC}t}\qquad(\mathrm{A})$$

$$q(t)=Ce_C(t)=CE(1-e^{-\frac{1}{RC}t})\ (\mathrm{C})$$

となる。この過渡的電流がRとCに流れる。各々の素子の電圧降下も上記の通りである。図8-6はそれらの過渡応答をグラフにしたものである。図中の式でτとある

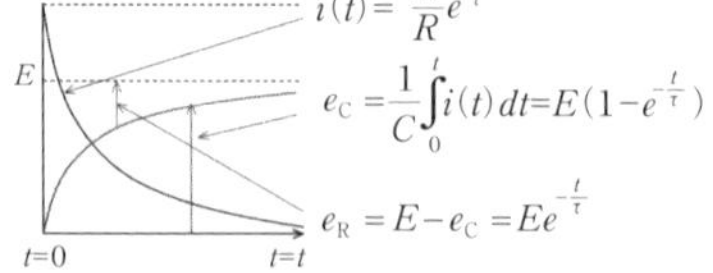

I=E/R　$i(t)=\frac{E}{R}e^{-\frac{t}{\tau}}$
E　$e_C=\frac{1}{C}\int_0^t i(t)\,dt=E(1-e^{-\frac{t}{\tau}})$
$e_R=E-e_C=Ee^{-\frac{t}{\tau}}$
$t=0$　$t=t$

図8-6　RC直列回路の直流過渡応答（t＝0にてスイッチオンの場合）

のは図 8 - 2 と同様に時定数である。また，この場合もキルヒホッフの第 2 法則は任意の時間で成り立っている。電流の初期値 I (A) は E/R である。回路素子に蓄えられる（または消費される）電力を求めると，

$$p_{\mathrm{R}}(t)=e_{\mathrm{R}}(t)\times i(t)=Ri(t)\times i(t)=i^2(t)R=RI^2e^{-\frac{2}{RC}t}\quad \text{(W)}$$

$$p_{\mathrm{C}}(t)=e_{\mathrm{C}}(t)\times i(t)=E(1-e^{-\frac{1}{RC}t})\times Ie^{-\frac{1}{RC}t}=RI^2(1-e^{-\frac{1}{RC}t})e^{-\frac{1}{RC}t}\quad \text{(W)}$$

(8.21)

となる。従って，時刻 t における全電力と，時刻 t までにおける全電力量は，次のようになる。$t=\infty$ までにコンデンサ C に蓄えられるエネルギーと抵抗 R で消費されるエネルギーはともに等しいことが分かる。

$$\begin{aligned}p(t)&=p_R(t)+p_C(t)\\&=RI^2e^{-\frac{2}{RC}t}+RI^2(1-e^{-\frac{1}{RC}t})e^{-\frac{1}{RC}t}\\&=RI^2e^{-\frac{1}{RC}t}\quad \text{(W)}\end{aligned}\tag{8.22}$$

$$W_{\mathrm{C}}(t)=\int_0^t p_C(t)dt=\frac{1}{2}CE^2(1-e^{-\frac{1}{RC}t})^2\quad \text{(Ws)}$$

$$W_{\mathrm{R}}(t)=\int_0^t p_R(t)dt=\frac{1}{2}CE^2(1-e^{-\frac{2}{RC}t})\quad \text{(Ws)}$$

全体の電力量は

$$W(t)=W_{\mathrm{C}}(t)+W_{\mathrm{R}}(t)=\frac{1}{2}CE^2(2-2e^{-\frac{1}{RC}t})\quad \text{(Ws)}$$

確認問題 8.4 式 (8.22) の各電力量を瞬時電力の積分により求めてみよ。
[略]

8.2.2 直流電圧除去時の過渡応答

[例題 8.5] 図 8 - 7 に示す RC 回路の直流電源除去時の過渡応答を求めよ。

[解] RC 直列回路において直流電源 E (V) の起電力を $t=0$ にて零とした場合の過渡現象を考える。コンデンサ C は完全に電源電圧 E に充電されており，回路電流 $I=0$ A と成っている。この場合の定常解は，電源を除去しているた

め当然 $i_S=0$ である。過渡解は前問と同じである。従ってコンデンサ C の抵抗 R による放電を過渡現象として解くことになる。この解は式（8.20）より次の通りとなる。

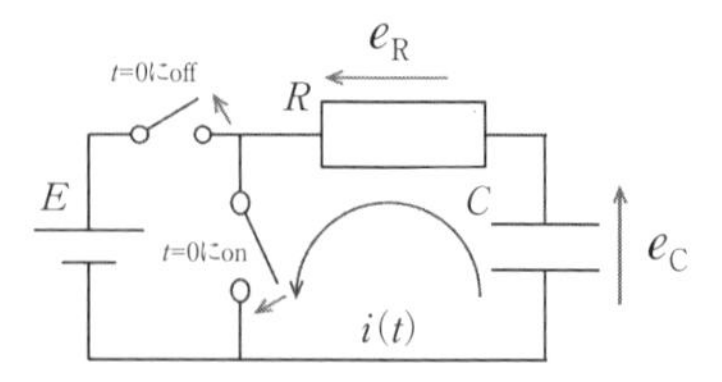

図8－7　RC直列回路の直流過渡応答（t＝0にて電源除去の場合）

$$e_C(t)=e_{Cs}(t)+e_{Ct}(t)=0+Ae^{-\frac{1}{RC}t}$$

ここで初期条件の $t=0$ で $e_C(0)=E$ により，

$$e_C(0)=E=Ae^{-\frac{1}{RC}\times 0}=A \tag{8.23}$$

$$\therefore\quad A=E$$

$$\therefore\quad e_C(t)=Ee^{-\frac{1}{RC}t}\qquad \text{(V)}$$

$$e_R(t)=-e_C(t)=-Ee^{-\frac{1}{RC}t}\qquad \text{(V)}$$

$$i(t)=\frac{e_R(t)}{R}=-\frac{E}{R}e^{-\frac{1}{RC}t}\qquad \text{(A)}$$

$$q(t)=Ce_C(t)=CEe^{-\frac{1}{RC}t}\qquad \text{(C)}$$

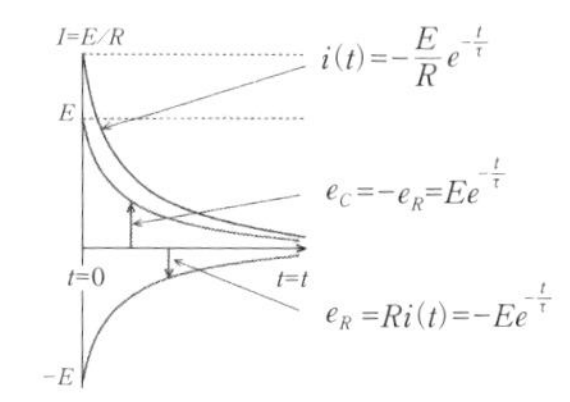

図8－8　RC直列回路の直流過渡応答（t＝0にて電源除去の場合）

ここで電流がマイナスになっているのは図8－7に示した，放電の方向の反時計回りの電流であることを示している。式（8.21）と式（8.22）も同様に次式となる。コンデンサ C に蓄えられていたエネルギーが抵抗 R により放電時に消費されることになる。

$$p_R(t)=RI^2e^{-\frac{2}{RC}t}\qquad \text{(W)}$$

$$p_C(t)=-RI^2e^{-\frac{2}{RC}t}\qquad \text{(W)} \tag{8.24}$$

$$p(t)=p_R(t)+p_C(t)=0\qquad \text{(W)}$$

$$W_C(t)=\int_0^t p_C(t)dt=\frac{1}{2}CE^2(e^{-\frac{2}{RC}t}-1)\qquad \text{(Ws)}$$

$$W_R(t)=\int_0^t p_R(t)dt=-\frac{1}{2}CE^2(e^{-\frac{2}{RC}t}-1)\qquad \text{(Ws)} \tag{8.25}$$

全体の電力量は

$$W(t)=W_C(t)+W_R(t)=0\qquad \text{(Ws)}$$

確認問題 8.5　式（8.25）の電力量を求めて見よ。W_Rはコンデンサに蓄えていたエネルギーと等しいことが求められる。+はエネルギー消費で−はエネルギー放出である。[略]

8.2.3　交流電圧印加時の過渡応答

[例題 8.6]　RC 直列回路において，交流電圧 $e=E_m\sin(\omega t+\theta)$ を $t=0$ にて印加する場合の過渡応答を求めよ。

[解]　この場合の回路応答をキルヒホッフの第 2 法則の形で示すと次のようになる。

$$E_m\sin(\omega t+\theta)=e_R+e_C=R\frac{dq(t)}{dt}+\frac{q(t)}{C}\quad(\mathrm{V})\tag{8.26}$$

この微分方程式の定常解 $q_S(\mathrm{t})$ は，RC 直列回路の定常電流を積分したものとなる。まず定常電流については，回路のインピーダンスで印加電圧を割れば良い。従ってインピーダンスの角度 $-\phi$ も考慮して，

$$i_s(t)=\frac{E_m}{\sqrt{R^2+(\frac{1}{\omega C})^2}}\sin(\omega t+\theta+\phi)$$

$$=I_m\sin(\omega t+\theta+\phi)\quad(\mathrm{A}),$$

$$I_m=\frac{E_m}{\sqrt{R^2+(\frac{1}{\omega C})^2}},\quad \phi=\tan^{-1}\frac{1}{\omega CR}\tag{8.27}$$

この定常電流を積分して電荷量とする。

$$q_s(t)=\int i_S(t)dt$$

$$=\int\frac{E_m}{\sqrt{R^2+(\frac{1}{\omega C})^2}}\sin(\omega t+\theta+\phi)dt$$

$$=-\frac{E_m}{\omega\sqrt{R^2+(\frac{1}{\omega C})^2}}\cos(\omega t+\theta+\phi)\quad(\mathrm{C})\tag{8.28}$$

過渡解 q_t(t)は今までと同じなので，交流電圧印加時の電荷量の過渡的変化は，その初期条件 $q(t=0)=0$ を用いて，次のように求められる。

$$q(t)=q_S(t)+q_t(t) \tag{8.29}$$

$$=-q_m\cos(\omega t+\theta+\phi)+Ae^{-\frac{1}{RC}t},\quad q_m=\frac{E_m}{\sqrt{(\omega R)^2+(\frac{1}{C})^2}}$$

ここで初期条件の　$t=0$ で $q(0)=0$ により，

$$q(0)=-q_m\cos(\theta+\phi)+Ae^{-\frac{1}{CR}\times 0}=0$$

$$\therefore\ A=q_m\cos(\theta+\phi)$$

$$\therefore\ q(t)=-q_m\cos(\omega t+\theta+\phi)+q_m\cos(\theta+\phi)\times e^{-\frac{1}{RC}t}\quad \text{(C)}$$

$$\therefore\ i(t)=\frac{dq}{dt}=I_m\sin(\omega t+\theta+\phi)-\frac{q_m}{CR}\cos(\theta+\phi)\times e^{-\frac{1}{RC}t}$$

$$=I_m\sin(\omega t+\theta+\phi)-\frac{I_m}{\omega CR}\cos(\theta+\phi)\times e^{-\frac{1}{RC}t}\quad \text{(A)}$$

i(t) の右辺第二項が過渡項である。従って，交流印加電圧波形の初期位相 θ の値によって過渡項の大きさが変化することになる。この過渡項の大きさを最小にする条件と最大にする条件は次の通りである。

最小にする条件：$\cos(\theta+\phi)=0$，$\therefore\ \theta=\frac{\pi}{2}-\phi$，$\phi=\tan^{-1}\frac{1}{\omega CR}$

最大にする条件：$\cos(\theta+\phi)=1$，$\therefore\ \theta=-\phi$　　(8.30)

確認問題 8.6　$R=3\,\Omega$ と $1/\omega C\,(\Omega)$ の RC 直列回路に $e(\text{t})=E_m\sin(\omega t+\pi/3)$ の交流電圧を $t=0$ から印加した。過渡応答を最小とするためには，C を何 (F) とすれば良いか。ただし，$f=60$ Hz である。

[$\theta=\frac{\pi}{3}=\frac{\pi}{2}-\phi$，$\therefore\phi=\tan^{-1}\frac{1}{\omega CR}=\frac{\pi}{6}\ \therefore\frac{1}{\omega C}=\sqrt{3}$，$C=\frac{1}{\sqrt{3}\omega}=\frac{1}{\sqrt{3}\times 2\pi 60}$]

8.3　時定数

8.3.1　時定数

RL および RC 直列回路において，$t=0$ までの定常状態から，$t=0$ において回路の印加電圧等を変化した場合の，その定常状態に到るまでの過渡現象を図 8-2 や 8-4，図 8-6 や 8-8 に示している。本文中の式と図中の式を比較すると，RL 回路では $\tau=L/R$，RC 回路では $\tau=CR$ である。この τ を**時定数**といい，過渡現象の時間的変化の起こりにくさを表している。1 階の線形微分方程式で表される過渡現象の変化は，初期値から最終値へ増加して飽和する場合と，減少して一定値になる場合がある。

そこで，この初期値と最終値の差（過渡的変化量）を 1 に正規化して過渡現象を表すと図 8-9 となる。時間的変化は，

$$\begin{aligned} &1\times e^{-\frac{t}{\tau}}, &&\text{減衰していく場合} \\ &1(1-e^{-\frac{t}{\tau}}), &&\text{増加し飽和していく場合} \end{aligned} \tag{8.31}$$

であり，時定数 τ のみにより変化の速さが変化する。図 8-9 は $\tau=1$ の図である。従って，時定数ごとに $e^{-1}=0.368$ まで変化が進む。式（8.31）を $t=0$ にて微分すると，その接線が最終値と交わるまでの時間は τ であることが分かる。このことは任意の時間において成り立ち，ある時点での過渡現象のグラフの接線が最終値と交わるまでの時間はすべて時定数 τ である。

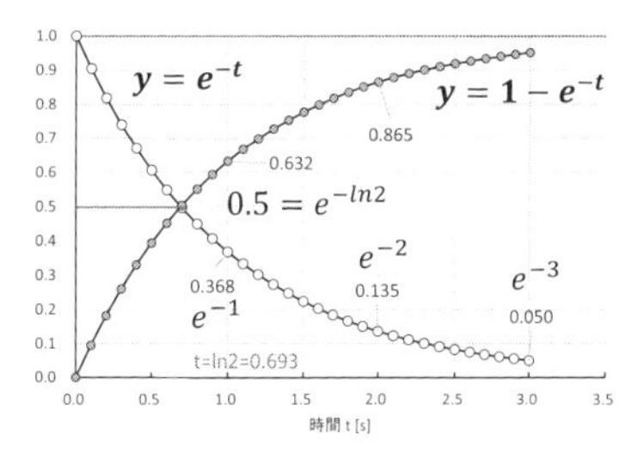

図 8-9　exp (−*t*) と 1−exp (−*t*) のグラフ

確認問題 8.7　図 8-9 の任意の時間における接線が最終値と交わるまでの時間が，時定数 τ となることを証明せよ。[略]

8.3.2 複雑な回路の時定数

複雑な回路においても，RL または RC 直列回路としてその回路の時定数が求まれば，最初の値と最終値だけで過渡現象は決定される。従って，1階の線形微分方程式を解かなくても過渡現象の解を求めることができる。以下にいくつかの事例を紹介する。

図8-10は，直流電源に2つのRL回路が並列接続されており，各負荷には電流 E/R_1 と E/R_2 が流れていた。その直流電源を $t=0$ で除去した場合の回路電流の過渡応答の時定数は4素子直列のループ電流の過渡応答であるので，

$$\tau=\frac{L_1+L_2}{R_1+R_2} \tag{8.32}$$

となる。

図8-11は，直流電源にRC回路が接続されており，C_1 は E に充電されている。その直流電源を $t=0$ で除去し，もうひとつのRC回路を同時に接続した場合の回路電流の過渡応答である。この場合も時定数は4素子直列のループ電流の過渡応答であるので，

$$\tau=\frac{C_1C_2}{C_1+C_2}(R_1+R_2) \tag{8.33}$$

となる。

[チェックポイント！] 図8-10の回路も8-11の回路も電源 E にとってはRLまたはCRの2素子直列回路を2つ並列に接続した形の回路であるが，$t \geqq 0$ の過渡応答状態においてはそれぞれ4素子の直列回路である。その4素子の R 成分，L 成分，C 成分をひとつに合成したもので τ を求めている。従って，C_1 と C_2 が直列になる回路の過渡応答の τ は式（8.33）の形となる。

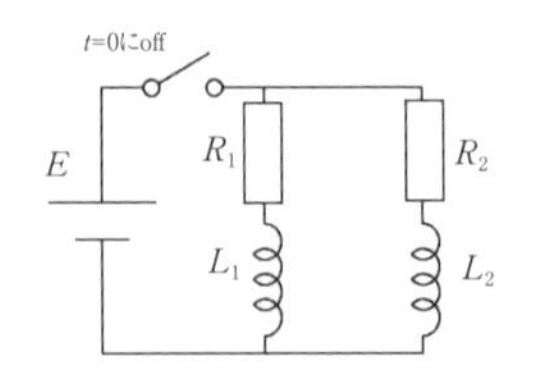

図8-10 RL回路の直流過渡応答（$t=0$ にて直流電圧除去の場合）

[例題8.7] 図8-10では，過渡現象を考える $t \geqq 0$ になる前に予めコイル L_1

とL_2に電流E/R_1とE/R_2が流れている。また，図 8 -11 では，コンデンサC_1のみがEに充電されている。それらによる起電力を考慮して，各回路の回路電流の過渡応答を求めよ。

[解]　図 8 -10 は，電源E除去時の過渡応答であるが，$t=0$においての**RL 回路の鎖交磁束保存の法則**により左右のRL 直列回路を上から下へ電流を流す方向の起電力，EL_1/R_1とEL_2/R_2が存在する 2 つのRL 回路を直列に接続した回路の過渡応答問題となる。従って，反時計回りの過渡電流を求めると式（8.8）を変形した次式となり，時定数τは式（8.32）となる。

$$i(t)=\frac{\left(\frac{L_1}{R_1}-\frac{L_2}{R_2}\right)E}{L_1+L_2}\cdot e^{-\frac{t}{\tau}} \qquad \text{(A)}$$

図 8 -11 は，電源E除去時の過渡応答であるが，$t=0$においての**RC 回路の電荷保存の法則**によりコンデンサC_1は$Q_1=C_1E$（C）の電荷を蓄えており，上方向にEに充電されている。$t \geqq 0$の過渡状態では，この電荷は上向きの起電力Eとして働き，4 素子直列のRC 回路のループ電流の過渡応答問題となる。従って，時計回りの過渡電流を求めると式（8.20）を変形した次式となり，時定数τは式（8.33）となる。

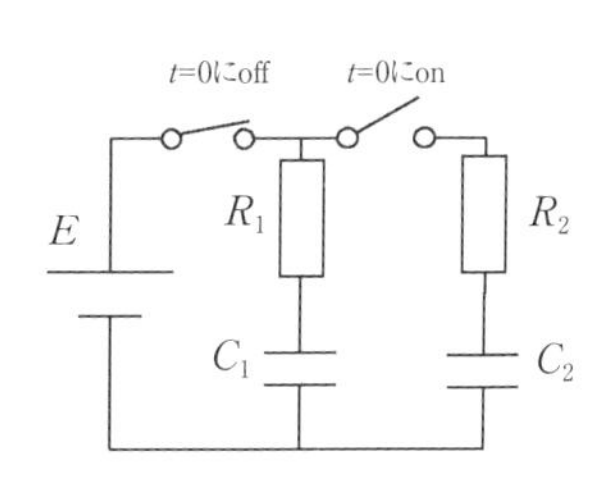

図 8 -11　RC 回路の直流過渡応答（t = 0 にて直流電圧除去の場合）

$$i(t)=\frac{E}{R_1+R_2}e^{-\frac{t}{\tau}} \qquad \text{(A)}$$

[チェックポイント！]　図 8 -10 と図 8 -11 のRC 回路において，RL 回路の鎖交磁束保存の法則では，Lはそれぞれ$t=0$まで流れていた電流を流し続ける方向の起電力として，RC 回路の電荷保存の法則では，Cは$t=0$までに充電されていた電荷を放電させる方向の起電力として働き，過渡現象における起電力の向きが逆になることに注意すること。また，図 8 -10 の$i(t)$の分母がR_1+R_2ではなくL_1+L_2であることに注意すること。

AL－1　RとCまたはRとLからなる電気回路の線形一次過渡現象問題を参考書等でみつけ，時定数が上記のように回路の結線状態のみで簡単に確定できることを確認せよ。[略]

8.4　LC直列回路

8.4.1　LC直列回路の過渡現象

現実的には抵抗Rが0となることはあり得ないが，数学的モデルとして，図8-12に示すように，LC直列回路に時間$t=0$において，直流電圧E(V)を印加した場合の回路電流$i(t)$(A)の過渡応答を考える。C(F)とL(H)の電圧降下をそれぞれe_C(t)(V)およびe_L(t)(V)とすれば，キルヒホッフの第2法則により，

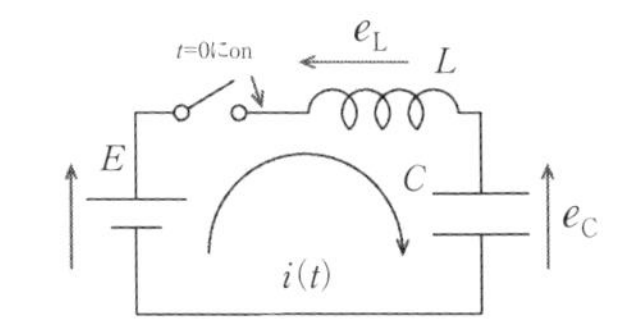

図8-12　LC直列回路の直流過渡応答（$t=0$にて直流電圧印加の場合。Q（$t=0$）でCは充電されていないとする）

$$E=e_L+e_C=L\frac{d^2}{dt^2}q+\frac{1}{C}q \qquad \text{(V)} \qquad (8.34)$$

初期条件は$t=0$まではスイッチがoffであるため，$i(0)=0$，また，Cは充電されておらず$q(0)=0$である。$q(t)$(C)はCの電荷量の過渡応答である。

この2階微分方程式は初期条件を用いて，次のように解くことができる。

$$q=q_t+q_s=CE+A\cos\left(\frac{1}{\sqrt{LC}}t\right)+B\sin\left(\frac{1}{\sqrt{LC}}t\right)$$

$$i=\frac{dq}{dt}=\frac{1}{\sqrt{LC}}\left\{B\cos\left(\frac{1}{\sqrt{LC}}t\right)-A\sin\left(\frac{1}{\sqrt{LC}}t\right)\right\}$$

$t=0$　にて　$q=0$，$i=0$　なので，

$0=CE+A$，$0=\frac{1}{\sqrt{LC}}B$　　よって，

$A=-CE$，$B=0$

$$q=CE\left(1-\cos\frac{1}{\sqrt{LC}}t\right) \qquad \text{(C)}$$

$$\therefore\ i=\frac{dq}{dt}=\frac{E}{\sqrt{\frac{L}{C}}}\sin\frac{1}{\sqrt{LC}}t \quad \text{(A)} \qquad (8.35)$$

$$e_{\mathrm{L}}=L\frac{di}{dt}=E\cos\frac{1}{\sqrt{LC}}t \quad \text{(V)}$$

$$e_{\mathrm{C}}=\frac{q}{C}=E(1-\cos\frac{1}{\sqrt{LC}}t) \quad \text{(V)}$$

$$\therefore\ e_{\mathrm{L}}+e_{\mathrm{C}}=E \quad \text{(V)}$$

次に電源除去の時を考えると，図 8 -13 に示すように $t=0$ までに C は E（V）に完全に充電されていた場合の放電を考える。この場合も電荷量 q の過渡応答を二階の微分方程式で表すことができ，式（8.34）の $E=0$ とすれば良い。$t=0$ にて q（0）$=CE=Q$ を初期条件として与えると，次のように解くことができる。

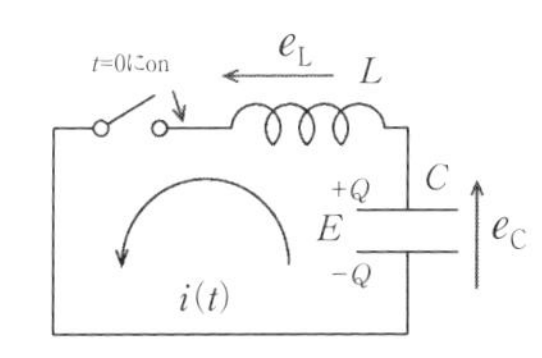

図 8 -13　LC 直列回路の直流過渡応答（t = 0 にて C の放電開始の場合。Q（t=0）で CE に充電されていたとする）

$$L\frac{d^2}{dt^2}q+\frac{1}{C}q=0$$

$$q=A\cos(\frac{1}{\sqrt{LC}}t)+B\sin(\frac{1}{\sqrt{LC}}t)$$

$$i=\frac{dq}{dt}=\frac{1}{\sqrt{LC}}\{B\cos(\frac{1}{\sqrt{LC}}t)-A\sin(\frac{1}{\sqrt{LC}}t)\}$$

$t=0$　にて $q=Q$，$i=0$　なので

$Q=A,\ 0=\frac{1}{\sqrt{LC}}B$　よって

$A=Q=CE$，$B=0$

$$\therefore\ q=Q\cos\frac{1}{\sqrt{LC}}t \quad \text{(C)}$$

$$i=\frac{dq}{dt}=-\frac{Q}{\sqrt{LC}}\sin\frac{1}{\sqrt{LC}}t \quad \text{(A)} \qquad (8.36)$$

$$e_L = L\frac{di}{dt} = -E\cos\frac{1}{\sqrt{LC}}t \qquad \text{(V)}$$

$$e_C = \frac{q}{C} = E\cos\frac{1}{\sqrt{LC}}t \qquad \text{(V)}$$

$$e_L + e_C = 0 \qquad \text{(V)}$$

交流回路の定常状態における直列共振や並列共振と同様，LC 回路の過渡応答でも共振角周波数$\omega_0 = \dfrac{1}{\sqrt{LC}}$によって，この回路の電流や電圧の振動が表現される。エネルギーを消費する抵抗 R がないので振幅は減衰せず，一定の大きさのままとなる。

確認問題 8.8　図 8 -12 と 8 -13 の各素子の電圧降下と電流応答を 1 周期分グラフで示せ。［略］

8.5　RLC 直列回路

8.5.1　RLC 直列回路の過渡現象

図 8 -14 に示すように，RLC 直列回路に時間 $t=0$ において，直流電圧 E（V）を印加した場合の回路電流 $i(t)$（A）の過渡応答を考える。キルヒホッフの第 2 法則により，次のように C の電荷量の過渡応答を求めることができる。後は初期条件により，次の 3 つの条件に対してそれぞれ求めることができる。

$$L\frac{di}{dt} + Ri + \frac{1}{C}\int idt = E$$

$$LC\frac{d^2q}{dt^2} + RC\frac{dq}{dt} + q = CE$$

$$LC\frac{d^2}{dt^2}e_c + RC\frac{d}{dt}e_c + e_c = E$$

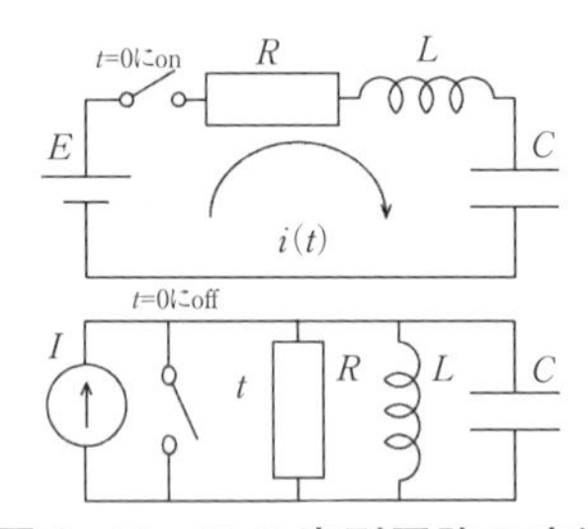

図 8 -14　RLC 直列回路の直流過渡応答（t = 0 にて直流電圧印加の場合。）（RLC 並列回路の電流源印加も同じ二階微分方程式となる）

$$q_t = A_1 e^{p_1 t} + A_2 e^{p_2 t},\quad p_1 と p_2 = \frac{-R}{2L} \pm \sqrt{\left(\frac{R}{2L}\right)^2 - \frac{1}{LC}}$$

$$q_s = CE$$

$$q = q_t + q_s = CE + A_1 e^{p_1 t} + A_2 e^{p_2 t} \tag{8.37}$$

(1) p_1 と p_2 が異なる実数 $\left(\left(\frac{R}{2L}\right)^2 > \frac{1}{LC}\right)$ の場合

$$p_1 と p_2 = \frac{-R}{2L} \pm \sqrt{\left(\frac{R}{2L}\right)^2 - \frac{1}{LC}} = -\alpha \pm \gamma$$

$$q = CE + A_1 e^{(-\alpha+\gamma)t} + A_2 e^{(-\alpha-\gamma)t}$$

$$= CE + e^{-\alpha t}(A_1 e^{\gamma t} + A_2 e^{-\gamma t})$$

$$= CE + e^{-\alpha t}(B_1 \cosh \gamma t + B_2 \sinh \gamma t)$$

$$i = \frac{dq}{dt} = 0 + e^{-\alpha t}(\gamma B_1 \sinh \gamma t + \gamma B_2 \cosh \gamma t) - \alpha e^{-\alpha t}(B_1 \cosh \gamma t + B_2 \sinh \gamma t)$$

$t=0$ で $q=0$, $i=0$ なので

$$q = 0 = CE + 1 \cdot (B_1 \cdot 1 + B_2 \cdot 0)$$

$$i = 0 = 1 \cdot \gamma B_2 - \alpha \cdot 1 \cdot B_1$$

$$\therefore B_1 = -CE,\ B_2 = -\frac{\alpha}{\gamma} CE$$

$$q = CE\{1 - e^{-\alpha t}(\cosh \gamma t + \frac{\alpha}{\gamma} \sinh \gamma t)\} \qquad \text{(C)}$$

$$i = \frac{dq}{dt} = CE \frac{\alpha^2 - \gamma^2}{\gamma} e^{-\alpha t} \sinh \gamma t \qquad \text{(A)} \tag{8.38}$$

(2) p_1 と p_2 が等しい実数 $\left(\left(\frac{R}{2L}\right)^2 = \frac{1}{LC}\right)$ の場合

$$p = \frac{-R}{2L} = -\alpha$$

$$q_t = (A + Bt) e^{-\alpha t}$$

$$q = CE + (A + Bt) e^{-\alpha t} \tag{8.39}$$

$$i = \frac{dq}{dt} = 0 + B e^{-\alpha t} - \alpha (A + Bt) e^{-\alpha t}$$

$t=0$ にて $q=0, i=0$ なので

$$q=0=CE+A$$

$$i=0=B-\alpha A$$

$$\therefore\ A=-CE,\ \ B=-\alpha CE$$

$$q=CE\{1-(1+\alpha t)e^{-\alpha t}\} \qquad \text{(C)}$$

$$i=\frac{dq}{dt}=CE\alpha^2 te^{-\alpha t}=\frac{E}{L}te^{-\alpha t} \qquad \text{(A)}$$

(3) p_1 と p_2 が異なる複素数 $\left(\left(\frac{R}{2L}\right)^2<\frac{1}{LC}\right)$ の場合

$$p_1 \text{と} p_2=\frac{-R}{2L}\pm\sqrt{\left(\frac{R}{2L}\right)^2-\frac{1}{LC}}=-\alpha\pm j\beta$$

$$q=CE+A_1e^{(-\alpha+j\beta)t}+A_2e^{(-\alpha-j\beta)t}=CE+e^{-\alpha t}(B_1\cos\beta t+B_2\sin\beta t)$$

$$i=\frac{dq}{dt}=0+e^{-\alpha t}(-\beta B_1\sin\beta t+\beta B_2\cos\beta t)-\alpha e^{-\alpha t}(B_1\cos\beta t+B_2\sin\beta t)$$

$t=0$ にて $q=0, i=0$ なので

$$q=0=CE+1(B_1\cdot 1+B_2\cdot 0)$$

$$i=0=\beta B_2-\alpha B_1$$

$$\therefore\ B_1=-CE,\ \ B_2=-\frac{\alpha}{\beta}CE$$

$$q=CE\{1-e^{-\alpha t}(\cos\beta t+\frac{\alpha}{\beta}\sin\beta t)\} \qquad \text{(C)} \qquad (8.40)$$

$$i=\frac{dq}{dt}=CE\frac{\alpha^2+\beta^2}{\beta}e^{-\alpha t}\sin\beta t \qquad \text{(A)}$$

以上，(1) から (3) のすべてにおいて，各素子の電圧降下は次式で求めることができる。また，キルヒホッフの第2法則もすべての時間（瞬間）で成り立っている。

$$e_{\mathrm{L}}=L\frac{di}{dt},\quad e_{\mathrm{R}}=Ri,\quad e_{\mathrm{C}}=\frac{q}{C} \qquad (8.41)$$
$$e_{\mathrm{L}}+e_{\mathrm{R}}+e_{\mathrm{C}}=E$$

(2) の場合が**臨界振動条件**であり，過渡応答がもっとも短時間で最終値に収束する。(1) は2つの指数関数の合成であり，(2) より早く減衰する成分とゆっくり減衰する成分を有する。(3) は複素数の指数関数応答であるので，(2) と同じ過渡的変化に角周波数 β の振動が重畳して観測されることになる。

ＡＬ－２　式 (8.37) の判別式の3つの条件になるように各素子の値を設定し，各素子の電圧降下と電流応答を1周期分以上グラフで示せ。[略]

確認問題 8.9　5 V の直流電圧印加時に RLC 直列回路の応答が臨界振動条件となり，過渡応答が最も短時間で最終値に収束する条件を求めよ。ただし，L = 5 H，R = 10 kΩ とする。また，この場合の電流と電荷の最大値とそれぞれの直流電圧印加後の経過時間を求めよ。[C=2 μF，0.368 mA，t=1 ms，1 μC，∞ s 後]

確認問題 8.10 直流電圧印加時に RLC 直列回路の応答が振動しない条件を求めよ。ただし，L = 5 H，C = 200 nF とする。[R ≧ 10 kΩ]

8.6　ラプラス変換を用いた過渡現象の解法

ひずみ波応答は，時間波形をフーリエ解析することにより，各スペクトルの交流正弦波応答の重ね合わせとして定常解を取り扱うことができた。過渡現象はラプラス変換を用いると，過渡解と定常解を含めて一度に求めることができるので大変便利である。時間 t 領域での過渡現象を，ラプラス変換して s 領域で表すと電気回路の応答が代数計算で簡単に求められる。s 領域でも電気回路の各種解法は用いることができるので，s 領域の解を求めた後，t 領域に逆ラプラス変換すれば過渡応答が求まることとなる。ここで s はラプラス演算子と呼ばれ，2つの実数 σ と ω を用いて $s=\sigma+j\omega$ と表すことができる。実部の σ は過渡現象の減衰の大きさに関係し，虚部の ω はフーリエ解析などでもでてきた角周波数として過渡現象による振動項に関係する。

8.6.1 s 領域での電気回路の表現

図8-15と8-16に，微分および積分素子である L と C の時間領域表現と s 領域表現の対応を示す。電圧 $v(t)$，電流 $i(t)$ は大文字で $V(\mathrm{s})$ と $I(\mathrm{s})$ とする。抵抗はそのまま R で良い。ともに初期条件による電源項が s 領域の表現では存在することがある。L は電流の変化を妨げ流し続けようとするので，電流の方向と同じ方向の起電力，C は電荷を蓄え放電により開放しようとするので，充電の方向と逆の方向の起電力となることに注意する必要がある。また，電源の on は 1/s に，off の部分は無関係になる。複素インピーダンスの $j\omega$ を s と置くと，s 領域のインピーダンスを表現できる。

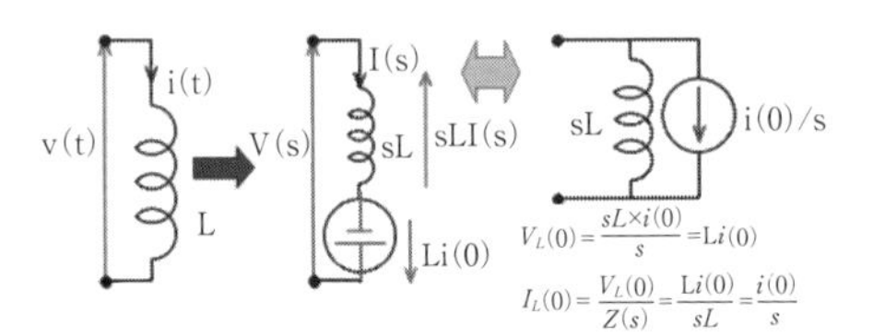

図8-15 Lのt領域の表記とs領域の表記

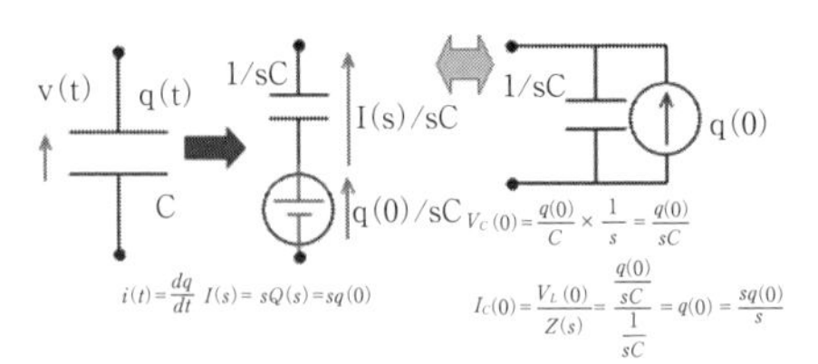

図8-16 Cのt領域の表記とs領域の表記

8.6.2 s 領域での過渡現象の解法

t 領域の電気回路を，ラプラス変換を用いて上記により s 領域に変換すると，直流電原 $E(\mathrm{V})$ の $t=0$ における印加は，単位階段階数 $u(t)$ を用いて $\mathrm{E}u(t)$ で表されるため，s 領域では E/s となる。また，交流電源の印加も $E_{\mathrm{m}}\sin\omega t$ の印加は，$E_{\mathrm{m}}(\omega/(s^2+\omega^2))$ となる。初期位相 θ のある交流電源は正弦波と余弦波に分解しておくと，ラプラス変換が簡単になる。従って，ラプラス変換した過渡応答では，直流電源や交流電源の問題に加えて，単位階段関数を微分した δ 関数応答や積分したランプ関数応答も，簡単に求めることができる。電気回路

表8-1 電気回路で良く用いる時間関数のラプラス変換

関数の説明	時間領域 f(t)	ラプラス変換 F(s)
δ 関数(単位インパルス関数)	$\delta(t)=du(t)/dt$	1
微分↑	$d\,f(t)/dt$	$s\,F(s)-f(0)$
単位階段関数 (スイッチ on)	$u(t)$	$1/s$
積分↓	$\int f(t)dt$	$F(s)/s+f^{-1}(0)/s$
ランプ関数	$t=\int u(t)dt$	$1/s^2$
指数関数	e^{-at}	$1/(s+a)$
正弦波	$\sin\omega t$	$\omega/(s^2+\omega^2)$
余弦波	$\cos\omega t$	$s/(s^2+\omega^2)$
減衰振動正弦波	$e^{-at}\sin\omega t$	$\omega/\{(s^2+a^2)+\omega^2\}$
減衰振動余弦波	$e^{-at}\cos\omega t$	$(s+a)/\{(s^2+a^2)+\omega^2\}$
時間関数の推移定理(t=0 から a の遅れ)	$f(t-a)u(t-a)$	$e^{-as}F(s)$
s 関数の推移定理(s から s + a へ)	$e^{-at}f(t)$	$F(s+a)$

に関する解法においては，オームの法則その他は t 領域と同じ手法を用いて s 領域の解を求めることができる。その解を逆ラプラス変換すれば，時間領域の過渡応答が求まる。表8-1に線形性の他の電気回路で良く用いる代表的な時間関数のラプラス変換を示す。

確認問題8.11 式（8.32）と（8.33）を，電気回路のラプラス変換を用いて解くことにより求めよ。[略]

確認問題8.12 式（8.35）と（8.36）を，電気回路のラプラス変換を用いて解くことにより求めよ。[略]

8.6.3 電圧パルス列の過渡現象の解法

t 領域の電気回路のパルス電圧応答を求める機会が多くなった。基本的には単位階段階数 $u(t)$ を用いてパルス列を表現し，その応答を重ね合わせすれば良い。ラプラス変換を用いて上記問題を s 領域に変換すると，回路の過渡応答が s 領域で簡単に求められる。7章のひずみ波の定常解との違いは，$t=0$ までは電圧が印加されていないので，電圧印加後の過渡解も含めて求めていることこ

表8－2　方形波パルス列のラプラス変換

関数の説明	時間領域　f(t)	ラプラス変換　F(s)
単位階段関数（スイッチ on）	u(t)	1/s
T=0～T_wまでスイッチ on	$f_1(t)=u(t)-u(t-T_w)$	$F_1(s)=1/s-e^{-sT_w}/s$
上記の周期Tでの繰り返し*	$\Sigma\ f_i(t)$	$F(s)=F_1(s)/(1-e^{-sT})$
周期Tの対称波方形波1波形	$g_1(t)=u(t)-2u(t-T/2)$ $+u(t-T)$	$1/s-2e^{-sT/2}/s+e^{-sT}/s$
上記の周期Tでの繰り返し**	$\Sigma\ g_i(t)$	$(1/s)\tanh(sT/4)$

とである。表8－2に方形波パルス列の s 領域での表記を求める過程を示す。

* **［チェックポイント！］** 周期 T の繰り返し波形のラプラス変換は，一周期分のラプラス変換 $F_1(s)$ を求めた後，その時間 T だけ遅れた一周期分のラプラス変換，その2T だけ遅れた一周期分のラプラス変換・・・の和である。これは等比級数の和を求めることとなり，$F(s)=F_1(s)/(1-e^{-sT})$ として求められる。

確認問題8.13 周期 T，幅 $T/2$ の対称波方形波パルス列のラプラス変換の $t=0$ から無限に続く波形のラプラス変換結果が表8－2**となることを確かめよ。［略］

確認問題8.14 RL 直列回路の振幅 E で幅 T_W の単位パルス応答として，回路の過渡電流と L の電圧降下の過渡応答を求めよ。

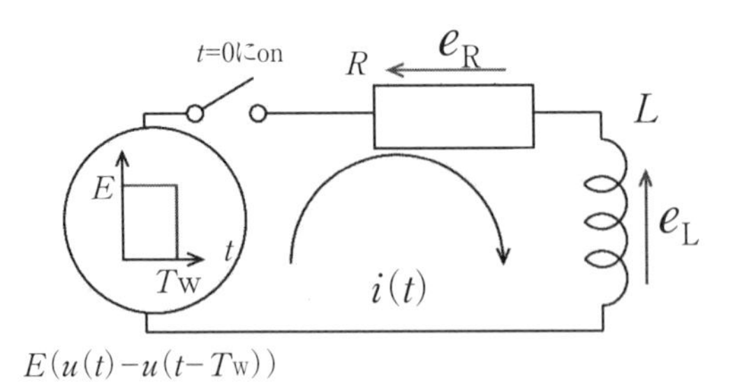

図8－17　RL 回路のパルス応答

$$RI(s)+L\{sI(s)-i(t=0)\}=\frac{E}{s}(1-e^{-sT_w})$$

$$i(t=0)=0$$

$$I(s)=\frac{\frac{E}{s}(1-e^{-sT_w})}{R+sL}$$

$$=\frac{E}{L}\frac{(1-e^{-sT_w})}{s(s+\frac{R}{L})}$$

$$=\frac{E}{L}(1-e^{-sT_w})(\frac{1}{s}-\frac{1}{(s+\frac{R}{L})})\frac{L}{R}$$

$\tau=\frac{L}{R}$ とおく

$$I(s)=\frac{E}{R}(\frac{1-e^{-sT_W}}{s}-\frac{1-e^{-sT_w}}{s+\frac{1}{\tau}})$$

$$i(t)=\frac{E}{R}[1-u(t-T_{\mathrm{W}})-e^{-\frac{t}{\tau}}\{1-e^{\frac{T_w}{\tau}}u(t-T_{\mathrm{W}})\}]$$

$$\therefore e_{\mathrm{R}}=iR$$

$$=E[1-u(t-T_{\mathrm{W}})-e^{-\frac{t}{\tau}}\{1-e^{\frac{T_w}{\tau}}u(t-T_{\mathrm{W}})\}]$$

$$e_{\mathrm{L}}=L\frac{di}{dt}$$

$$=\frac{LE}{R}[+\frac{R}{L}e^{-\frac{t}{\tau}}\{1-e^{\frac{T_w}{\tau}}u(t-T_{\mathrm{W}})\}]$$

$$=Ee^{-\frac{t}{\tau}}\{1-e^{\frac{Tw}{\tau}}u(t-T_{\mathrm{W}})\}$$

確認問題 8.15 RC 直列回路の振幅 E で幅 T_{w}の単位パルス応答として，回路の過渡電流と C の電圧降下の過渡応答を求めよ。

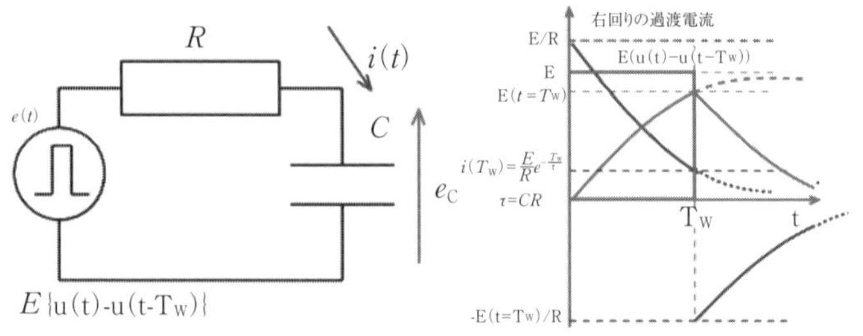

図8-18 RC回路のパルス応答

$$i(t>0)\}=\frac{E}{R}e^{-\frac{t}{\tau}},\quad \tau=CR$$

$$i(t=T_W)=\frac{E}{R}e^{-\frac{T_W}{\tau}}$$

$$\begin{aligned}e_C(t=T_W)&=E-e_R(t=T_W)\\&=E-Ri(t=T_W)\\&=E-R\frac{E}{R}e^{-\frac{T_W}{\tau}}\\&=E(1-e^{-\frac{T_W}{\tau}})\end{aligned}$$

$$\therefore\ i(t>T_W)=-\frac{E(1-e^{-\frac{T_W}{\tau}})}{R}e^{-\frac{t-T_W}{\tau}}$$

$$i(t)=\frac{E}{R}\{e^{-\frac{t}{\tau}}u(t)-e^{-\frac{t-T_W}{\tau}}u(t-T_W)\},\quad e_c(t)=e(t)-R\cdot i(t)$$

AL－3 $t=0$ からの直流電圧1 Vの印加時の応答をインディシャル応答という。1sごとのサンプリングによりデジタル化したインディシャル応答が $k_i(t)=1,2,3,2,1$ である回路に $x(\mathrm{t})=5,4,3,2,1$ のデジタル化した入力を加えた場合の応答は次の図8-19のように求められる。このことを参考にして，2人でインディシャル応答（5ステップ程度まで。振幅は±5程度まで）を指定し合い，それぞれ相手の応答を入力波形とするデジタル出力（応答）を求めよ。以上の処理が「**たたみ込み積分**（Convolution）」となる。両者の応答波形が等しくなることを確認せよ。[略]

AL－4 上記問題で，インディシャル応答 $k_i(t)-k_i(t-1)$ により，単位パル

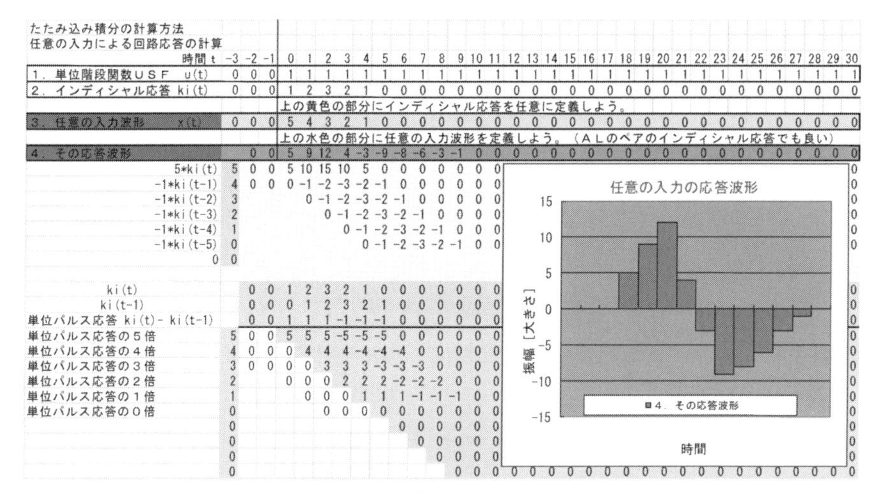

たたみ込み積分の計算方法
任意の入力による回路応答の計算

時間 t	-3	-2	-1	0	1	2	3	4	5	6	7	8	9	10	11	12	13	14	15	16	17	18	19	20	21	22	23	24	25	26	27	28	29	30
1. 単位階段関数ＵＳＦ　u(t)	0	0	0	1	1	1	1	1	1	1	1	1	1	1	1	1	1	1	1	1	1	1	1	1	1	1	1	1	1	1	1	1	1	1
2. インディシャル応答 ki(t)	0	0	0	1	2	3	2	1	0	0	0	0	0	0	0	0	0	0	0	0	0	0	0	0	0	0	0	0	0	0	0	0	0	0
				上の黄色の部分にインディシャル応答を任意に定義しよう。																														
3. 任意の入力波形　x(t)	0	0	0	5	4	3	2	1	0	0	0	0	0	0	0	0	0	0	0	0	0	0	0	0	0	0	0	0	0	0	0	0	0	0
				上の水色の部分に任意の入力波形を定義しよう。（ＡＬのペアのインディシャル応答でも良い）																														
4. その応答波形		0	0	5	9	12	4	-3	-9	-8	-6	-3	-1	0	0	0	0	0	0	0	0	0	0	0	0	0	0	0	0	0	0	0	0	0
5*ki(t)	5	0	0	5	10	15	10	5	0	0	0	0	0	0	0																			0
-1*ki(t-1)	4	0	0	0	-1	-2	-3	-2	-1	0	0	0	0	0	0																			0
-1*ki(t-2)	3				0	-1	-2	-3	-2	-1	0	0	0	0	0																			0
-1*ki(t-3)	2					0	-1	-2	-3	-2	-1	0	0	0	0																			0
-1*ki(t-4)	1						0	-1	-2	-3	-2	-1	0	0	0																			0
-1*ki(t-5)	0							0	-1	-2	-3	-2	-1	0	0																			0
0	0																																	
ki(t)		0	0	1	2	3	2	1	0	0	0	0	0	0	0																			0
ki(t-1)		0	0	0	1	2	3	2	1	0	0	0	0	0	0																			0
単位パルス応答 ki(t)- ki(t-1)		0	0	1	1	1	-1	-1	-1	0	0	0	0	0	0																			0
単位パルス応答の５倍	5	0	0	5	5	5	-5	-5	-5	0	0	0	0	0	0																			0
単位パルス応答の４倍	4	0	0	0	4	4	4	-4	-4	-4	0	0	0	0	0																			0
単位パルス応答の３倍	3	0	0	0	0	3	3	3	-3	-3	-3	0	0	0	0																			0
単位パルス応答の２倍	2			0	0	0	2	2	2	-2	-2	-2	0	0	0																			0
単位パルス応答の１倍	1				0	0	0	1	1	1	-1	-1	-1	0	0																			0
単位パルス応答の０倍	0					0	0	0	0	0	0	0	0	0	0																			0
	0									0	0	0	0	0	0																			0
	0										0	0	0	0	0																			0
	0											0	0	0	0																			0
	0												0	0	0	0	0	0	0	0	0	0	0	0	0	0	0	0	0	0	0	0	0	0

図 8-19　AL-3と4のExcelでの解法

ス応答を求め，お互いのインディシャル応答を入力波形とするデジタル出力（応答）をパルス応答のたたみ込みにより求めよ。この場合も両者の応答波形は上記と等しくなることを確認せよ。[略]

ＡＬ－５　下記章末問題8の$\dfrac{1}{(s+1)(s+2)}$の形が表れる電気回路の過渡現象問題を印加電圧波形が指数関数e^{-t}のとき，インパルス関数$\delta(t)$のとき，単位階段関数$u(t)$のとき，および，ランプ関数tの時について考えよ（ヒント：応答波形はすべて$e^{-t}-e^{-2t}$となるが，過渡電流であったり，ある素子の分担電圧であったりする）。[略]

8章　章末問題

問題1　下記のRC並列回路の線形微分方程式が式(8.18)と同じ形となることを示せ。

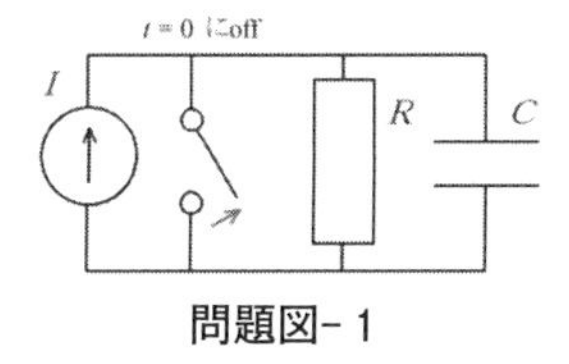

問題図-1

問題2 下記の回路の時定数τが次式となることを求めよ。

供に$\tau = C(R_2 + \frac{R_1 R_3}{R_1 + R_3})$

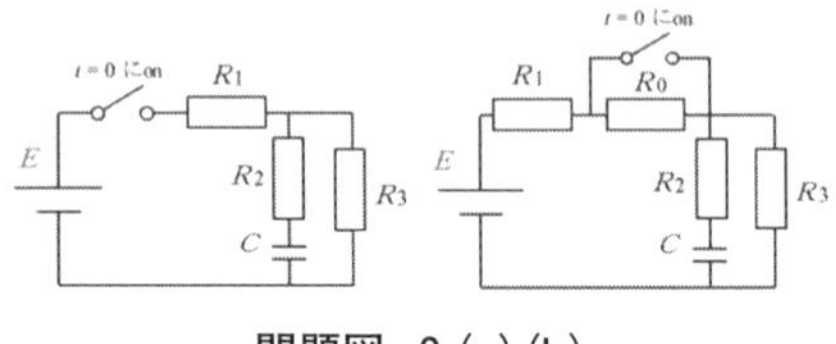

問題図-2 (a) (b)

問題3 下記の並列回路で過渡応答が生じない条件を示せ。

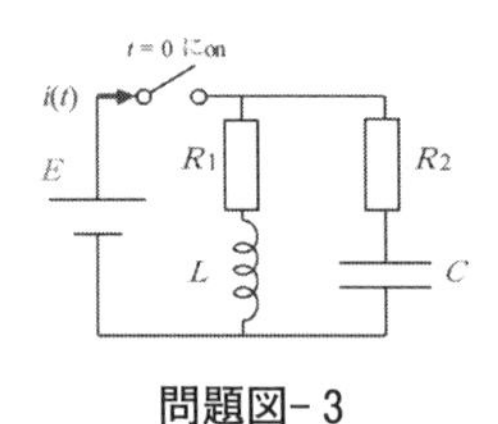

問題図-3

問題4 RC直列回路に直流電圧源と交流電圧源を供に$t = 0$で印加する場合の回路応答を求めよ。

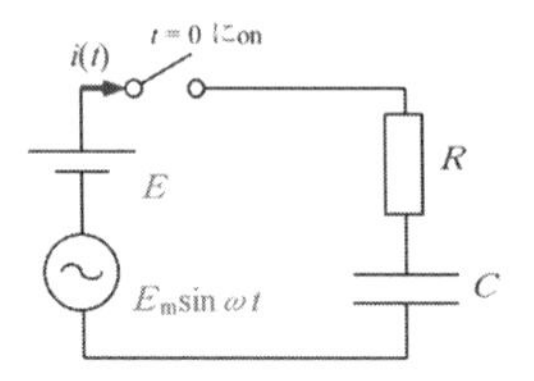

問題図-4

問題5 RC直列回路の振幅Eで周期2の方形波パルス1周期分の応答として，回路の過渡電流とRおよびCの電圧降下を求めよ。

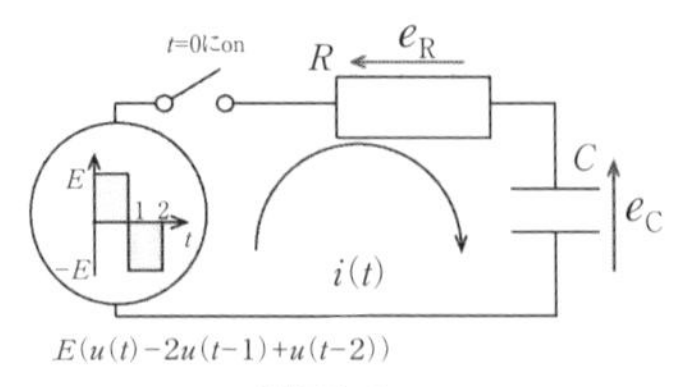

問題図-5

問題 6　下記回路の抵抗 R の電圧降下の過渡現象を s 領域で求めよ。

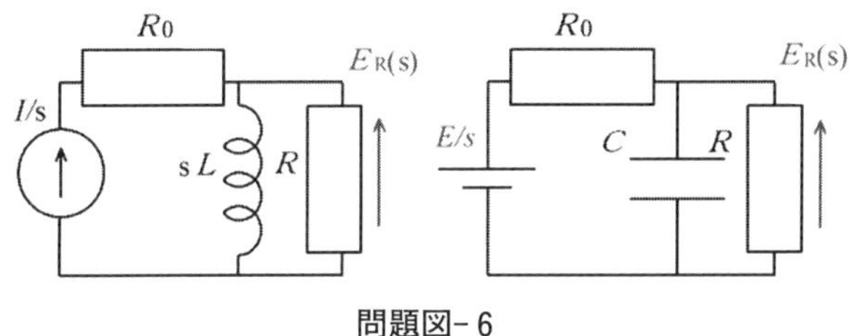

問題図-6

問題 7　$t = 0$ から印加した周期 T の振幅 E の半波整流正弦波をラプラス変換した s 領域で表記せよ。

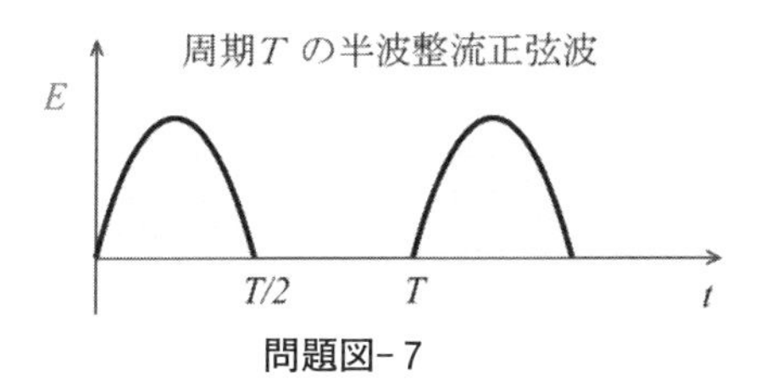

問題図-7

問題 8　下記の RLC 回路で①電圧源のみを印加したとき，②電流源のみを印加したとき，③両方同時に印加したときの，コンデンサに流れる回路電流の過渡応答をそれぞれ求めよ。また，それぞれのコンデンサの両端の電圧の過渡応答を求めよ。

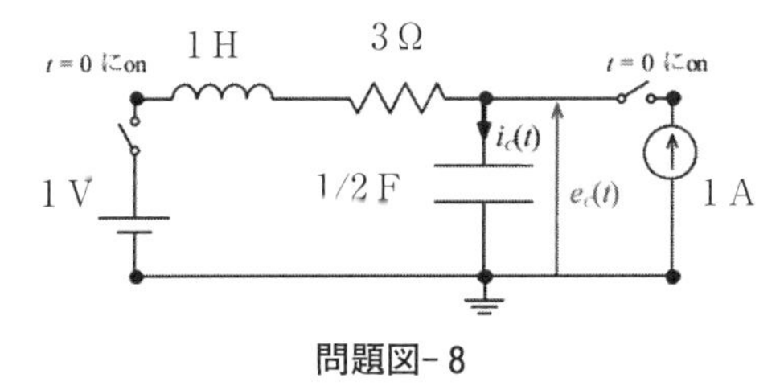

問題図-8

1章　問題解答例

解答 1　$R=\frac{E}{I}-r=\frac{1.5}{0.1}-1.0=14\ \Omega$

解答 2　$I=\frac{E}{R+0.5r}=\frac{1.5}{14+0.5\times1.0}=\frac{1.5}{14.5}\cong0.10\ \mathrm{A}$

解答 3　$I=\frac{2E}{R+2r}=\frac{2\times1.5}{14+2\times1.0}=\frac{3}{16}\cong0.19\ \mathrm{A}$

解答 4　$E=\frac{r_2E_1+r_1E_2}{r_1+r_2}=\frac{2.0\times1.6+1.0\times1.4}{1.0+2.0}=\frac{4.6}{3.0}\cong1.53\ \mathrm{V}$

$$r=\frac{r_1r_2}{r_1+r_2}=\frac{1\times2}{1+2}=\frac{2}{3}\cong0.67\ \Omega$$

解答 5　$I_1=\frac{E_1-RI}{r_1}=\frac{1.60-2.33\times0.51}{1.0}\cong0.408\ \mathrm{A}$

$$I_2=\frac{E_2-RI}{r_2}=\frac{1.40-2.33\times0.51}{2.0}\cong0.104\ \mathrm{A}$$

$$I_R=\frac{V}{R+\frac{r_1r_2}{r_1+r_2}}=\frac{V}{R+r}=\frac{1.53}{2.33+0.67}=\frac{1.53}{3.00}=0.512\ \mathrm{A}$$

解答 6　$I_{\max}=\frac{E-V}{r}=\frac{1.65-1.50}{0.150}=1.00\ \mathrm{A}$

解答 7　$I_{\max}=\frac{E'-V}{r'}=\frac{1.65-1.50}{0.075}=2.00\ \mathrm{A}$

解答 8　$R=\frac{r_{\mathrm{v}}(E-V)}{V}=\frac{10\times10^3\times(10-1)}{1}=90\ \mathrm{k\Omega}$　を直流電圧メータに直列に接続すればよい。

解答 9　1.0 V レンジ

$$R_1=\frac{r_{\mathrm{v}}(E-V)}{V}=\frac{10\times10^3\times(1-1)}{1}=0\ \mathrm{k\Omega}$$

3.0 V レンジ

$$R_3=\frac{r_v(E-V)}{V}=\frac{10\times10^3\times(3-1)}{1}=20\ \mathrm{k\Omega}$$

10 V レンジ

$$R_{10}=\frac{r_v(E-V)}{V}=\frac{10\times10^3\times(10-1)}{1}=90\ \mathrm{k\Omega}$$

30 V レンジ

$$R_{30}=\frac{r_v(E-V)}{V}=\frac{10\times10^3\times(30-1)}{1}=290\ \mathrm{k\Omega}$$

回路図も考えてみよう。

解答 10　$I_i=\frac{1}{r_i}\left(\frac{r_iR}{r_i+R}\right)I=\frac{RI}{r_i+R}$, $R=\frac{r_iI_i}{I-I_i}=\frac{10\times10\times10^{-3}}{30\times10^{-3}-10\times10^{-3}}=5.0\ \Omega$ を直流電流メータに並列に接続すればよい。

解答 11　10 mA レンジ

$$R_{10}=\frac{r_iI_i}{I-I_i}=\frac{10\times10\times10^{-3}}{10\times10^{-3}-10\times10^{-3}}=\infty\ (\Omega)$$

$R=\infty$ なので，分流抵抗を接続しない。

30 mA レンジ

$$R_{30}=\frac{r_iI_i}{I-I_i}=\frac{10\times10\times10^{-3}}{30\times10^{-3}-10\times10^{-3}}=5.0\ \Omega$$

100 mA レンジ

$$R_{100}=\frac{r_iI_i}{I-I_i}=\frac{10\times10\times10^{-3}}{100\times10^{-3}-10\times10^{-3}}=1.1\ \Omega$$

300 mA レンジ

$$R_{300}=\frac{r_iI_i}{I-I_i}=\frac{10\times10\times10^{-3}}{300\times10^{-3}-10\times10^{-3}}\cong0.35\ \Omega$$

1,000 mA レンジ

$$R_{1000}=\frac{r_iI_i}{I-I_i}=\frac{10\times10\times10^{-3}}{1000\times10^{-3}-10\times10^{-3}}\cong0.10\ \Omega$$

回路図も考えてみよう。

解答 12　$I_R \cong 0.833$ mA，$V_R \cong 5.00$ V

解答 13　$V_R \cong 5.0$ V，$I_R \cong 0.33$ mA

解答 14　電流優先

2 章　問題解答例

解答 1　$E_m = 2.5$ V，$E = 1.8$ V，$T = 5$ ms，$f = 200$ Hz

解答 2　$e(t) = 3\sin(300\pi t - 0.2\pi)$(V)　1/6 より 1/5 に近い

解答 3　$\dot{V} = \sqrt{3^2+4^2} \angle \tan^{-1}\frac{4}{3} = 5\angle \tan^{-1}\frac{4}{3} \cong 5\angle 0.3\pi$ V

解答 4　$\dot{I} = \frac{5}{3+j4}\cdot\frac{3-j4}{3-j4} = \frac{3}{5} - j\frac{4}{5} = \angle -\tan^{-1}\frac{4}{3} \cong \angle -0.3\pi$ A

解答 5　$\dot{V} = \dot{V}_1 + \dot{V}_2 = 5 + j2 - 7 + j4 = -2 + j6$ V

解答 6　$\dot{V} = \dot{V}_2 - \dot{V}_1 = -7 + j4 - (5 + j2) = -12 + j2$ V

電位差：$\left|\dot{V}\right| = \sqrt{(-12)^2 + 2^2} = \sqrt{148} = 2\sqrt{37} \cong 12.2$ V

位相差：$\theta = \theta 2 - \theta 1 = 2.24$rad

解答 7　$\frac{\dot{V}}{\dot{I}} = \frac{1+j\sqrt{3}}{2\sqrt{3}-j2} = \frac{1+j\sqrt{3}}{2\sqrt{3}-j2}\cdot\frac{2\sqrt{3}+j2}{2\sqrt{3}+j2} = \frac{j8}{12+4} = j0.5$ (Ω)

解答 8　$2\pi\cdot\frac{t}{T} = 2\pi\cdot\frac{1.67}{10} = \frac{\pi}{3}$ (rad)

解答 9　$e(t) = 3\sin\left(100\pi t - \frac{\pi}{3}\right)$(V)

解答 10　$\dot{I} = I_R + jI_X = 3\sqrt{3} - j3$ (A)

解答 11　$\dot{I}_1 + \dot{I}_2 = 1 + j\sqrt{3} + 2\sqrt{3} - j2 = (1 + 2\sqrt{3}) + j(-2 + \sqrt{3})$ (A)

3章　問題解答例

解答 1　$\dot{I}=\dfrac{\dot{E}}{R+j\omega L}=\dfrac{E}{\sqrt{R^2+(\omega L)^2}}\angle\left(-\tan^{-1}\dfrac{\omega L}{R}\right)$　(A)

$\omega_{30^\circ}=\dfrac{R}{\sqrt{3}L}$,　$\omega_{45^\circ}=\dfrac{R}{L}$,　$\omega_{60^\circ}=\dfrac{\sqrt{3}R}{L}$　(rad/s)

$\dot{I}=\dfrac{\sqrt{3}E}{2R}\angle(-30^\circ)$,　$\dfrac{E}{\sqrt{2}R}\angle(-45^\circ)$,　$\dfrac{E}{2R}\angle(-60^\circ)$　(A)

解答 2　$\dot{I}=\left(\dfrac{1}{R}+j\omega C\right)\dot{E}=\sqrt{\dfrac{1}{R^2}+(\omega C)^2}\;E\angle\tan^{-1}\omega CR$　(A)

$\omega_{30^\circ}=\dfrac{1}{\sqrt{3}CR}$,　$\omega_{45^\circ}=\dfrac{1}{CR}$,　$\omega_{60^\circ}=\dfrac{\sqrt{3}}{CR}$　(rad/s)

$\dot{I}=\dfrac{2E}{R\sqrt{3}}\angle 30^\circ$,　$\dfrac{\sqrt{2}E}{R}\angle 45^\circ$,　$\dfrac{2E}{R}\angle 60^\circ$　(A)

解答 3　$\dot{Z}=\dfrac{\dot{E}}{\dot{I}}=4\angle 30^\circ=2\sqrt{3}+\mathrm{j}2$　(Ω)

$\dot{Y}=\dfrac{\dot{I}}{\dot{E}}=\dfrac{1}{4}\angle(-30^\circ)=\dfrac{\sqrt{3}}{8}-j\dfrac{1}{8}$　(S)

解答 4　$r=2\sqrt{2}-1$ (Ω),　　$x=1$ (Ω)

解答 5　$\dot{Z}=j\omega L_1+\dfrac{R\cdot j\omega L_2}{R+j\omega L_2}=\dfrac{(\omega L_2)^2R}{R^2+(\omega L_2)^2}+j\omega\left(L_1+\dfrac{L_2R^2}{R^2+(\omega L_2)^2}\right)$

$Re\left(\dot{Z}\right)=\dfrac{(\omega L_2)^2R}{R^2+(\omega L_2)^2}$ (Ω),　$L=L_1+\dfrac{L_2R^2}{R^2+(\omega L_2)^2}$ (H)　の直列回路

解答 6　$\dot{I}=\dfrac{\dot{E}}{-j\dfrac{1}{\omega C}+\dfrac{R\cdot j\omega L}{R+j\omega L}}\cdot\dfrac{R}{R+j\omega L}=\dfrac{\dot{E}}{\dfrac{L}{CR}+j\left(\omega L-\dfrac{1}{\omega C}\right)}$

$\dfrac{CRE}{L}\angle 0^\circ$,　$\dfrac{\sqrt{3}}{2}\dfrac{CRE}{L}\angle\pm 30^\circ$,　$\dfrac{1}{\sqrt{2}}\dfrac{CRE}{L}\angle\pm 45^\circ$,　$\dfrac{1}{2}\dfrac{CRE}{L}\angle\pm 60^\circ$

解答 7　電源から見た等価インピーダンス

$$\dot{Z}=j\omega L-\frac{j\dfrac{R}{\omega C}}{R-j\dfrac{1}{\omega C}}$$ の虚数部＝0より

$$\omega^2R^2LC^2-R^2C+L=0,\quad C=\frac{R^2\pm R\sqrt{R^2-4\omega^2L^2}}{2\omega^2R^2L}\ \text{(F)}$$

ただし，$R>2\omega L$の制限がある。

解答8 $C=\dfrac{L_4-L_2}{3(R_2R_3-R_1R_4)}$ (F)，$\omega=\sqrt{\dfrac{R_4-R_2}{L_4-L_2}\cdot\dfrac{R_2R_3-R_1R_4}{R_1L_4-R_3L_2}}$ (rad/s)

解答9 $$\dot{I}=\frac{\dot{E}}{r}+\frac{\dot{E}}{R+j\left(\omega L-\dfrac{1}{\omega C}\right)}\ \text{(A)}$$

$$\dot{I}=\sqrt{\frac{1}{r}\left(\frac{1}{r}+\frac{1}{R}\right)}E\angle\sin^{-1}\frac{r}{2R+r}\ \text{(A)}$$

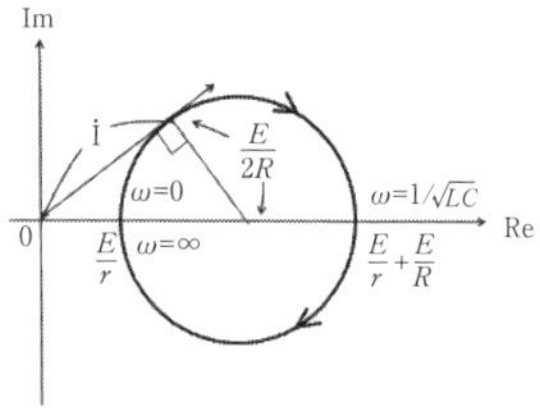

解答図3－9

解答AL－2

$\dot{I}_1=\dfrac{100}{11}(6+j3)$，$\dot{I}_2=\dfrac{100}{11}(2+j3)$，$\dot{I}_3=\dfrac{100}{11}(4)$，$\dot{I}_4=\dfrac{100}{11}(2-j)$

$\dot{I}_5=\dfrac{100}{11}(2+j)$，$\dot{I}_6=\dfrac{100}{11}(1+j)$，$\dot{I}_7=\dfrac{100}{11}$ (A)

解答AL－3

$\dot{I}=-j5$ (A)

解答AL－4

①$\dot{I}=4\angle(-90°)$ (A)，$R=\infty$，②$\dot{I}=12\angle(-90°)$ (A)，$R=0$ (Ω)

③$\dot{I}=4\sqrt{3}\angle(-60°)$ (A)，$R=\dfrac{20}{\sqrt{3}}$ (Ω)，④ 4 A，$R=\dfrac{20}{3}$ (Ω)

解答AL－5　略

解答AL－6　略

4章　問題解答例

解答1

$\dot{V}=100\angle 50°(\mathrm{V})$,　　$\dot{I}=2\angle 5°(\mathrm{A})$,

$P_a=200$（VA）, $\cos\theta=\dfrac{\sqrt{2}}{2}$, $P_e=100\sqrt{2}$（W）, $P_r=100\sqrt{2}$（Var）

解答2

$\dot{I}=2\angle(-60°)$（A）, $\dot{Z}=50\angle 60°$（Ω）,

$P_a=200$（VA）, $P_r=100\sqrt{3}$（Var）

解答3

5 A, 600 VA, 360 W, 480 Var, 0.6

解答4

$R=\dfrac{25\sqrt{2}}{4}$（Ω）,　　$\dfrac{125(5\sqrt{2}-1)}{49}$（W）

解答5

4 Ω, $\dfrac{3}{\sqrt{13}}$, $\dfrac{3}{\sqrt{73}}$

解答6

$i=4+20\sqrt{2}\sin(\omega t-53.1°)+20\sqrt{2}\sin(\omega t+36.9°)$（A）, 2848 W

解答7

250 W

解答8

1.01×10^{-4}（F）, $3.18\angle(-90°)$（A）, 1013 W

解答9

$\dfrac{\omega C_2 E^2}{2}$（W）,　$\dfrac{C_2}{2C_1+C_2}$

解答ＡＬ－3

1）$10\angle 0°$（A）, 1, 1000 W

2） $5\sqrt{2}\angle(-45°)$ (A)，$\dfrac{1}{\sqrt{2}}$，500 W

3） $5\sqrt{10}\angle\left(-\tan^{-1}\dfrac{1}{3}\right)$ (A) $\dfrac{3}{\sqrt{10}}$，1500 W

4） $5(\sqrt{5}-1)\angle\left(-\tan^{-1}\dfrac{1}{2}\right)$ (A)，$\dfrac{2}{\sqrt{5}}$，$200(5-\sqrt{5})$ (W)

解答ＡＬ－４　略

解答ＡＬ－５　略

５章　問題解答例

解答１

$M=613\ \mathrm{mH}$

解答２

$L_1=106\ \mathrm{mH}$，$M=53.1\ \mathrm{mH}$，$L_2=133\ \mathrm{mH}$，$k=0.447$

解答３

$M=21.9\mathrm{mH}$,

$$\dot{Z}=R+j\omega(L_1+L_2-2M)$$
$$=30+j2\pi\times300\times(30+25-2\times21.9)\times10^{-3}=30+j21.1\ \Omega,$$

解答４

回路図より，

$$\dot{V}_1=j\omega L_1\dot{I}_1+j\omega M\dot{I}_2$$

$$\dot{V}_1=j\omega M\dot{I}_1+j\omega L_2\dot{I}_2$$

が成り立つ。これを解けば

$$\dot{I}_1=\frac{L_2-M}{j\omega(L_1L_2-M^2)}\dot{V}_1,\ \dot{I}_2=\frac{L_1-M}{j\omega(L_1L_2-M^2)}\dot{V}_1$$

であるので，入力インピーダンスは，

$$\frac{\dot{V}_1}{\dot{I}_1+\dot{I}_2}=\frac{1}{\dfrac{L_2-M}{j\omega(L_1L_2-M^2)}+\dfrac{L_1-M}{j\omega(L_1L_2-M^2)}}=\frac{j\omega(L_1L_2-M^2)}{L_1+L_2-2M}$$

解答 5

$$100 = j8\dot{I}_1 + j6\dot{I}_2$$

$$0 = j6\dot{I}_1 + (6 + j8)\dot{I}_2$$

より，$\dot{I}_1 = 6.99 - j16.6$ (A)となる。Rでの消費電力＝有効電力であり，

$$P = \left|\dot{E}\right|\left(\left|\dot{I}\right|\cos\varphi\right) = 100 \times 6.99 = 699 \text{ W}$$

解答 6

変成器を T 型等価回路に変換してRに流れる電流を求めればよい。この電流は，

$$\frac{j\omega(L_2 - M)\dot{E}}{j\omega L_2 R - \omega^2(L_1 L_2 - M^2)}$$

となる。$\dot{V} = R \times$（上記電流）であるので，電源電圧$\dot{E}$と$\dot{V}$とが，Rに無関係に同相となる条件は，

$L_1 L_2 = M^2$, $L_2 > M$

である（特に後者の条件を忘れないこと）。

解答 7

8.66

解答 8

回路図より，$50 - \dot{V}_1 = 3\dot{V}_2$，$3\dot{I}_1 + \dot{I}_2 = 0$，$\dot{I}_2 = -\dot{V}_2/R$，ならびに $\dot{V}_1 = 2\dot{V}_3$，$2\dot{I}_1 + \dot{I}_3 = 0$，$\dot{I}_3 = -\dot{V}_3/10$が成立する。これより，

$$\left|\dot{V}_3\right| = \frac{50}{2 + 0.45R}$$

となる。

ＡＬ－３　略

ＡＬ－４　略

6章　問題解答例

解答1　(1) Y－Y回路に変換して考える。電源をY結線で考えると相電圧は$\left(\frac{200}{\sqrt{3}}\right)\angle -30^\circ$となる。Y結線で考えた各相のインピーダンスは$\dot{Z}+\dot{Z}_1=7+j24=25\angle 73.74^\circ(\Omega)$である。従って，線間電圧を基準にすると線電流は$\dot{I}_a=\dfrac{\left(\frac{200}{\sqrt{3}}\right)\angle -30^\circ}{25\angle 73.74^\circ}=4.62\angle -103.7^\circ(\mathrm{A})$となる。負荷で消費される電力は$3\times\mathrm{Re}\left\{\dot{Z}\right\}\left|\dot{I}_a\right|^2=3\times 6\times\left|\dot{I}_a\right|^2=384\ \mathrm{W}$。

解答2　Y－Y回路に変換して考える。Δ形の負荷回路は一相が$\dot{Z}_{\mathrm{Y}}=2+j2\ \Omega$の等価Y形回路に変換されるので，全インピーダンスは$3+j3=4.243\angle 45^\circ\ \Omega$となる。しかるに，線間電圧を基準にすると線電流は$\dot{I}_a=\dfrac{\left(\frac{200}{\sqrt{3}}\right)\angle -30^\circ}{4.243\angle 45^\circ}=27.2\angle -75^\circ(\mathrm{A})$となる。負荷で消費される電力は$3\times\mathrm{Re}\left\{\dot{Z}_{\mathrm{Y}}\right\}\left|\dot{I}_a\right|^2=3\times 2\times\left|\dot{I}_a\right|^2=4444\ \mathrm{W}$。

解答3　$\left|\dot{Z}\right|=\dfrac{\left|\dot{E}\right|}{\left|\dot{I}\right|}=\dfrac{\left|\dot{E}_l\right|/\sqrt{3}}{\left|\dot{I}\right|}=\dfrac{200/\sqrt{3}}{10}=11.55\ \Omega$。$P=\sqrt{3}\left|\dot{E}_l\right|\left|\dot{I}\right|\cos\varphi=2000$より，

$\cos\varphi=\dfrac{2000}{\sqrt{3}\times 200\times 10}=0.577$。しかるに，

$\dot{Z}=\left|\dot{Z}\right|\cos\varphi\pm j\left|\dot{Z}\right|\sin\varphi=\left|\dot{Z}\right|\cos\varphi\pm j\left|\dot{Z}\right|\sqrt{1-\cos^2\varphi}=6.67\pm j9.43\ \Omega$。

解答4　(2) の方法で解く。線電流はY形負荷とΔ形負荷における線電流の和であるから

$$\dot{I}_a=\frac{\left(\frac{200}{\sqrt{3}}\right)\angle -30^\circ}{20-j20}+\frac{200}{60+j60}\times\sqrt{3}\angle -30^\circ$$

$$=\left(\frac{\frac{200}{3}}{20-j20}+\frac{200}{60+j60}\right)\times\sqrt{3}\angle-30°=5.77\angle-30°\mathrm{A}$$

となる。しかるに，電源側をY形回路で考えた相電圧と線電流が同相となることから負荷力率は1である。以上から，

有効電力$=\sqrt{3}\times200\times5.77\times1=2.00$ kW。無効電量は0 Var。

解答 5　$\left|\dot{Z}\right|=\dfrac{\left|\dot{E}\right|}{\left|\dot{I}\right|}=\dfrac{\left|\dot{E}_l\right|/\sqrt{3}}{\left|\dot{I}\right|}=\dfrac{200/\sqrt{3}}{8}=14.43\ \Omega$。負荷消費電力 $=1.65+0.62=2.27$ kW。$P=\sqrt{3}\left|\dot{E}_l\right|\left|\dot{I}\right|\cos\varphi=2270$ より，$\cos\varphi=\dfrac{2270}{\sqrt{3}\times200\times8}=0.819$。しかるに，$\dot{Z}=\left|\dot{Z}\right|\cos\varphi\pm j\left|\dot{Z}\right|\sin\varphi=\left|\dot{Z}\right|\cos\varphi\pm j\left|\dot{Z}\right|\sqrt{1-\cos^2\varphi}=11.8\pm j8.28\ \Omega$。

解答 6　二電力計法の公式を用いれば，題意より

$\cos\left(\dfrac{\pi}{6}+\varphi\right)=2\cos\left(\dfrac{\pi}{6}-\varphi\right)$ あるいは，$2\cos\left(\dfrac{\pi}{6}+\varphi\right)=\cos\left(\dfrac{\pi}{6}-\varphi\right)$

が成り立つ。これより，$\varphi=\pm\pi/6$が得られ，負荷力率は$\cos(\varphi)=\dfrac{\sqrt{3}}{2}$または $=0.866$

解答 7　(2) の方法で考える。線間電圧$\left|\dot{E}_l\right|$が直接$\dot{Z}=4+\mathrm{j}4\Omega$に印加されるので，負荷で発生する無効電力は

$$Q=3\left|\dot{E}_l\right|\left|\frac{\dot{E}_l}{\dot{Z}}\right|\sin\left(\frac{\pi}{4}\right)=\frac{3\left|\dot{E}_l\right|^2}{4\sqrt{2}}\frac{1}{\sqrt{2}}=\frac{3}{8}\left|\dot{E}_l\right|^2$$

となり，進相コンデンサにより補償される（逆位相の）無効電力は

$$3\omega C\left|\dot{E}_l\right|^2$$

で与えられる。しかるに，両者を等しいとおいて，

$$C=\frac{1}{3\omega}\frac{3}{8}=\frac{1}{120\pi\times8}=331.5\ \mu\mathrm{F}$$

解答 8　ミルマンの定理を用いれば容易である。中性線を第 4 相と考え，この相に起電力がないととらえれば，負荷中性点電圧は

$$\dot{V}_{\mathrm{N}}=\frac{\dfrac{\dot{E}_a}{\dot{Z}_a}+\dfrac{\dot{E}_b}{\dot{Z}_b}+\dfrac{\dot{E}_c}{\dot{Z}_c}}{\dfrac{1}{\dot{Z}_a}+\dfrac{1}{\dot{Z}_b}+\dfrac{1}{\dot{Z}_c}+\dfrac{1}{\dot{Z}_{\mathrm{N}}}}$$

で与えられる。各相の電流は式（6.40）と同一である。

解答 9　回路中央にある非対称Δ結線負荷をΔ-Y 変換すると同図(b)を経由して同図(c)が得られる。これより，負荷中性点電圧を求めると

$$\dot{V}_{\mathrm{N}}=\frac{\dfrac{100}{4.5}+\dfrac{100\angle-120°}{3.25}+\dfrac{100\angle-240°}{4.5}}{\dfrac{1}{4.5}+\dfrac{1}{3.25}+\dfrac{1}{4.5}}$$

$$=\frac{-4.2735-j7.4019}{0.7521}=-5.6821-j9.8417\ \mathrm{V}$$

しかるに，

$$\dot{I}_a=\frac{100-\dot{V}_{\mathrm{N}}}{4.5}=23.5+j2.19\ \mathrm{A}$$

$$\dot{I}_b=\frac{100\angle-120°-\dot{V}_{\mathrm{N}}}{3.25}=-13.6-j23.6\ \mathrm{A}$$

$$\dot{I}_c=\frac{100\angle-240°-\dot{V}_{\mathrm{N}}}{4.5}=-9.85+j21.4\ \mathrm{A}$$

いずれも，a 相電圧を基準とした。

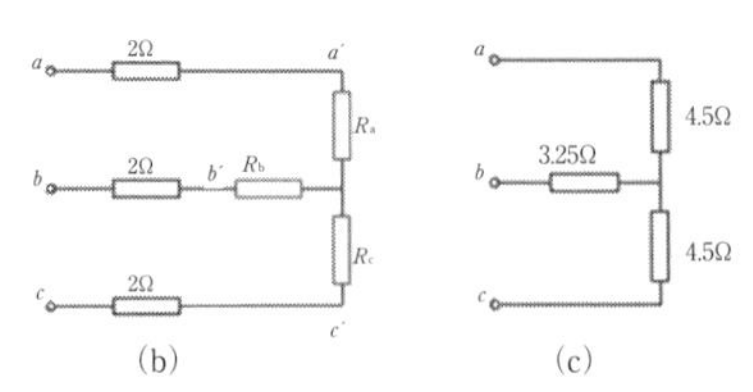

問題図 6－5　三相不平衡 Δ 負荷の Δ-Y 変換を用いた解法

ＡＬ－１　略

ＡＬ－２　略

7章　問題解答例

解答 1

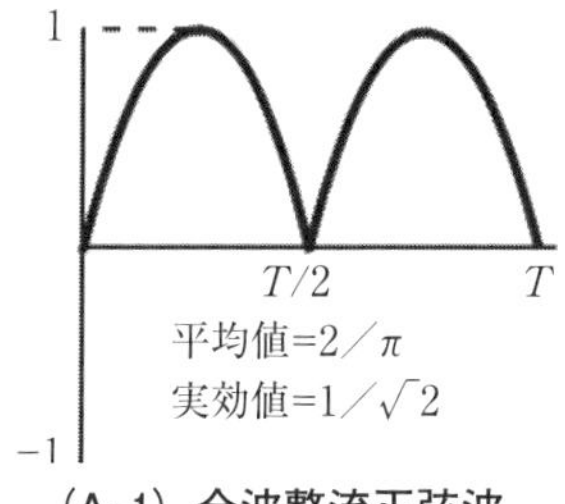

(A-1)　全波整流正弦波

$$y(t)=\frac{4}{\pi}\left(\frac{1}{2}-\frac{1}{3}\cos 2\omega t-\frac{1}{15}\cos 4\omega t-\frac{1}{35}\cos 6\omega t-\frac{1}{7\cdot 9}\cos 8\omega t-+\cdots\right)$$

解答 2

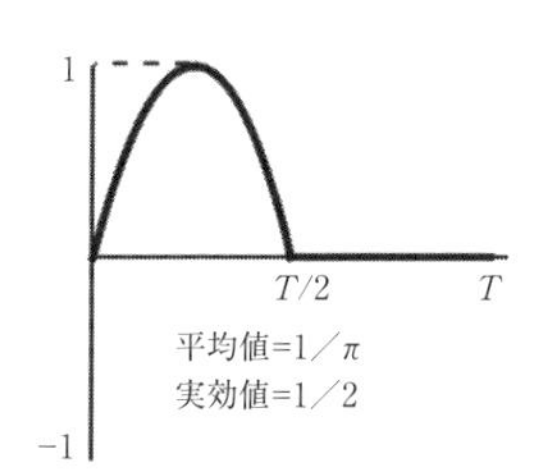

(A-2)　半波整流正弦波

$$y(t)=\frac{2}{\pi}\left(\frac{1}{2}-\frac{1}{3}\cos 2\omega t-\frac{1}{15}\cos 4\omega t-\frac{1}{35}\cos 6\omega t-\frac{1}{7\cdot 9}\cos 8\omega t-\right)$$
$$+\frac{1}{2}\sin \omega t+\cdots)$$

解答 3

$$y(t)=\frac{1}{4}+\frac{1}{4}\frac{8}{\pi^2}\left(-\cos 2\omega t-\frac{1}{3^2}\cos 6\omega t\right.$$

$$\left.-\frac{1}{5^2}\cos 10\omega t-\frac{1}{7^2}\cos 14\omega t-\cdots\right)$$

$$+\frac{4}{\pi^2}\left(\sin \omega t-\frac{1}{3^2}\sin 3\omega t+\frac{1}{5^2}\sin 5\omega t-\frac{1}{7^2}\sin 7\omega t+\cdots\right)$$

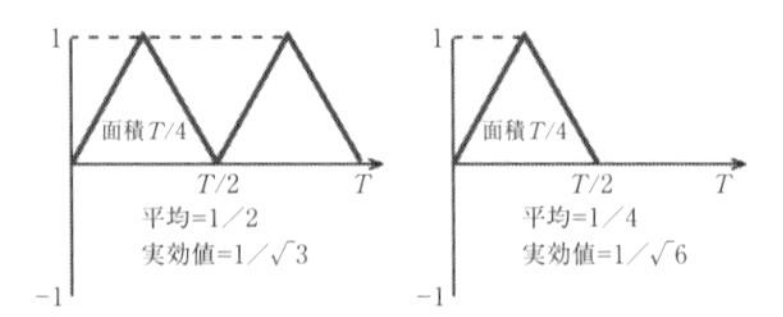

(A-3) 全波整流三角波　　(A-3) 半波整流三角波

解答 4

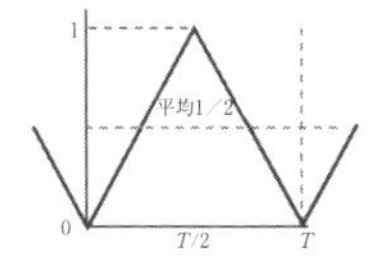

(A-4) 三角波のグラフ

$$f(t)=\frac{1}{2}+\frac{4}{\pi^2}\left(-\cos\omega t-\frac{1}{3^2}\cos 3\omega t-\frac{1}{5^2}\cos 5\omega t+\cdots\right)$$

解答 5

1　面積π　平均値=1　実効値=1　π　2π　−1　方形波のグラフ

積分 →　← 微分

π　平均 π／2　π　2π　−π　三角波のグラフ

$a_0=0$

$a_n=0$

$$b_{n:odd}=\frac{2}{\frac{T}{4}}\int_0^{\frac{T}{4}}1\sin n\omega t dt$$

$$=\frac{8}{T}\left[-\frac{1}{n\omega}\cos nt\right]_0^{\frac{T}{4}}$$

$$=\frac{8}{T}\left[-\frac{1}{n\omega}\cos n\omega\frac{T}{4}+\frac{1}{n\omega}1\right]$$

$T=\dfrac{2\pi}{\omega}$, *then*

$$b_{n:odd}=\frac{4\omega}{\pi}\left[-\frac{1}{n\omega}\cos n\omega\frac{\frac{2\pi}{\omega}}{4}+\frac{1}{n\omega}\right]$$

$$=\frac{4\omega}{\pi}\left[-\frac{1}{n\omega}\cos n\frac{\pi}{2}+\frac{1}{n\omega}\right]$$

$$=\frac{4}{\pi}\left[\frac{1}{n}\right]$$

$$\therefore f(t)=\frac{4}{\pi}\left(\sin\omega t+\frac{1}{3}\sin 3\omega t+\frac{1}{5}\sin 5\omega t+\cdots\right)$$

$a_0=\dfrac{\pi}{2}$

$b_n=0$

$$a_{n:odd}=\frac{2}{\pi}\int_0^{\pi}\theta\cos n\theta d\theta$$

$$=\frac{2}{\pi}\left[\frac{\theta}{n}\sin n\theta+\frac{1}{n^2}\cos n\theta\right]_0^{\pi}$$

$$=\frac{2}{\pi}\left[-\frac{2}{\pi^2}\right]$$

$$=-\frac{4}{\pi n^2}$$

$$\therefore f(t)=\frac{\pi}{2}+\frac{4}{\pi}\left(-\cos\omega t-\frac{1}{3^2}\cos 3\omega t-\frac{1}{5^2}\cos 5\omega t-\cdots\right)$$

解答 6

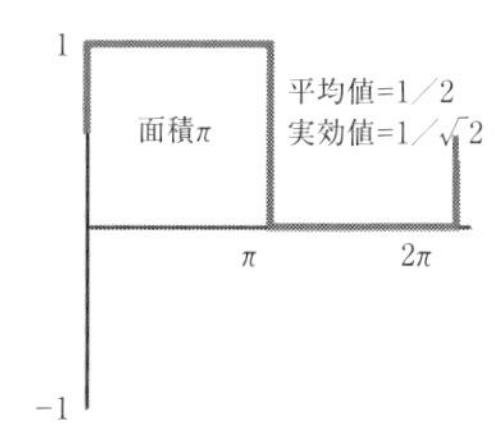

（A-6）半波整流方形波のグラフ

$$y(t)=\frac{1}{2}+\frac{2}{\pi}\left(\sin\omega t+\frac{1}{3}\sin 3\omega t+\frac{1}{5}\sin 5\omega t+\frac{1}{7}\sin 7\omega t+\right)$$

$$E=\sqrt{E_{\mathrm{DC}}{}^2+E_{AC}{}^2}$$

$$=\sqrt{(\frac{1}{2})^2+(\frac{1}{2})^2}$$

$$=\sqrt{\frac{1}{4}+\frac{1}{4}}$$

$$=\sqrt{\frac{1}{2}}$$

$$=1/\sqrt{2}+\cdots)$$

解答 7

$$e(t)=V_{\mathrm{m}}\sin\omega t$$

$$i(t)=I_{\mathrm{m}}(\sin\omega t+\frac{1}{\sqrt{3}}\sin 3\omega t)$$

$$E=\frac{V_{\mathrm{m}}}{\sqrt{2}}$$

$$I=\sqrt{I_1{}^2+I_3{}^2}=I_{\mathrm{m}}\sqrt{\frac{1}{2}+\frac{1}{2\times 3}}=I_{\mathrm{m}}\sqrt{\frac{2}{3}}$$

$$P=P_1+P_3=\frac{V_{\mathrm{m}}}{\sqrt{2}}\frac{I_{\mathrm{m}}}{\sqrt{2}}\cos 0+0=\frac{V_{\mathrm{m}}I_{\mathrm{m}}}{2}$$

$$\cos\theta=\frac{P}{EI}=\frac{\frac{V_{\mathrm{m}}I_{\mathrm{m}}}{2}}{\frac{V_{\mathrm{m}}}{\sqrt{2}}I_{\mathrm{m}}\sqrt{\frac{2}{3}}}=\frac{\sqrt{3}}{2}$$

解答 8

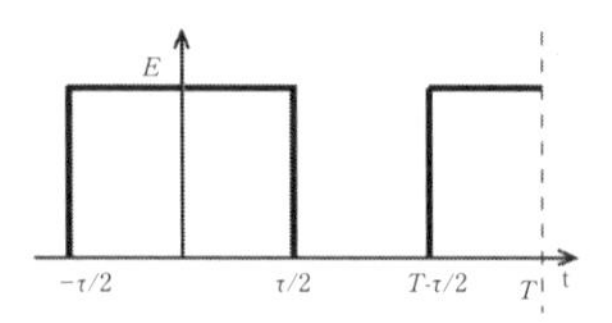

（A-8）振幅 E、周期 T の矩形波パルス列

$$c_n=\frac{1}{T}\int_{-\frac{T}{2}}^{\frac{T}{2}}f(t)e^{-jn\omega t}dt=\frac{E}{n\pi}\sin n\omega\frac{\tau}{2}$$

$$\therefore f(t)=\frac{E\tau}{T}+\frac{E}{\pi}\sin\omega\frac{\tau}{2}e^{j\omega t}+\frac{E}{2\pi}\sin 2\omega\frac{\tau}{2}e^{j2\omega t}+\frac{E}{3\pi}\sin 3\omega\frac{\tau}{2}e^{j3\omega t}t+\cdots$$

$$+\frac{E}{\pi}\sin\omega\frac{\tau}{2}e^{-j\omega t}+\frac{E}{2\pi}\sin 2\omega\frac{\tau}{2}e^{-j2\omega t}+\frac{E}{3\pi}\sin 3\omega\frac{\tau}{2}e^{-j3\omega t}t+\cdots$$

ここでτを限りなく0に近づけると，　$\lim_{\theta\to 0}\frac{\sin\theta}{\theta}=1$　より，

パルスの面積 $E\tau=1$ として

$$f(t)=\frac{1}{T}+\frac{2}{T}(\cos\omega t+\cos 2\omega t+\cos 3\omega t+\cdots)$$

これは周期 T の単位インパルス列のフーリエ級数展開である。

解答 9

$$P=E_1I_1\cos\theta_1+E_3I_3\cos\theta_3+E_5I_5\cos\theta_5+E_7I_7\cos\theta_7+\cdots$$

$$=\frac{4E_m}{\sqrt{2}\pi}\frac{8I_m}{\sqrt{2}\pi^2}\cos 0+\frac{4E_m}{\sqrt{2}\pi 3}\frac{8I_m}{\sqrt{2}\pi^2 3^2}\cos\pi$$

$$+\frac{4E_m}{\sqrt{2}\pi 5}\frac{8I_m}{\sqrt{2}\pi^2 5^2}\cos 0+\frac{4E_m}{\sqrt{2}\pi 7}\frac{8I_m}{\sqrt{2}\pi^2 7^2}\cos\pi+\cdots$$

$$=\frac{32E_mI_m}{2\pi^3}-\frac{32E_mI_m}{2\pi^3}\frac{1}{3^3}+\frac{32E_mI_m}{2\pi^3}\frac{1}{5^3}-\frac{32E_mI_m}{2\pi^3}\frac{1}{7^3}+\cdots$$

$$=\frac{16E_mI_m}{\pi^3}\left(1-\frac{1}{3^3}+\frac{1}{5^3}-\frac{1}{7^3}+\cdots\right)$$　ここで$\sum_{奇数}\frac{\pm 1}{n^3}=\frac{\pi^3}{32}$

$$=\frac{16E_mI_m}{\pi^3}\frac{\pi^3}{32}$$

$$=\frac{E_mI_m}{2}$$

解答 10　略

8章　問題解答例

解答1　略

解答2　略

解答3

$\frac{E}{R_1}=\frac{E}{R_2}$ と $\frac{R_1}{L}=\frac{1}{CR_2}$ が共に成り立つ必要があるので，$R_1=R_2=\sqrt{\frac{L}{C}}$

解答4　$i(\mathrm{t})=i_{DC}(t)+i_{AC}(t)=\frac{E}{R}e^{-\frac{t}{\tau}}+I_m\sin(\omega t+\phi)-\frac{I_m}{\omega CR}\cos\phi\cdot e^{-\frac{t}{\tau}}$

$$=\sqrt{2}I_{AC}\sin(\omega t+\phi)+\{\frac{E}{R}-\frac{\omega CE_m}{1+(\omega CR)^2}\}\cdot e^{-\frac{t}{\tau}},$$

ここで，$I_{AC}=\frac{\frac{E_m}{\sqrt{2}}}{\sqrt{R^2+\left(\frac{1}{\omega C}\right)^2}}$，

$$\phi=\mathrm{atan}\left(\frac{\frac{1}{\omega C}}{R}\right),\quad \tau=CR$$

解答5

$$i(t)=\frac{e^{-\frac{t}{CR}}}{R}-\frac{2\cdot e^{-\frac{t-1}{CR}}}{R}\cdot u(t-1)+\frac{e^{-\frac{t-2}{CR}}}{R}\cdot u(t-2)$$

$$e_R(t)=i(t)\cdot R=R\cdot e^{-\frac{t}{C\cdot R}}-2\cdot e^{-\frac{t-1}{CR}}\cdot u(t-1)+e^{-\frac{t-2}{CR}}\cdot u(t-2)$$

$$e_{\mathrm{C}}(t)=E(t)-e_{\mathrm{R}}(t)$$

解答6

$$E_R(s)=\frac{sL}{R+sL}\frac{I}{s}R,\quad E_R(s)=\frac{E}{s}\cdot\frac{\frac{R}{1+sCR}}{R_O+\frac{R}{1+sCR}}$$

解答7

$$E(s)=\frac{E\omega}{s^2+\omega^2}\frac{1}{1-e^{-s\frac{T}{2}}}$$

解答 8

① $i_C(t)=e^{-t}-e^{-2\cdot t}$，$e_C(t)=(e^{-t}-1)^2$

② $i_C(t)=2e^{-t}-e^{-2\cdot t}$，$e_C(t)=e^{-2\cdot t}-4\cdot e^{-t}+3$

③ $i_C(t)=3\cdot e^{-t}-2\cdot e^{-2\cdot t}$，$e_C(t)=2\cdot e^{-2\cdot t}-6\cdot e^{-t}+4$

参考文献

・伊佐弘、谷口勝則、岩井嘉男：基礎電気回路、森北出版株式会社、1995.

・宇田川銈久、赤尾保男：精解演習交流回路論、廣川書店、1970.

・小郷　寛：交流理論，電気学会，1986.

・佐治　學：電気回路Ａ，オーム社，2000.

・小郷　寛：回路網理論，電気学会，2011.

・小郷　寛：基礎からの交流理論，電気学会，2014.

・小亀英己，他：基礎からの交流理論例題演習，電気学会，2010.

・平山博他：電気回路論問題演習詳解，電気学会，2008.

・奥村浩士：電気回路理論入門，朝倉書店，2015.

・佐藤敏明：図解雑学フーリエ変換，ナツメ社，2011.

・高田和之、他：電気回路の基礎と演習　第２版，森北出版，2002.

索　引

【さ】

【た】

【な】

【は】

【ま】

【や】

【ら】

著者略歴

遠山　和之（とおやま　かずゆき）（１章，２章）
1985 年　豊橋技術科学大学工学部　電気・電子工学課程　卒業
1987 年　豊橋技術科学大学大学院工学研究科博士前期課程修了（電気・電子工学専攻）
1987 年　沼津工業高等専門学校助手
1997 年　博士（工学）豊橋技術科学大学
2006 年　沼津工業高等専門学校教授（電子制御工学科）
現在に至る

稲葉　成基（いなば　せいき）（３章，４章）
1974 年　名古屋大学工学部電子工学科卒業
1976 年　名古屋大学大学院工学研究科修士課程修了（電子工学専攻）
1976 年　岐阜工業高等専門学校助手
1982 年　工学博士（名古屋大学）
1996 年　岐阜工業高等専門学校教授
2015 年　岐阜工業高等専門学校定年退職
2015 年　岐阜工業高等専門学校名誉教授
現在に至る

長谷川　勝（はせがわ　まさる）（５章，６章）
1996 年　名古屋大学工学部電気学科卒業
1998 年　名古屋大学大学院工学研究科博士前期課程修了（電気工学専攻）
2001 年　名古屋大学大学院工学研究科博士後期課程修了（電気工学専攻）
博士（工学）（名古屋大学）
2001 年　中部大学講師（電気工学科）
2006 年　中部大学助教授（電気システム工学科）
2013 年　中部大学教授（電気システム工学科）
現在に至る

所　哲郎（ところ　てつろう）（７章，８章）
1980 年　豊橋技術科学大学工学部　電気・電子工学課程　卒業
1982 年　豊橋技術科学大学大学院工学研究科修士課程修了（電気・電子工学専攻）
1982 年　岐阜工業高等専門学校助手
1991 年　工学博士（豊橋技術科学大学）
2001 年　岐阜工業高等専門学校教授（電気情報工学科）
現在に至る

実践的技術者のための電気電子系教科書シリーズ
電気回路

2018 年 4 月 24 日　初版第 1 刷発行
2022 年 8 月 26 日　初版第 3 刷発行

検印省略

著　者　遠山和之
稲葉成基
長谷川勝
所哲郎
発行者　柴山斐呂子

〒102-0082　東京都千代田区一番町 27-2
電話 03（3230）0221（代表）
FAX03（3262）8247
振替口座　00180-3-36087 番
http://www.rikohtosho.co.jp

発行所　理工図書株式会社

Printed in Japan　ISBN978-4-8446-0875-2
印刷・製本　株式会社ムレコミュニケーションズ